循序渐进
Node.js
企业级开发实践

柳伟卫 / 著

清华大学出版社
北京

内容简介

本书结合作者多年一线开发实践，系统地介绍了 Node.js 技术栈及其在企业级开发中的应用。全书共分 5 部分，第 1 部分基础知识（第 1～3 章），介绍 Node.js 的基础知识，包括模块化、测试等；第 2 部分核心编程（第 4～9 章），介绍 Node.js 的缓冲区、事件、定时、文件、进程、流等方面的处理；第 3 部分网络编程（第 10～16 章），介绍 Node.js 的 TCP、UDP、HTTP、WebSocket、TSL/SSL、常用 Web 中间件、Vue.js 与响应式编程等方面的内容；第 4 部分数据存储（第 17～19 章），介绍 Node.js 关于 MySQL、MongoDB、Redis 等数据存储的操作；第 5 部分综合应用（第 20 章），介绍 Node.js 实现即时聊天应用的完整过程。除了 Node.js 技术外，本书还讲述了 Express、Socket.IO、Vue.js、MySQL、MongoDB、Redis 等热门技术的应用。本节还精心设计了 26 个实战案例和 43 个上机练习，所有练习都提供了操作步骤，便于读者实操演练，快速上手。

本书技术新颖，实例丰富，理论讲解与代码实现相结合，既适合作为 Node.js 的初学者和进阶读者的自学用书，也适合作为培训机构或高校相关专业的教学用书。

本书封面贴有清华大学出版社防伪标签，无标签者不得销售。

版权所有，侵权必究。举报：010-62782989，beiqinquan@tup.tsinghua.edu.cn。

图书在版编目（CIP）数据

循序渐进 Node.js 企业级开发实践 / 柳伟卫著.
北京：清华大学出版社，2024.10. -- ISBN 978-7-302-67555-6

Ⅰ. TP393.092.2

中国国家版本馆 CIP 数据核字第 20242L7G54 号

责任编辑：王金柱　秦山玉
封面设计：王　翔
责任校对：闫秀华
责任印制：丛怀宇

出版发行：清华大学出版社
网　　址：https://www.tup.com.cn，https://www.wqxuetang.com
地　　址：北京清华大学学研大厦 A 座　　邮　编：100084
社 总 机：010-83470000　　邮　购：010-62786544
投稿与读者服务：010-62776969，c-service@tup.tsinghua.edu.cn
质量反馈：010-62772015，zhiliang@tup.tsinghua.edu.cn
印 装 者：北京同文印刷有限责任公司
经　　销：全国新华书店
开　　本：190mm×260mm　　印　张：20.75　　字　数：560 千字
版　　次：2024 年 12 月第 1 版　　印　次：2024 年 12 月第 1 次印刷
定　　价：89.00 元

产品编号：107447-01

前　　言

Node.js 作为一款高性能、开源的服务器端 JavaScript 运行环境，自 2009 年诞生以来，凭借其非阻塞 I/O 模型、事件驱动、单线程等特性，在实时应用、高并发场景以及前后端分离的架构中得到了广泛应用。同时，随着前端技术的不断进化，如 React、Vue 等框架的兴起，全栈开发的概念逐渐被更多的开发者接受。Node.js 作为全栈开发的重要一环，其重要性不言而喻。

近年来，随着云计算、大数据、人工智能等技术的融合发展，Node.js 的应用场景也在不断扩展，从最初的 Web 开发逐渐延伸到物联网、移动应用、实时通信、游戏开发等多个领域。因此，对于广大开发者来说，掌握 Node.js 已经成为必备的技能之一。

本书旨在为广大 Node.js 开发者提供一本全面、系统、深入的学习指南。本书不仅涵盖了 Node.js 的基础知识，还深入讲解了 Node.js 的核心原理、高级特性以及实际应用场景。同时，本书还结合了大量的实战案例，帮助读者更好地理解和掌握 Node.js 的全栈开发技巧。

本书主要内容

全书分为以下 5 部分：

- 基础知识（第 1～3 章）：介绍 Node.js 的基础知识，包括模块化、测试等。
- 核心编程（第 4～9 章）：介绍 Node.js 的缓冲区、事件、定时、文件、进程、流等方面的处理。
- 网络编程（第 10～16 章）：介绍 Node.js 的 TCP、UDP、HTTP、WebSocket、TSL/SSL、常用 Web 中间件、Vue.js 与响应式编程等方面的内容。
- 数据存储（第 17～19 章）：介绍 Node.js 关于 MySQL、MongoDB、Redis 等数据存储的操作。
- 综合应用（第 20 章）：介绍 Node.js 实现即时聊天应用的完整过程。

值得注意的是，本书精心设计了 40 多个上机练习，每个上机练习均给出了操作步骤和示例代码，便于读者边学边练，快速上手。

本书资源下载

本书提供源代码与 PPT 课件，请读者用自己的微信扫描下面的二维码获取。

如果读者在学习本书的过程中遇到问题，可以发送邮件至 booksaga@126.com，邮件主题写"循序渐进 Node.js 企业级开发实践"。

本书所涉及的技术和相关版本

技术版本的选择至关重要，因为不同版本之间可能存在兼容性问题，并且各个版本的软件功能也有所不同。本书所介绍的技术均采用了相对较新的版本，并且经过了笔者的测试验证。在自行编写代码时，读者可以参考书中推荐的版本，以避免由于版本不兼容导致的问题。建议读者将开发环境配置得与本书一致，或者至少不低于书中所列的配置标准。

本书所涉及的技术及相关版本如下：

- Node.js 22.3.0
- npm 10.8.1
- TypeScript 5.4.5
- OpenSSL 3.3.1
- Express 4.19.2
- Socket.IO 4.7.5
- Vue.js 3.10.4
- MySQL Community Server 8.4.0
- MongoDB Community Server 7.0.11
- MongoDB Shell 2.2.9
- Redis 7.2.3

本书示例采用Visual Studio Code编写，但示例源代码的编码与具体的IDE无关，读者可以选择适合自己的IDE，如WebStorm、Sublime Text等。运行本书示例，请确保Node.js版本不低于22.3。

本书适合的读者

- **Node.js初学者**：本书从基础知识开始，逐步深入到核心编程、网络编程和数据存储等高级主题，适合零基础或刚开始接触Node.js的开发者。
- **进阶开发者**：对于已经有一定Node.js开发经验的开发者，书中的核心编程和网络编程部分提供了更深入的技术细节和实战案例，能帮助开发者提升技能水平，解决实际工作中遇到的复杂问题。
- **全栈工程师**：本书不仅涵盖了Node.js后端技术，还涉及了前端框架Vue.js的应用，以及即时聊天应用的综合实践。这使得全栈工程师可以通过一本书全面了解前后端技术的结合，提升整体开发能力。
- **高校学生与教师**：本书理论与实践相结合，并提供了大量上机练习题，很适合作为高校计算机相关专业的教学用书。教师可以根据书中的内容设计课程，学生则可以通过实际操作加深理解，提高动手能力。
- **培训机构学员**：对于参加Node.js培训的学员来说，本书是一本理想的教材。书中的实战案例和上机练习可以帮助学员更好地理解和掌握所学知识，提高培训效果。

致谢

感谢清华大学出版社的各位工作人员为本书的出版所做的努力。
感谢家人对笔者的理解和支持。
感谢关心和支持笔者的朋友、读者和网友。

柳伟卫
2024年10月

目 录

第 1 章 走进 Node.js 的世界 ·· 1

1.1 认识 Node.js ·· 1
    1.1.1 Node.js 简介 ·· 1
    1.1.2 Node.js 的特点 ·· 2
1.2 安装 Node.js 及 IDE ··· 6
    1.2.1 安装 Node.js 和 npm ·· 6
    1.2.2 Node.js 与 npm 的关系 ·· 6
    1.2.3 安装 npm 镜像 ·· 6
    1.2.4 选择合适的 IDE ··· 7
1.3 实战：第一个 Node.js 应用 ·· 7
    1.3.1 创建 Node.js 应用 ·· 7
    1.3.2 运行 Node.js 应用 ·· 7
    1.3.3 小结 ··· 8
1.4 实战：在 Node.js 应用中使用 TypeScript ·· 8
    1.4.1 创建 TypeScript 版本的 Node.js 应用 ··· 8
    1.4.2 运行 TypeScript 应用 ··· 9
1.5 上机演练 ·· 9
1.6 本章小结 ·· 11

第 2 章 模块化 ··· 12

2.1 理解模块化机制 ·· 12
    2.1.1 理解 CommonJS 规范 ·· 12
    2.1.2 理解 ECMAScript 模块 ·· 14
    2.1.3 CommonJS 和 ECMAScript 模块的异同点 ·· 16
    2.1.4 Node.js 的模块实现 ··· 16
2.2 使用 npm 管理模块 ··· 18
    2.2.1 使用 npm 命令安装模块 ··· 18
    2.2.2 全局安装与本地安装 ··· 18
    2.2.3 查看安装信息 ··· 19
    2.2.4 卸载模块 ··· 19
    2.2.5 更新模块 ··· 19
    2.2.6 搜索模块 ··· 19
    2.2.7 创建模块 ··· 20
2.3 核心模块 ·· 20
    2.3.1 核心模块介绍 ··· 20
    2.3.2 实战：核心模块 fs 的简单示例 ·· 20

2.4	上机演练	21
2.5	本章小结	22

第 3 章 测试 23

3.1	使用断言	23
	3.1.1 什么是断言测试	23
	3.1.2 严格模式和遗留模式	24
	3.1.3 实战：断言的使用	25
	3.1.4 了解 AssertionError	27
	3.1.5 实战：deepStrictEqual 示例	27
3.2	第三方测试工具	29
	3.2.1 Nodeunit	30
	3.2.2 Mocha	31
	3.2.3 Vows	31
3.3	上机演练	33
	练习一：使用 Node.js 的断言功能进行简单的单元测试	33
	练习二：使用.js 的 AssertionError	34
	练习三：使用 Node.js 的第三方测试工具	34
3.4	本章小结	35

第 4 章 缓冲区 36

4.1	了解缓冲区	36
	4.1.1 了解 TypedArray	36
	4.1.2 Buffer 类	37
4.2	创建缓冲区	38
	4.2.1 初始化缓冲区的 API	39
	4.2.2 理解数据的安全性	39
	4.2.3 启用零填充	40
	4.2.4 指定字符编码	40
4.3	切分缓冲区	41
4.4	连接缓冲区	42
4.5	比较缓冲区	43
4.6	缓冲区编解码	44
	4.6.1 解码器和编码器	44
	4.6.2 缓冲区解码	44
	4.6.3 缓冲区编码	45
4.7	上机演练	46
	练习一：创建缓冲区	46
	练习二：切分缓冲区	46
	练习三：连接缓冲区	47
	练习四：缓冲区编解码	47
4.8	本章小结	48

第 5 章 事件处理 ··· 49

- 5.1 理解事件和回调 ··· 49
  - 5.1.1 事件循环 ·· 50
  - 5.1.2 事件驱动 ·· 50
- 5.2 事件发射器 ·· 51
  - 5.2.1 将参数和 this 传递给监听器 ······················· 51
  - 5.2.2 异步与同步 ·· 52
  - 5.2.3 仅处理事件一次 ·· 52
- 5.3 事件类型 ·· 53
  - 5.3.1 事件类型的定义 ·· 53
  - 5.3.2 内置的事件类型 ·· 54
  - 5.3.3 error 事件 ··· 54
- 5.4 事件的操作 ·· 56
  - 5.4.1 实战：设置最大监听器 ································· 56
  - 5.4.2 实战：获取已注册的事件的名称 ···················· 56
  - 5.4.3 实战：获取监听器数组的副本 ······················· 57
  - 5.4.4 实战：将事件监听器添加到监听器数组的开头 ······ 57
  - 5.4.5 实战：移除监听器 ·· 58
- 5.5 上机演练 ·· 60
- 5.6 本章小结 ·· 61

第 6 章 定时处理 ··· 62

- 6.1 定时处理常用类 ·· 62
  - 6.1.1 Immediate ·· 62
  - 6.1.2 Timeout ··· 63
- 6.2 定时调度 ·· 64
  - 6.2.1 setImmediate ·· 64
  - 6.2.2 setInterval ·· 65
  - 6.2.3 setTimeout ··· 65
  - 6.2.4 setInterval 和 setTimeout 的异同 ····················· 66
- 6.3 取消定时 ·· 67
- 6.4 上机演练 ·· 69
- 6.5 本章小结 ·· 70

第 7 章 文件处理 ··· 71

- 7.1 了解 node:fs 模块 ··· 71
  - 7.1.1 同步与异步操作文件 ····································· 71
  - 7.1.2 文件描述符 ·· 73
- 7.2 处理文件路径 ·· 74
  - 7.2.1 字符串形式的路径 ·· 74
  - 7.2.2 Buffer 形式的路径 ·· 74
  - 7.2.3 URL 对象的路径 ··· 75

7.3 打开文件 · 76
    7.3.1 文件系统标志 · 77
    7.3.2 实战：打开当前目录下的文件 · 78
7.4 实战：读取文件 · 79
    7.4.1 fs.read · 79
    7.4.2 fs.readdir · 80
    7.4.3 fs.readFile · 80
7.5 实战：写入文件 · 82
    7.5.1 将 buffer 写入文件 · 82
    7.5.2 将字符串写入文件 · 83
    7.5.3 将数据写入文件 · 84
7.6 上机演练 · 85
7.7 本章小结 · 86

第 8 章 进程 · 87

8.1 执行外部命令 · 87
    8.1.1 spawn() · 87
    8.1.2 exec() · 89
    8.1.3 execFile() · 90
8.2 子进程 ChildProcess · 92
    8.2.1 生成子进程 · 92
    8.2.2 进程间通信 · 92
8.3 终止进程 · 94
8.4 上机演练 · 94
    练习一：执行外部命令 · 94
    练习二：进程间通信 · 95
    练习三：终止进程 · 95
8.5 本章小结 · 96

第 9 章 流 · 97

9.1 流的概述 · 97
    9.1.1 流的类型 · 97
    9.1.2 对象模式 · 97
    9.1.3 流中的缓冲区 · 98
9.2 可读流 · 98
    9.2.1 stream.Readable 类事件 · 99
    9.2.2 stream.Readable 类方法 · 101
    9.2.3 异步迭代器 · 104
    9.2.4 两种读取模式 · 105
9.3 可写流 · 105
    9.3.1 stream.Writable 类事件 · 106
    9.3.2 stream.Writable 类方法 · 107

目录 VII

9.4 双工流与转换流 110
    9.4.1 实现双工流 110
    9.4.2 实战：双工流的例子 110
    9.4.3 对象模式的双工流 111
    9.4.4 实现转换流 112

9.5 上机演练 112
    练习一：使用可读流读取文件 112
    练习二：使用可写流写入文件 113
    练习三：实现一个简单的双工流 113

9.6 本章小结 114

第 10 章 TCP 115

10.1 创建 TCP 服务器 115
    10.1.1 了解 TCP 115
    10.1.2 了解 socket 116
    10.1.3 node:net 模块 117
    10.1.4 实战：创建 TCP 服务器 117

10.2 监听连接 118
    10.2.1 server.listen(handle[, backlog][, callback]) 119
    10.2.2 server.listen(options[, callback]) 119

10.3 发送和接收数据 120
    10.3.1 创建 socket 对象 120
    10.3.2 创建 socket 对象来发送和接收数据 121
    10.3.3 实战：TCP 服务器的例子 121

10.4 关闭 TCP 服务器 122
    10.4.1 socket.end() 123
    10.4.2 server.close() 124

10.5 上机演练 125
    练习一：创建 TCP 服务器 125
    练习二：发送和接收数据 126
    练习三：关闭 TCP 服务器 127

10.6 本章小结 128

第 11 章 UDP 129

11.1 创建 UDP 服务器 129
    11.1.1 了解 UDP 129
    11.1.2 TCP 与 UDP 的区别 130
    11.1.3 实战：创建 UDP 服务器 130

11.2 监听连接 131

11.3 发送和接收数据 131
    11.3.1 message 事件 131
    11.3.2 socket.send()方法 132

11.4 关闭 UDP 服务器 ·· 133
11.5 实战：UDP 服务器通信 ·· 134
    11.5.1 UDP 服务器 ·· 134
    11.5.2 UDP 客户端 ·· 135
    11.5.3 运行应用 ·· 135
11.6 上机演练 ··· 136
    练习一：创建 UDP 服务器 ·· 136
    练习二：发送和接收数据 ··· 137
    练习三：关闭 UDP 服务器 ·· 137
11.7 本章小结 ··· 138

第 12 章 HTTP ·· 139

12.1 创建 HTTP 服务器 ·· 139
    12.1.1 使用 http.Server 类创建服务器 ··· 139
    12.1.2 http.Server 事件 ·· 140
12.2 处理 HTTP 的常用操作 ··· 142
12.3 请求对象和响应对象 ··· 142
    12.3.1 http.ClientRequest 类 ·· 142
    12.3.2 http.ServerResponse 类 ··· 146
12.4 REST 概述 ·· 149
    12.4.1 REST 定义 ··· 149
    12.4.2 REST 设计原则 ··· 150
12.5 成熟度模型 ·· 151
    12.5.1 第 0 级：使用 HTTP 作为传输方式 ··· 151
    12.5.2 第 1 级：引入资源的概念 ·· 153
    12.5.3 第 2 级：根据语义使用 HTTP 动词 ··· 153
    12.5.4 第 3 级：使用 HATEOAS ··· 155
12.6 实战：构建 REST 服务 ··· 157
    12.6.1 新增用户 ··· 157
    12.6.2 修改用户 ··· 158
    12.6.3 删除用户 ··· 159
    12.6.4 响应请求 ··· 160
    12.6.5 运行应用 ··· 161
12.7 上机演练 ··· 163
    练习一：创建一个简单的 HTTP 服务器 ·· 163
    练习二：实现一个简单的 RESTful API 服务 ·· 164
12.8 本章小结 ··· 165

第 13 章 WebSocket ··· 166

13.1 创建 WebSocket 服务器 ·· 166
    13.1.1 常见的 Web 推送技术 ··· 166
    13.1.2 使用 ws 创建 WebSokcet 服务器 ··· 168

13.2 监听连接 168
13.3 发送和接收数据 169
    13.3.1 发送数据 169
    13.3.2 发送 ping 和 pong 170
    13.3.3 接收数据 170
13.4 准备的状态 171
13.5 关闭 WebSocket 服务器 171
13.6 实战：WebSocket 聊天服务器 171
    13.6.1 聊天服务器的需求 172
    13.6.2 服务器的实现 172
    13.6.3 客户端的实现 173
    13.6.4 运行应用 174
13.7 上机演练 175
    练习一：创建一个简单的 WebSocket 服务器 175
    练习二：实现一个简单的聊天室功能 176
    练习三：实现客户端与服务器的实时通信 177
13.8 本章小结 178

第 14 章 TLS/SSL 179

14.1 了解 TLS/SSL 179
    14.1.1 加密算法 179
    14.1.2 安全通道 182
    14.1.3 TLS/SSL 握手过程 182
    14.1.4 HTTPS 185
14.2 Node.js 中的 TLS/SSL 186
14.3 产生私钥 186
14.4 实战：构建 TLS 服务器和客户端 187
    14.4.1 构建 TLS 服务器 187
    14.4.2 构建 TLS 客户端 188
    14.4.3 运行应用 189
14.5 上机演练 190
    练习一：生成自签名 SSL 证书和私钥 190
    练习二：构建 TLS 服务器和客户端 191
14.6 本章小结 192

第 15 章 常用 Web 中间件 193

15.1 Express 193
    15.1.1 安装 Express 193
    15.1.2 实战：编写"Hello World"应用 195
    15.1.3 运行"Hello World"应用 195
    15.1.4 实战：使用 Express 构建 REST API 195
    15.1.5 测试 Express 的 REST API 198

15.2 Socket.IO ··· 201
15.2.1 Socket.IO 的主要特点 ·· 201
15.2.2 安装 Socket.IO ·· 202
15.2.3 实战：编写 Socket.IO 服务器 ··· 203
15.2.4 实战：编写 Socket.IO 客户端 ··· 204
15.2.5 运行应用 ··· 205
15.3 上机演练 ·· 206
练习一：使用 Express 构建 REST 服务 ·· 206
练习二：使用 Socket.IO 实现一个简单的实时聊天应用 ·· 207
15.4 本章小结 ·· 209

第 16 章 Vue.js 与响应式编程 ·· 210
16.1 常见 UI 框架 Vue.js ··· 210
16.1.1 Vue.js 与 jQuery 的不同 ··· 210
16.1.2 Vue.js 的下载和安装 ··· 212
16.1.3 实战：创建 Vue.js 应用 ··· 214
16.2 了解 Observable 机制 ··· 217
16.2.1 了解 Observable 的基本概念 ··· 218
16.2.2 定义观察者 ·· 218
16.2.3 执行订阅 ··· 219
16.2.4 创建 Observable 对象 ··· 220
16.2.5 实现多播 ··· 221
16.2.6 处理错误 ··· 223
16.3 了解 RxJS 技术 ··· 224
16.3.1 创建 Observable 对象的函数 ·· 224
16.3.2 了解操作符 ·· 225
16.3.3 处理错误 ··· 226
16.4 了解 Vue.js 中的 reactive ··· 227
16.5 上机演练 ·· 229
练习一：探索 Vue.js 与 jQuery 的不同 ·· 229
练习二：使用 create-vue 创建并运行 Vue.js 应用 ··· 231
练习三：理解 Vue.js 中的响应式和 Observable 机制 ·· 231
16.6 本章小结 ·· 232

第 17 章 操作 MySQL ··· 233
17.1 下载安装 MySQL ··· 233
17.1.1 下载安装包 ·· 233
17.1.2 解压安装包 ·· 233
17.1.3 创建 my.ini ·· 234
17.1.4 初始化安装 ·· 234
17.1.5 启动 MySQL Server ··· 234
17.1.6 使用 MySQL 客户端 ··· 235
17.1.7 关闭 MySQL Server ·· 235

17.2 MySQL 的基本操作 ·· 236
17.3 实战：使用 Node.js 操作 MySQL ·· 237
    17.3.1 安装 mysql 模块 ·· 237
    17.3.2 实现简单的查询 ·· 239
    17.3.3 运行应用 ·· 239
17.4 深入理解 mysql 模块 ·· 242
    17.4.1 建立连接 ·· 242
    17.4.2 连接选项 ·· 243
    17.4.3 关闭连接 ·· 244
    17.4.4 执行 CURD ··· 245
17.5 上机演练 ··· 247
    练习一：安装并配置 MySQL ·· 247
    练习二：使用 Node.js 操作 MySQL 进行基本数据库操作 ················· 248
    练习三：深入理解 mysql 模块的使用 ··· 250
17.6 本章小结 ··· 251

第 18 章 操作 MongoDB ·· 252

18.1 安装 MongoDB ··· 252
    18.1.1 MongoDB 简介 ··· 252
    18.1.2 下载和安装 MongoDB ·· 253
    18.1.3 启动 MongoDB 服务 ·· 254
    18.1.4 连接到 MongoDB 服务器 ·· 254
18.2 MongoDB 的基本操作 ·· 255
    18.2.1 显示已有的数据库 ·· 255
    18.2.2 创建和使用数据库 ·· 255
    18.2.3 插入文档 ·· 256
    18.2.4 查询文档 ·· 259
    18.2.5 修改文档 ·· 264
    18.2.6 删除文档 ·· 269
18.3 实战：使用 Node.js 操作 MongoDB ·· 270
    18.3.1 安装 mongodb 模块 ·· 270
    18.3.2 实现访问 MongoDB ··· 272
    18.3.3 运行应用 ·· 272
18.4 深入理解 mongodb 模块 ··· 273
    18.4.1 建立连接 ·· 273
    18.4.2 插入文档 ·· 273
    18.4.3 查找文档 ·· 274
    18.4.4 修改文档 ·· 276
    18.4.5 删除文档 ·· 277
18.5 上机演练 ··· 278
    练习一：安装 MongoDB 并连接查看数据库 ································· 278
    练习二：在 Node.js 应用中操作 MongoDB ·································· 278
    练习三：深入理解 Node.js 中的 mongodb 模块操作 ······················· 279

18.6 本章小结························280

第 19 章 操作 Redis························281

19.1 下载和安装 Redis························281
 19.1.1 Redis 简介························281
 19.1.2 在 Linux 平台上安装 Redis························282
 19.1.3 在 Windows 平台上安装 Redis························283
19.2 Redis 的数据类型及基本操作························284
 19.2.1 Redis key························284
 19.2.2 Redis String························285
 19.2.3 修改和查询 key 空间························286
 19.2.4 Redis 超时························287
 19.2.5 Redis List························287
 19.2.6 使用 Redis List 的第一步························288
 19.2.7 List 常见的用例························289
 19.2.8 限制列表························289
19.3 实战：使用 Node.js 操作 Redis························290
 19.3.1 安装 redis 模块························290
 19.3.2 实现访问 Redis························291
 19.3.3 运行应用························292
19.4 上机演练························293
 练习一：安装 Redis 并测试连接························293
 练习二：使用 Redis 存储和检索数据························293
 练习三：使用 Redis List 实现消息队列························294
19.5 本章小结························295

第 20 章 综合实战：基于 WebSocket 的即时聊天应用························296

20.1 应用概述························296
20.2 实现后台服务器························297
 20.2.1 初始化 websocket-chat························297
 20.2.2 访问静态文件资源························298
 20.2.3 事件处理························299
20.3 实现前台客户端························300
 20.3.1 页面 HTML 及样式设计························300
 20.3.2 业务逻辑························302
20.4 运行效果························309
20.5 上机演练························313
 练习一：初始化 WebSocket 聊天应用························313
 练习二：配置静态文件服务和事件处理························314
 练习三：完善前台客户端························315
20.6 本章小结························316

参考文献························317

第 1 章

走进Node.js的世界

作为本书的起始，本章首先从Node.js的诞生讲起，探讨为什么选择JavaScript作为官方开发语言，V8引擎如何改变了JavaScript的命运，以及npm对Node.js生态的贡献。然后介绍如何构建Node.js开发环境，并通过具体的实例演示创建Node.js应用的具体方法。最后，介绍如何在Node.js应用中使用流行的TypeScript语言。

1.1 认识 Node.js

本节将介绍Node.js的起源、命名由来以及它的主要特点和优势。

1.1.1 Node.js简介

1. Node.js 的诞生

从Node.js的命名上可以看到，Node.js的官方开发语言是JavaScript。之所以选择使用JavaScript，显然与JavaScript的开发人员多有关。众所周知，JavaScript是伴随着互联网的发展而流行起来的，它是前端开发人员必备的技能。同时，JavaScript也是浏览器能直接运行的脚本语言。

但也正是JavaScript在浏览器端的强势，导致人们对于JavaScript的印象还停留在小脚本的角色上，认为JavaScript只能干点前端展示的简单活。直到V8引擎的出现，让JavaScript彻底翻了身。V8是JavaScript渲染引擎，其第一个版本随着Chrome浏览器的发布而发布（具体时间为2008年9月2日）。相比于其他的JavaScript引擎将JavaScript代码转换成字节码或解释执行，V8将其编译成原生机器码（IA-32、x86-64、ARM或者MIPS CPUs），并且使用了内联缓存等方法来提高性能。V8可以独立运行，也可以嵌入C++应用程序中运行。

随着V8引擎的声名鹊起，在2009年，Ryan Dahl正式推出了基于JavaScript和V8引擎的开源

Web服务器项目，并命名为Node.js。这使得JavaScript终于能够在服务器端拥有一席之地。Node.js采用事件驱动和非阻塞I/O模型，使其变得轻微和高效，非常适合构建运行在分布式设备的数据密集型实时应用。从此，JavaScript成为从前端到后端再到数据库层能够支持全栈开发的语言。

Node.js能够流行的另外一个原因是npm。npm可以轻松管理项目依赖，同时也促进了Node.js生态圈的繁荣，因为npm让开发人员分享开源技术变得不再困难。

自2009年3月，Ryan Dahl正式推出Node.js以后，Node.js保持每年发布一个主要版本，每个版本的发布都会带来性能改进、新特性以及API的更新。目前的最新版是2024年4月24日推出的Node.js 22.0.0，本书就是使用该版编写的。

2. 为什么叫 Node.js

读者可能会好奇，Node.js为什么要这么命名。其实，一开始Ryan Dahl将他的项目命名为web.js，致力于构建高性能的Web服务。但是随着项目的发展超出了他最初的预期，最终演变成为构建网络应用的一个基础框架。

在大型分布式系统中，每个节点——在英文中翻译为node——是用于构建整个系统的独立单元。因此，Ryan Dahl将他的项目命名为Node.js，期望用于快速构建大型应用系统。

1.1.2 Node.js的特点

Node.js之所以被广大开发者青睐，主要是因为它包含了以下特点。

1. 异步 I/O

异步是相对于同步而言的。同步和异步描述的是用户线程与内核的交互方式。

- 同步是指用户线程发起I/O请求后需要等待或者轮询内核I/O操作完成后才能继续执行。
- 异步是指用户线程发起I/O请求后仍继续执行，当内核I/O操作完成后会通知用户线程，或者调用用户线程注册的回调函数。

图1-1展示了异步I/O模型。

举个通俗的例子，你打电话问书店老板有没有《循序渐进Node.js企业级开发实践》这本书卖。如果是同步通信机制，书店老板会说："你稍等，不要挂电话，我查一下。"然后书店老板就跑去书架上查，而你则在电话这边等待。直到书店老板查好了（可能是5秒，也可能是一天），在电话里面告诉你查询的结果。而如果是异步通信机制，书店老板直接告诉你"我查一下，查好了打电话给你。"然后直接挂电话。等查好后，他会主动打电话给你。在等回电的这段时间内，你可以去干其他事情。在这里，老板通过"回电"这种方式来回调。

通过上面例子可以看到，异步的好处是显而易见，它不必等待I/O操作完成，就可以去干其他的活，极大地提升了系统的效率。

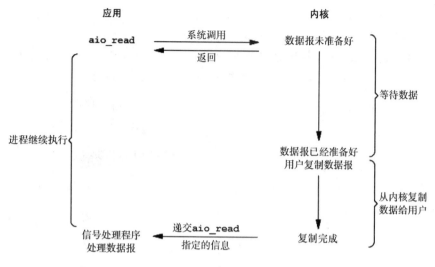

图 1-1 异步 I/O 模型

2. 事件驱动

相信JavaScript开发者对于事件一词一定不会感到陌生。用户在界面上单击一个按钮，就会触发一个"单击"事件。在Node.js中，事件的应用也是无处不在。

在传统的高并发场景中，解决方案往往是使用多线程模型，也就是为每个业务逻辑提供一个系统线程，通过系统线程切换来弥补同步I/O调用时的时间开销。

而在Node.js中使用的是单线程模型，对于所有I/O都采用异步式的请求方式，避免了频繁的上下文切换。Node.js在执行的过程中会维护一个事件队列，程序在执行时进入事件循环（Event Loop）等待下一个事件到来，每个异步式I/O请求完成后会被推送到事件队列，等待程序进程进行处理。

Node.js的异步机制是基于事件的，所有的磁盘I/O、网络通信、数据库查询都以非阻塞的方式请求，返回的结果由事件循环来处理。Node.js进程在同一时刻只会处理一个事件，完成后立即进入事件循环检查并处理后面的事件，其运行原理如图1-2所示。

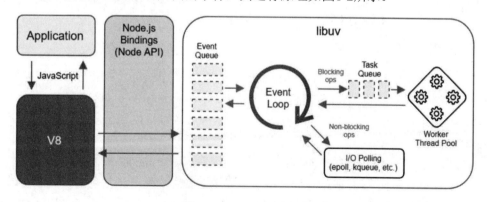

图 1-2 Node.js 的运行原理

从图1-2中可以看出，从左到右，从上到下，Node.js被分为4层，分别是应用层、V8引擎层、Node API层和libuv层。

- 应用层：即JavaScript交互层，常见的就是Node.js的模块，比如http，fs等。
- V8引擎层：即利用V8引擎来解析JavaScript语法，进而和下层API交互。
- Node API层：为上层模块提供系统调用，一般由C语言来实现，和操作系统进行交互。
- libuv层：是跨平台的底层封装，实现了事件循环、文件操作等，是Node.js实现异步的核心。

这样做的好处是CPU和内存在同一时间集中处理一件事，同时尽可能让耗时的I/O操作并行执行。对于低速连接攻击，Node.js只是在事件队列中增加请求，等待操作系统的回应，因而不会有任何多线程开销。这在很大程度上可以提高Web应用的健壮性，防止恶意攻击。

> 提示：事件驱动并非Node.js的专利，在Java编程语言中，大名鼎鼎的Netty也采用了事件驱动机制来提供系统的并发量。

3. 单线程

从上面所介绍的事件驱动的机制可以了解到，Node.js只用了一个主线程来接收请求，而且在接收到请求以后并不直接进行处理，而是放到了事件队列中，然后又去接收其他请求，等到空闲的时候再通过事件循环来处理这些事件，从而实现了异步效果。当然，对于I/O类任务还需要依赖于系统层面的线程池来处理。因此，我们可以简单地理解为，Node.js本身是一个多线程平台，而它对JavaScript层面的任务处理是单线程的。

无论是Linux平台还是Windows平台，Node.js内部都是通过线程池来完成异步I/O操作的，而libuv针对不同平台的差异性实现了统一调用。因此，Node.js的单线程仅仅是指JavaScript运行在单线程中，而并非Node.js平台是单线程的。

如果是I/O任务，Node.js就把任务交给线程池来异步处理，因此Node.js适合处理I/O密集型任务。但因为不是所有的任务都是I/O密集型任务，当碰到CPU密集型任务时，即只用CPU计算的操作，比如对数据加解密、数据压缩和解压等，这时Node.js就会亲自处理，一个一个地计算，前面的任务没有执行完，后面的任务就只能等着，导致后面的任务被阻塞。即便是多CPU的主机，对于Node.js而言也只有一个事件循环，也就是只占用一个CPU内核。因此，当Node.js被CPU密集型任务占用，导致其他任务被阻塞时，还会有CPU内核处于闲置状态，从而造成资源浪费。因此，Node.js不适合CPU密集型任务。

4. 支持微服务

微服务（Microservices）架构风格就像是把小的服务开发成单一应用的形式，运行在自己的进程中，并采用轻量级的机制进行通信（一般是HTTP资源API）。这些服务都围绕业务能力来构建，通过全自动部署工具来实现独立部署。这些服务可以使用不同的编程语言和不同的数据存储技术，并保持最小化集中管理。

Node.js是一个高效且轻量级的JavaScript运行环境，基于Chrome的V8 JavaScript引擎，使用事件驱动、非阻塞I/O模型，使其在相对低系统资源耗用下具有高性能和出色的负载能力。这使得Node.js成为构建微服务的理想选择，特别是在数据密集型分布式部署环境中。具体表现是：

- Node.js本身提供了跨平台的能力，可以运行在自己的进程中。
- Node.js易于构建Web服务，并支持HTTP的通信。

- Node.js支持从前端到后端再到数据库全栈开发能力。
- 开发人员可以通过Node.js内嵌的库来快速启动一个微服务应用。业界也提供了成熟的微服务解决方案来打造大型微服务架构系统，例如Express、Koa和NestJS等。

5. 可用性和扩展性

通过构建基于微服务的Node.js，可以轻松实现应用的可用性和扩展性。特别是在当今Cloud Native盛行的时代，云环境都是基于"即用即付"的模式，往往提供了自动扩展的能力。这种能力通常被称为弹性，也被称为动态资源提供和取消。自动扩展是一种有效的方法，专门针对具有不同流量模式的微服务。例如，购物网站通常会在双十一的时候迎来服务的最高流量，服务实例当然也是最多的。如果平时也配置这么多的服务实例，显然就很浪费资源。Amazon就是一个很好的示例，它总是会在某个时间段迎来流量的高峰，此时，它会配置比较多的服务实例来应对高访问量。而在平时流量比较小的情况下，Amazon就会将闲置的主机出租出去，来收回成本。正是因为这种强大的自动扩展的实践能力，使得Amazon从一个网上书店，摇身一变成为世界云计算巨头。自动扩展是一种基于资源使用情况自动扩展实例的方法，通过复制要缩放的服务来满足SLA（Service-Level Agreement，服务等级协议）。

具备自动扩展能力的系统，会自动检测到流量的增加或者减少。如果流量增加，则会增加服务实例，从而使其能够用于流量处理。同样地，当流量下降时，系统通过从服务中取回活动实例来减少服务实例的数量。如图1-3所示，系统通常会使用一组备用机器来完成自动扩展。

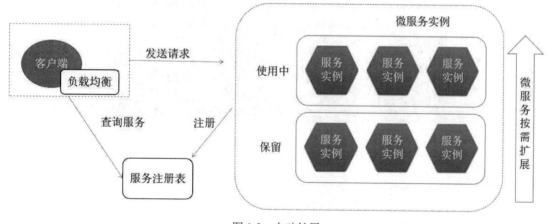

图 1-3　自动扩展

6. 跨平台

与Java一样，Node.js是跨平台的，这意味着开发的应用能够运行在Windows、macOS和Linux等平台上，实现了"一次编写，到处运行"。很多Node.js开发者都是先在Windows上进行开发，然后将代码部署到Linux服务器上。特别是在Cloud Native应用中，容器技术常常作为微服务的宿主，而Node.js是支持Docker部署的。

1.2 安装 Node.js 及 IDE

在开始Node.js的开发之前，必须设置好开发环境。

1.2.1 安装Node.js和npm

如果计算机里没有Node.js和npm，请安装它们。

Node.js的下载地址为https://nodejs.org/en/download/。

截至目前，Node.js最新版本为22.3.0（包含了npm 10.8.1）。为了能够享受最新的Node.js开发所带来的乐趣，请安装最新版本的Node.js和npm。

安装过程很简单，一路单击"Next"按钮即可。安装完成之后，先在终端/控制台窗口中运行命令"node -v"和"npm -v"，来验证一下安装是否正确。如果出现版本号，则表示安装成功，如图1-4所示。

图1-4 验证安装

1.2.2 Node.js与npm的关系

如果读者熟悉Java，那么一定知道Maven。Node.js与npm的关系，就如同Java与Maven的关系。

简言之，Node.js与Java一样，都是运行应用的平台，都运行在虚拟机中。Node.js基于Google V8引擎，而Java基于JVM（Java虚拟机）。

npm与Maven类似，都用于依赖管理。npm管理js库，而Maven管理Java库。

1.2.3 安装npm镜像

默认从国外的npm源来获取和下载包信息，但由于网络的原因，有时可能无法正常访问npm源，从而导致无法正常安装软件。

可以采用国内的npm镜像来解决网速慢的问题。在终端上，通过以下命令来设置npm镜像：

```
$ npm config set registry=https://registry.npmmirror.com/
```

1.2.4 选择合适的IDE

如果你是一名前端工程师，那么用平时熟悉的IDE来开发Node.js即可，比如Visual Studio Code、Eclipse、WebStorm、Sublime Text等IDE。理论上，Node.js不会对开发工具有任何限制，甚至可以直接使用文本编辑器来开发。

如果你是一名初级的前端工程师，或者不知道如何选择IDE，那么笔者建议使用Visual Studio Code。Visual Studio Code的下载地址为https://code.visualstudio.com。

Visual Studio Code是微软出品的，对JavaScript、TypeScript和Node.js编程有着一流的支持，而且这款IDE是免费的，可以随时下载使用。选择适合自己的IDE有助于提升编程质量和开发效率。

1.3 实战：第一个 Node.js 应用

Node.js是可以直接运行JavaScript代码的。因此，创建一个Node.js应用非常简单，只需要编写一个JavaScript文件即可。

1.3.1 创建Node.js应用

首先，在工作目录下创建一个名为"hello-world"的目录，作为工程目录。

然后在hello-world目录下创建名为"hello-world.js"的JavaScript文件，作为主应用文件。在该文件中，写下第一段Node.js代码：

```
var hello = 'Hello World';
console.log(hello);
```

Node.js应用其实就是用JavaScript语言编写的，因此，只要有JavaScript的开发经验，上述代码的含义一眼就能看明白。

（1）用一个变量hello定义了一个字符串。
（2）借助console对象将hello的值打印到控制台。

上述代码几乎是所有编程语言必写的入门示例，用于在控制台输出"Hello World"字样。

1.3.2 运行Node.js应用

在Node.js中可以直接执行JavaScript文件，具体操作如下：

```
$ node hello-world.js
Hello World
```

可以看到,控制台输出了我们所期望的"Hello World"字样。

当然,为了简便,也可以不指定文件类型,Node.js会自动查找".js"文件。因此,上述命令等同于:

```
$ node hello-world
Hello World
```

1.3.3 小结

通过上述示例可以看到,创建一个Node.js的应用是非常简单的,并且也可以通过简单的命令来运行Node.js应用。这也是为什么互联网公司以及在微服务架构中会选用Node.js。毕竟,Node.js带给开发人员的感觉就是轻量、快速,熟悉的语法规则可以让开发人员快速上手。

本节例子可以在本书配套资源中的"hello-world/hello-world.js"文件中找到。

1.4 实战:在 Node.js 应用中使用 TypeScript

TypeScript是一种由微软维护和开发的开源语言,得到世界各地许多软件开发者的喜爱和使用。

TypeScript是JavaScript的超集,扩展了JavaScript的语法,因此现有的JavaScript代码可与TypeScript一起工作而无须任何修改。TypeScript通过类型注解提供编译时的静态类型检查。

图1-5展示了TypeScript与JavaScript的关系。

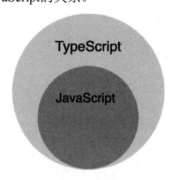

图 1-5 TypeScript 与 JavaScript 的关系

1.4.1 创建TypeScript版本的Node.js应用

首先,在工作目录下,创建一个名为"hello-world-typescript"的目录,作为工程目录。

然后,在hello-world-typescript目录下创建名为"hello-world.ts"的TypeScript文件,作为主应用文件。在该文件中,写下如下所示的TypeScript代码:

```
var hello: string = 'Hello World';
console.log(hello);
```

上述TypeScript版本的"Hello World"应用代码，与上一节展示的JavaScript版本的"Hello World"代码基本类似。因此，只要有JavaScript的开发经验，上述TypeScript代码的含义一眼就能看明白。

TypeScript与JavaScript的最大不同点在于，声明变量hello的同时指定了类型string。

1.4.2 运行TypeScript应用

在Node.js中不可以直接执行TypeScript文件，否则会抛出异常。请先按照下面的命令安装TypeScript：

```
$ npm install -g typescript
```

上述命令会安装TypeScript及TypeScript编译器。

如果想要验证TypeScript的安装是否成功，可以执行以下命令：

```
$ tsc -v
Version 5.4.5
```

通过TypeScript编译器，可以将TypeScript文件hello-world.ts编译为hello-world.js：

```
$ tsc hello-world.ts
```

tsc就是TypeScript编译器的简写。此时，在hello-world.ts所在目录下，会生成一个hello-world.js文件，如图1-6所示。

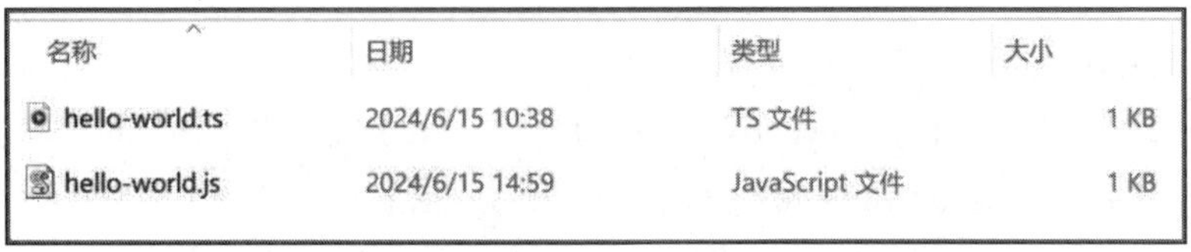

名称	日期	类型	大小
hello-world.ts	2024/6/15 10:38	TS 文件	1 KB
hello-world.js	2024/6/15 14:59	JavaScript 文件	1 KB

图 1-6　hello-world.ts 编译成为 hello-world.js 文件

hello-world.js文件内容如下：

```
var hello = 'Hello World';
console.log(hello);
```

最后，就可以通过Node.js来执行hello-world.js文件了。

```
$ node hello-world
Hello World
```

1.5　上 机 演 练

1. 任务要求

（1）安装Node.js和npm（Node包管理器）。

(2)创建一个新的Node.js项目。
(3)在项目中编写JavaScript代码。
(4)将JavaScript代码转换为TypeScript代码。
(5)运行JavaScript和TypeScript代码。

2. 参考操作步骤

(1)安装Node.js和npm。

访问Node.js官方网站（https://nodejs.org/）下载并安装适合操作系统的Node.js版本。

安装完成后，打开命令行或终端，输入以下命令验证安装是否成功：

```
node -v
npm -v
```

(2)创建一个Node.js项目。

在计算机上选择一个合适的位置，创建一个新文件夹作为项目的根目录。

进入该文件夹，使用以下命令初始化一个Node.js项目：

```
npm init -y
```

(3)在项目中编写JavaScript代码。

在项目根目录下创建一个名为index.js的文件。

使用文本编辑器打开index.js文件，并编写一些简单的JavaScript代码，例如：

```
console.log("Hello, World!");
```

(4)将JavaScript代码转换为TypeScript代码。

在项目根目录下创建一个名为tsconfig.json的文件，用于配置TypeScript编译选项。

使用文本编辑器打开tsconfig.json文件，并添加以下内容：

```
{
  "compilerOptions": {
    "target": "es6",
    "module": "commonjs",
    "outDir": "dist"
  },
  "include": ["index.ts"]
}
```

(5)将index.js重命名为index.ts。

修改index.ts中的代码，将其转换为TypeScript代码，例如：

```
console.log("Hello, World!");
```

(6)运行JavaScript和TypeScript代码。

在命令行或终端中，进入项目根目录。

使用以下命令安装TypeScript编译器：

```
npm install typescript --save-dev
```

（7）使用以下命令编译TypeScript代码为JavaScript代码：

```
npx tsc
```

编译成功后，在项目根目录下会生成一个名为dist的文件夹，其中包含编译后的JavaScript代码。

（8）使用以下命令运行JavaScript代码：

```
node dist/index.js
```

如果一切顺利，将在命令行或终端中看到输出结果："Hello, World!"。

3. 小结

通过以上步骤就可以成功地创建一个Node.js项目，并在其中编写、转换和运行JavaScript和TypeScript代码。后续章节我们会继续探索Node.js和TypeScript的更多功能，并尝试更复杂的项目。

1.6 本章小结

本章分析了当前互联网应用的特征，论述了Node.js的特点，解释了Node.js非常适合互联网应用开发的原因，并通过一个简单的例子引导读者快速入门Node.js。通过本章的学习，读者将入门Node.js。

第 2 章

模 块 化

本章将深入探讨模块化的概念，这是现代软件开发中的一个关键组成部分。我们将从模块化机制的基础开始讲解，包括CommonJS规范和ECMAScript模块的解析，以及它们的异同点。然后将详细介绍如何在Node.js环境中实现模块，以及如何使用npm工具来管理模块，涵盖安装、卸载、更新、搜索模块等操作。最后将简要介绍核心模块，并通过实战演练来加深对Node.js中文件系统（fs）模块的理解和应用。

2.1 理解模块化机制

为了让Node.js的文件可以相互调用，Node.js提供了一个简单的模块系统。

模块是Node.js应用程序的基本组成部分，文件和模块是一一对应的。换言之，一个Node.js文件就是一个模块，这个文件可能是JavaScript代码、JSON或者编译过的C/C++扩展。

在Node.js应用中，主要有两种定义模块的格式：

- CommonJS规范：该规范是自Node.js创建以来，一直使用的基于传统模块化的格式。
- ECMAScript模块：在ECMAScript中，使用import关键字来定义模块。由于目前ECMAScript是所有JavaScript都支持的标准，因此Node.js技术指导委员会致力于为ECMAScript模块提供一流的支持。

本节将介绍这两种模块的特点及其在实际开发中的应用。

2.1.1 理解CommonJS规范

CommonJS规范的提出，主要是为了弥补JavaScript没有标准的缺陷。它使得JavaScript也像Python、Ruby和Java那样具备开发大型应用的基础能力，而不是停留在开发浏览器端小脚本程序的阶段。

CommonJS模块规范主要分为3部分：模块引用、模块定义和模块标识。

1. 模块引用

模块的导出和引入主要通过exports和require实现。模块可以通过exports对象将函数、对象或原始值从模块中导出，以便其他程序可以通过require语句使用它们。

如果在main.js文件中使用如下语句：

```
var math = require('math');
```

意为使用require()方法引入math模块，并赋值给变量math。事实上，命名的变量名和引入的模块名不必相同，就像这样：

```
var Math = require('math');
```

赋值的意义在于，main.js将仅能识别Math，因为这是已经定义的变量，并不能识别math，因为math没有定义。

在上面例子中，require的参数仅是模块名字的字符串，没有带路径，引用的是main.js当前所在目录下的node_modules目录下的math模块。如果当前目录没有node_modules目录或者node_modules目录里面没有安装math模块，便会报错。

如果要引入的模块在其他路径，就需要使用到相对路径或者绝对路径，例如：

```
var sum = require('./sum.js')
```

上面例子中引入了当前目录下的sum.js文件，并赋值给sum变量。

2. 模块定义

在Node.js中，模块的定义是创建可重用和可维护代码的关键。module和export是模块系统中两个非常重要的概念。

- module对象：在每一个模块中，module对象代表该模块自身。
- export属性：module对象的一个属性，它向外提供接口。

仍然采用上一个示例，假设sum.js中的代码如下：

```
function sum (num1, num2){
    return num1 + num2;
}
```

尽管main.js文件引入了sum.js文件，但前者仍然无法使用后者中的sum()函数，在main.js文件中编写sum(3,5)这样的代码会报错，提示sum()不是一个函数。sum.js中的函数要能被其他模块使用，就需要暴露一个对外的接口，export属性用于完成这一工作。将sum.js中的代码改写如下：

```
function sum (num1, num2){
    return num1 + num2;
}

module.exports.sum = sum;
```

main.js文件就可以正常调用sum.js中的方法了，比如下面的示例：

```
var sum = require('./sum.js');
var result = sum.sum(3, 5);

console.log(result); // 8
```

这样的调用能够正常执行，前一个sum意为本文件中sum变量代表的模块，后一个sum是引入模块的sum方法。

3. 模块标识

模块标识指的是传递给require方法的参数必须是符合小驼峰命名的字符串，或者以"." "."开头的相对路径，或者绝对路径。其中，所引用的JavaScript文件可以省略后缀".js"。因此，在上述例子中：

```
var sum = require('./sum.js');
```

等同于：

```
var sum = require('./sum');
```

CommonJS模块机制避免了JavaScript编程中常见的全局变量污染的问题。每个模块拥有独立的空间，互不干扰。图2-1展示了模块之间的引用。

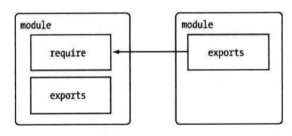

图 2-1　模块引用

2.1.2　理解ECMAScript模块

虽然CommonJS模块为Node.js提供了很好的模块化的机制，但这种机制只适用于服务端，针对浏览器端，CommonJS是无法适用的。为此，ECMAScript规范推出了模块，期望用标准的方式来统一所有JavaScript应用的模块化。

1. 基本的导出

可以使用export关键字将已发布代码部分公开给其他模块。最简单的方法就是将export放置在任意变量、函数或类声明之前。以下是一些导出的示例：

```
// 导出数据
export var color = "red";
export let name = "Nicholas";
export const magicNumber = 7;
```

```
// 导出函数
export function sum(num1, num2) {
    return num1 + num1;
}
// 导出类
export class Rectangle {
constructor(length, width) {
  this.length = length;
  this.width = width;
  }
}

// 定义一个函数，并导出一个函数引用
function multiply(num1, num2) {
    return num1 * num2;
}
export { multiply };
```

其中，除了export关键字之外，每个声明都与正常形式完全一样。每个被导出的函数或类都有名称，这是因为导出的函数声明与类声明必须有名称。不能使用这种语法来导出匿名函数或匿名类，除非使用了default关键字。

观察multiply()函数，它并没有在定义时被导出，而是通过导出引用的方式进行了导出。

2. 基本的导入

一旦有了包含导出的模块，就能在其他模块内使用import关键字来访问已被导出的功能。

import语句有两个部分，一是需要导入的标识符，二是需要导入的标识符的来源模块。下面是导入语句的基本形式：

```
import { identifier1, identifier2 } from "./example.js";
```

在import之后的花括号指明了从给定模块导入对应的绑定，from关键字则指明了需要导入的模块。模块由一个表示模块路径的字符串（module specifier，被称为模块说明符）来指定。

当从模块导入一个绑定时，该绑定表现得就像使用了const的定义。这意味着不能再定义另一个同名变量（包括导入另一个同名绑定），也不能在对应的import语句之前使用此标识符，更不能修改它的值。

3. 重命名的导出与导入

可以在导出模块中进行重命名。如果想用不同的名称来导出，可以使用as关键字来定义新的名称：

```
function sum(num1, num2) {
return num1 + num2;
}
export { sum as add };
```

在上面例子中，sum()函数作为add()导出，前者是本地名称（local name），后者则是导出名称（exported name）。这意味着当另一个模块要导入sum()函数时，它必须改用add这个名称：

```
import {add} from './example.js'
```

也可以在导入时重命名。在导入时同样可以使用as关键字进行重命名:

```
import { add as sum } from './example.js'
console.log(typeof add); // "undefined"
console.log(sum(1, 2)); // 3
```

此代码导入了add()函数,并使用了导入名称(import name)将其重命名为sum(本地名称)。这意味着在此模块中并不存在名为add的标识符。

2.1.3　CommonJS和ECMAScript模块的异同点

CommonJS和ECMAScript模块的异同点如下:

1. CommonJS

对于基本数据类型,采用复制方式。这意味着模块会被缓存,同时允许在其他模块中对输出的变量重新赋值。

对于复杂数据类型,采用浅拷贝。由于两个模块引用的对象指向同一个内存空间,因此对该模块的值做修改时会影响另一个模块。

使用require命令加载模块时,会运行整个模块的代码。但当再次加载相同模块时,不会再次执行,而是从缓存中获取值。这表明CommonJS模块在首次加载时运行一次,之后的加载都返回首次运行的结果,除非手动清除系统缓存。

循环加载时,CommonJS在加载时执行,即脚本代码在执行require命令的时候就会全部执行。一旦出现某个模块被"循环加载",就只输出已经执行的部分,还未执行的部分不会输出。

2. ECMAScript 模块

ECMAScript模块中的值属于动态只读引用。

对于只读来说,不允许修改引入变量的值。import的变量是只读的,而不论是基本数据类型还是复杂数据类型。当模块遇到import命令时,就会生成一个只读引用,等到脚本真正执行时,再根据这个只读引用到被加载的那个模块里面去取值。

对于动态来说,当原始值发生变化时,import加载的值也会发生变化,而不论是基本数据类型还是复杂数据类型。

循环加载时,ECMAScript模块是动态引用。只要两个模块之间存在某个引用,代码就能够执行。

2.1.4　Node.js的模块实现

在Node.js中,模块分为两类:

- Node.js自身提供的模块,称为核心模块,比如fs、http等,就像Java自身提供核心类一样。
- 用户编写的模块,称为文件模块。

核心模块部分在Node.js源代码的编译过程中，编译进了二进制执行文件。在Node.js进程启动时，核心模块就被直接加载进内存。因此，在引入核心模块时，文件定位和编译执行这两个步骤可以省略掉，并且在路径分析中优先判断，所以它的加载速度是最快的。

文件模块在运行时动态加载，需要完整的路径分析、文件定位、编译执行过程，因此加载速度比核心模块慢。

图2-2展示了Node.js加载模块的具体过程。

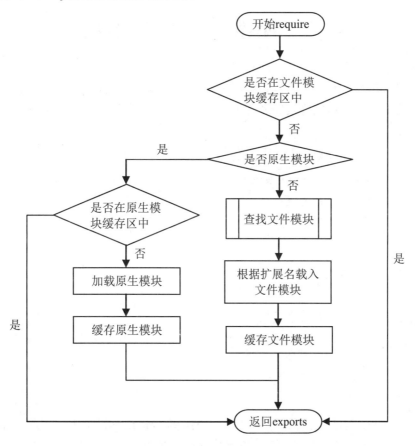

图 2-2　Node.js 加载模块的过程

Node.js为了优化加载模块的速度，也像浏览器一样引入了缓存，将加载过的模块保存到缓存内，下次再加载时就会命中缓存，从而避免了对相同模块的多次重复加载。模块加载前会将需要加载的模块名转为完整路径名，查找到模块后再将完整路径名保存到缓存，下次再加载该路径模块时就可以直接从缓存中取得。

从图2-2中也能清楚地看到，模块加载时先查询缓存，若缓存中没找到，再去Node.js自带的核心模块中查找；如果核心模块中也没有查询到，再去用户自定义模块内查找。因此，模块加载的优先级是：缓存模块 > 核心模块 > 用户自定义模块。

在前文中也讲了，使用require加载模块时，require参数的标识符可以省略文件类型，比如require("./sum.js")等同于require("./sum")。在省略文件类型时，Node.js首先会认为它是一个.js文件，如果没有查找到该文件，然后会去查找.json文件；如果还没有查找到该文件，最后会去查找.node文件；如果连.node文件都没有查找到，就会抛出异常。其中，.node文件是指用C/C++编写的扩展文件。由于Node.js是单线程执行的，在加载模块时是线程阻塞的，因此为了避免长期阻塞系统，如果不是.js文件，在require的时候就把文件类型加上，这样Node.js就不会去一一尝试了。

因此，require加载无类型文件的优先级是：.js>.json>.node。

2.2 使用npm管理模块

npm是随同Node.js一起安装的包管理工具。包是在模块基础上更深一步的封装。Node.js的包类似于Java的类库，能够独立发布、更新。npm就是用来解决包的发布和获取问题。常见的使用场景有以下几种：

- 允许用户从npm服务器下载别人编写的第三方包到本地使用。
- 允许用户从npm服务器下载并安装别人编写的命令行程序到本地使用。
- 允许用户将自己编写的包或命令行程序上传到npm服务器供别人使用。

Node.js已经集成了npm，所以Node.js安装好之后，npm也一并安装好了。

2.2.1 使用npm命令安装模块

npm安装Node.js模块的语法格式如下：

```
$ npm install <Module Name>
```

例如，使用npm命令安装less：

```
$ npm install less
```

安装好之后，less包就保存在了工程目录下的node_modules目录中。因此，在代码中只需通过require('less')的方式就可引入，无须指定第三方包路径。示例如下：

```
var less = require('less');
```

2.2.2 全局安装与本地安装

npm的包安装分为本地安装和全局安装两种，具体选择哪种安装方式取决于想怎样使用这个包。如果想将它作为命令行工具使用，比如gulp-cli，那么可以全局安装它。如果要把它作为自己包的依赖，那么可以局部安装它。

1．本地安装

本地安装的命令如下：

```
$ npm install less
```

执行本地安装后，安装包会放在./node_modules下（运行npm命令时所在的目录）。如果没有node_modules目录，会在当前执行npm命令的目录下生成node_modules目录。

可以通过require()来引入本地安装的包。

2. 全局安装

全局安装的命令如下：

```
$ npm install less -g
```

执行全局安装后，安装包会放在/usr/local下，或者Node.js的安装目录下。
全局安装的包可以直接在命令行里使用。

2.2.3 查看安装信息

可以使用"npm list -g"命令来查看所有全局安装的模块：

```
$ npm list -g
C:\Users\wayla\AppData\Roaming\npm
+-- less@4.2.0
-- typescript@5.4.5
...
```

如果要查看某个模块的版本号，可以使用如下命令：

```
$ npm list -g typescript
C:\Users\wayla\AppData\Roaming\npm
-- typescript@5.4.5
```

2.2.4 卸载模块

可以使用以下命令来卸载Node.js模块：

```
$ npm uninstall express
```

卸载后，可以到node_modules目录下查看包是否还存在，或者使用以下命令查看：

```
$ npm ls
```

2.2.5 更新模块

可以使用以下命令更新模块：

```
$ npm update express
```

2.2.6 搜索模块

使用以下命令搜索模块：

```
$ npm search express
```

2.2.7　创建模块

要创建模块，package.json文件是必不可少的。可以使用npm命令初始化模块，在该模块下就会生成package.json文件。

```
$ npm init
```

接下来使用以下命令在npm资源库中注册用户（使用邮箱注册）：

```
$ npm adduser
```

然后使用以下命令来发布模块：

```
$ npm publish
```

模块发布成功后，就可以跟其他模块一样使用npm来安装。

2.3　核心模块

了解核心模块，是掌握Node.js的基础。本书大部分的篇幅也都在介绍核心模块的使用。

2.3.1　核心模块介绍

核心模块为Node.js提供了最基本的API，它们被编译为二进制分发，并在Node.js进程启动时自动加载。

常用的核心模块有：

- buffer：用于二进制数据的处理。
- events：用于事件处理。
- fs：用于与文件系统交互。
- http：用于提供HTTP服务器和客户端。
- net：提供异步网络API，用于创建基于流的TCP或IPC服务器和客户端。
- path：用于处理文件和目录的路径。
- timers：提供定时器功能。
- tls：提供了基于OpenSSL构建的传输层安全性（TLS）和安全套接字层（SSL）协议的实现。
- dgram：提供了UDP数据报套接字的实现。

2.3.2　实战：核心模块fs的简单示例

本例使用Node.js的核心模块fs来读取一个文本文件，并将文件内容输出到控制台。具体的实现步骤如下：

01 引入 fs 模块：

```
// 引入fs模块
const fs = require('fs');
```

02 使用 fs.readFile()方法读取文件：

```
// 读取文件
fs.readFile('example.txt', 'utf8', (err, data) => {
  if (err) {
    console.error(err);
    return;
  }
```

03 将读取到的文件内容输出到控制台：

```
// 输出文件内容
  console.log(data);
});
```

其中，代码示例是一个简单的Node.js程序，用于读取一个名为example.txt的文件，并将其内容输出到控制台。

（1）首先，通过require('fs')引入了Node.js的内置模块fs，该模块提供了与文件操作相关的功能。

（2）接下来，使用fs.readFile()方法来读取文件。该方法接收3个参数：文件路径、编码方式和一个回调函数。在这个例子中，文件路径为example.txt，编码方式为utf8，回调函数用于处理文件读取的结果。

（3）回调函数接收两个参数：err和data。如果读取过程中发生错误，err将包含错误信息；否则，err为null。data参数包含了文件的内容。在回调函数内部，首先检查是否存在错误（if (err)）。如果有错误，使用console.error(err)将错误信息输出到控制台，并使用return语句提前结束函数的执行；如果没有错误，使用console.log(data)将文件内容输出到控制台。

本例只演示了核心模块fs的使用，后续章节我们将逐步围绕Node.js的各个核心模块的应用来进行深入讲解。

2.4 上机演练

1. 任务要求

使用npm创建一个项目，并安装、更新和卸载一个核心模块express。

2. 参考操作步骤

（1）创建一个文件夹作为项目目录。

（2）在项目目录下初始化一个新的Node.js项目。

（3）安装express模块。
（4）更新express模块。
（5）卸载express模块。

3. 参考示例代码

```
# 创建一个文件夹作为项目目录
mkdir my-node-project
cd my-node-project

# 初始化一个新的Node.js项目
npm init -y

# 安装express模块
npm install express --save

# 更新express模块
npm update express

# 卸载express模块
npm uninstall express
```

4. 小结

这个练习展示了如何使用npm来操作Node.js的模块。首先，创建了一个文件夹作为项目目录，并在该目录下初始化了一个新的Node.js项目。然后，使用npm install命令安装了express模块，并将其添加到项目的依赖中。接下来，使用npm update命令更新了express模块。最后，我们使用npm uninstall命令卸载了express模块。通过这个例子，初学者可以学会如何使用npm来管理Node.js项目的依赖模块。

2.5 本章小结

模块化是简化大型系统的开发方式。通过模块化，可以将大型系统分解为功能内聚的模块，每个模块专注于特定的业务，模块之间又能通过特定的方式进行交互，相互协作完成系统功能。本章介绍了Node.js的模块化机制，使用npm管理模块的方法，以及Node.js的核心模块。通过本章的学习，读者将能够有效地使用和管理模块，提高代码的可维护性和复用性。

第 3 章

测 试

Node.js提供了测试模块node:assert,主要是为了方便开发者编写和执行单元测试。通过使用node:assert模块,可以对代码中的各种逻辑进行断言,确保代码的正确性和稳定性。同时,测试也是软件开发过程中的重要环节,可以帮助开发者发现潜在问题并及时修复,从而提高软件质量。

3.1 使用断言

测试工作的重要性不言而喻。Node.js内嵌了测试模块node:assert。node:assert模块提供了一组简单的断言测试,可用于测试不变量。node:assert模块在测试时可以使用严格模式(strict)或者遗留模式(legacy),但建议仅使用严格模式。

3.1.1 什么是断言测试

断言测试是一种软件测试方法,用于验证程序中的特定条件或状态是否为真。在编程中,断言通常是一个语言结构或函数,它在运行时检查某个条件,如果该条件为假,则停止程序的执行并抛出错误。这种方法可以帮助开发者快速识别代码中的逻辑错误或假设失效,从而保证程序的正确性和鲁棒性。

以下是断言测试的几个关键要素:

- 条件检查:断言通常包含一个布尔表达式,这个表达式评估条件或状态为真或假。例如,assert(x > 0)会检查变量 x 是否大于0。
- 错误报告:如果断言失败,它会抛出一个错误或异常,通常会附带有关失败的详细信息,如失败的断言、源文件位置等。
- 调试辅助:断言是开发和调试过程中的一个重要工具,它帮助确保程序按照预期工作,特别是在对关键功能的正确性有高要求的情况下。

- 生产环境与测试环境：在生产环境中，断言可能会被禁用，以避免干扰用户或影响性能；在测试环境中，断言提供了一种有效的检查机制，以确保代码质量。
- 设计决策：使用断言可以帮助开发者明确设计决策和实现逻辑，通过断言显式地表达预期的行为或状态。

在JavaScript中，可以使用console.assert()函数进行断言测试。例如：

```javascript
function divide(a, b) {
    console.assert(b !== 0, "除数不能为零");
    return a / b;
}
let result = divide(10, 2);
console.log(result);                     // 输出: 5

// 当尝试除以零时，断言会失败并抛出异常
result = divide(10, 0);                  // Assertion failed: 除数不能为零
```

在这个例子中，console.assert()函数用于确保除数不为零，这是一个重要的前提。如果除数是零，控制台将显示一条错误消息，但不会中断程序的执行。

> **注意** JavaScript中的断言主要用于调试和开发阶段，在生产环境中通常禁用断言以提高性能。

3.1.2 严格模式和遗留模式

Node.js区分严格模式和遗留模式，这是由于JavaScript的历史原因造成的。

随着Web技术的不断发展和JavaScript应用范围的不断扩大，早期语言设计的宽容性开始导致一些问题，例如难以维护的代码和难以发现的错误。因此，ES5引入了严格模式，目的是减少错误，提高代码质量和性能。作为基于JavaScript的平台，Node.js继承了JavaScript的这些发展特性，并提供了严格模式和遗留模式以适应不同版本的代码需求。

在严格模式下，一些之前被允许的行为现在会抛出错误，这有助于开发者及时发现并修正问题，从而提高代码质量。严格模式通过禁用某些高开销的JavaScript行为，使得引擎可以进行更多的优化，提高代码执行效率。严格模式鼓励编写更简洁、更可维护的代码，减少了不必要的全局变量和其他不良的编程习惯。

但遗留模式仍有必要：其一是兼容性考虑，遗留模式兼容那些旧的、不符合严格模式规则的代码，确保这些代码仍然能够在Node.js环境中运行；其二是逐步迁移，遗留模式的存在允许开发者逐步迁移到严格模式，特别是在处理大型遗留代码库时，这种渐进式的迁移策略非常实用；其三是第三方模块的兼容性，考虑到Node.js生态中存在大量的第三方模块，遗留模式能够确保这些模块在没有立即更新的情况下仍然可用。

Node.js允许开发者根据需要选择使用哪种模式，这种灵活性是Node.js受欢迎的一个重要原因。对于新的项目，通常建议使用严格模式来利用其带来的安全性和性能优势。对于已有的项目，可以考虑逐步迁移到严格模式，同时确保代码的稳定性和兼容性。

总而言之，严格模式可以让开发人员发现代码中未曾注意到的错误，并能更快、更方便地调试程序。

遗留模式和严格模式的对比如下：

```
// 遗留模式
const assert = require('node:assert');

// 严格模式
const assert = require('node:assert').strict;
```

遗留模式和严格模式唯一的区别就是严格模式要多加".strict"。

另外一种方式是，在方法级别使用严格模式。比如下面遗留模式的例子：

```
// 遗留模式
const assert = require('node:assert');

// 使用严格模式的方法
assert.strictEqual(1, 2); // false
```

等同于下面使用严格模式的例子：

```
// 使用严格模式
const assert = require('node:assert').strict;
assert.equal(1, 2); // false
```

3.1.3 实战：断言的使用

本节将新建一个名为"assert-strict"的示例，用于演示断言的不同使用场景。

```
// 使用遗留模式
const assert = require('node:assert');

// 生成AssertionError对象
const { message } = new assert.AssertionError({
    actual: 1,
    expected: 2,
    operator: 'strictEqual'
});

// 验证错误信息输出
try {
    // 验证两个值是否相等
    assert.strictEqual(1, 2); // false
} catch (err) {
    // 验证类型
    assert(err instanceof assert.AssertionError); // true

    // 验证值
    assert.strictEqual(err.message, message); // true
    assert.strictEqual(err.name, 'AssertionError [ERR_ASSERTION]'); // false
    assert.strictEqual(err.actual, 1); // true
```

```
    assert.strictEqual(err.expected, 2); // true
    assert.strictEqual(err.code, 'ERR_ASSERTION'); // true
    assert.strictEqual(err.operator, 'strictEqual'); // true
    assert.strictEqual(err.generatedMessage, true); // true
}
```

其中：

- strictEqual用于严格比较两个值是否相等，可以比较数值、字符串或者是对象。在上面例子中，"strictEqual(1, 2)"的结果是false。
- "assert(err instanceof assert.AssertionError);"用于验证是不是AssertionError的实例。上面例子的结果是true。
- AssertionError并没有对name属性赋值，因此"strictEqual(err.name, 'AssertionError [ERR_ASSERTION]');"的结果是false。

运行示例，控制台的输出如下：

```
$ node main.js

node:assert:126
  throw new AssertionError(obj);
  ^

AssertionError [ERR_ASSERTION]: Expected values to be strictly equal:
+ actual - expected

+ 'AssertionError'
- 'AssertionError [ERR_ASSERTION]'
              ^
    at Object.<anonymous> (D:\workspace\gitee\progressive-nodejs-enterprise-level-application-practice-book\samples\assert-strict\main.js:21:12)
    at Module._compile (node:internal/modules/cjs/loader:1460:14)
    at Module._extensions..js (node:internal/modules/cjs/loader:1544:10)
    at Module.load (node:internal/modules/cjs/loader:1275:32)
    at Module._load (node:internal/modules/cjs/loader:1091:12)
    at wrapModuleLoad (node:internal/modules/cjs/loader:212:19)
    at Function.executeUserEntryPoint [as runMain] (node:internal/modules/run_main:158:5)
    at node:internal/main/run_main_module:30:49 {
  generatedMessage: true,
  code: 'ERR_ASSERTION',
  actual: 'AssertionError',
  expected: 'AssertionError [ERR_ASSERTION]',
  operator: 'strictEqual'
}

Node.js v22.3.0
```

从输出中可以看到，所有断言结果为false（失败）的地方都打印了出来，以提示用户哪些测试用例是不能通过的。

3.1.4 了解AssertionError

在3.1.3节的示例中，我们通过"new assert.AssertionError(options)"的方式来实例化了一个AssertionError对象。

其中，options参数包含如下属性：

- message<string>：如果提供，则将错误消息设置为此值。
- actual<any>：错误实例上的actual属性将包含此值。在内部用于actual错误输入，例如使用assert.strictEqual()。
- expected<any>：错误实例上的expected属性将包含此值。在内部用于 expected 错误输入，例如使用assert.strictEqual()。
- operator<string>：错误实例上的operator属性将包含此值。在内部用于表明用于比较的操作（或触发错误的断言函数）。
- stackStartFn<Function>：如果提供，则生成的堆栈跟踪将移除所有帧直到提供的函数。

AssertionError继承自Error，因此拥有message和name属性。除此之外，AssertionError还包括以下属性：

- actual<any>：设置为实际值，例如使用assert.strictEqual()。
- expected<any>：设置为期望值，例如使用assert.strictEqual()。
- generatedMessage<boolean>：表明消息是不是自动生成的。
- code<string>：始终设置为字符串ERR_ASSERTION，以表明错误实际上是断言错误。
- operator<string>：设置为传入的运算符值。

3.1.5 实战：deepStrictEqual示例

assert.deepStrictEqual用于测试实际参数和预期参数之间的深度是否相等。深度相等意味着子对象可枚举的自身属性也通过以下规则进行递归计算：

- 使用SameValue（Object.is()）来比较原始值。
- 对象的类型标签应该相同。
- 使用严格相等比较来比较对象的原型。
- 只考虑可枚举的自身属性。
- 始终比较Error的名称和消息，即使这些不是可枚举的属性。
- 可枚举的自身Symbol属性也会比较。
- 对象封装器作为对象和解封装后的值都进行比较。
- Object属性的比较是无序的。
- Map键名与Set子项的比较是无序的。
- 当两边的值不相同或遇到循环引用时，停止递归。

- WeakMap和WeakSet的比较不依赖于它们的值。

以下是详细的用法示例：

```
// 使用严格模式
const assert = require('node:assert').strict;
// 1 !== '1'.
assert.deepStrictEqual({ a: 1 }, { a: '1' });
// AssertionError: Expected inputs to be strictly deep-equal:
// + actual - expected
//
// {
// +   a: 1
// -   a: '1'
// }

// 对象没有自己的属性
const date = new Date();
const object = {};
const fakeDate = {};
Object.setPrototypeOf(fakeDate, Date.prototype);
// [[Prototype]]不同
assert.deepStrictEqual(object, fakeDate);
// AssertionError: Expected inputs to be strictly deep-equal:
// + actual - expected
//
// + {}
// - Date {}
// 类型标签不同
assert.deepStrictEqual(date, fakeDate);
// AssertionError: Expected inputs to be strictly deep-equal:
// + actual - expected
//
// + 2019-04-26T00:49:08.604Z
// - Date {}
// 正确，因为符合SameValue比较
assert.deepStrictEqual(NaN, NaN);

// 未包装时数字不同
assert.deepStrictEqual(new Number(1), new Number(2));
// AssertionError: Expected inputs to be strictly deep-equal:
// + actual - expected
//
// + [Number: 1]
// - [Number: 2]

    // 正确，对象和字符串未包装时是相同的。assert.deepStrictEqual(new String('foo'),
Object('foo'));
    // 正确
    assert.deepStrictEqual(-0, -0);
```

```
// 对于SameValue比较而言，0和-0是不同的
assert.deepStrictEqual(0, -0);
// AssertionError: Expected inputs to be strictly deep-equal:
// + actual - expected
//
// + 0
// - -0

const symbol1 = Symbol();
const symbol2 = Symbol();

// 正确，所有对象上都是相同的Symbol
assert.deepStrictEqual({ [symbol1]: 1 }, { [symbol1]: 1 });
assert.deepStrictEqual({ [symbol1]: 1 }, { [symbol2]: 1 });
// AssertionError [ERR_ASSERTION]: Inputs identical but not reference equal:
//
// {
//   [Symbol()]: 1
// }

const weakMap1 = new WeakMap();
const weakMap2 = new WeakMap([[{}, {}]]);
const weakMap3 = new WeakMap();
weakMap3.unequal = true;

// 正确，因为无法比较条目
assert.deepStrictEqual(weakMap1, weakMap2);

// 失败！因为weakMap3有一个unequal属性，而weakMap1没有这个属性
assert.deepStrictEqual(weakMap1, weakMap3);
// AssertionError: Expected inputs to be strictly deep-equal:
// + actual - expected
//
//   WeakMap {
// +   [items unknown]
// -   [items unknown],
// -   unequal: true
//   }
```

本节示例可以在本书配套资源中的"deep-strict-equal/main.js"文件中找到。

3.2 第三方测试工具

除了Node.js自身提供的测试工具外，开源社区也提供了非常不错的测试工具。本节介绍Nodeunit、Mocha和Vows这3款第三方工具。

3.2.1 Nodeunit

Nodeunit提供了一种编写多个测试脚本的方法。编写测试用例后,每个测试用例都以串行方式运行。要使用Nodeunit,需要使用npm全局安装它:

```
$ npm install nodeunit -g
```

Nodeunit提供了一种轻松运行一系列测试的方法,而无须将所有内容都包装在try/catch块中。它支持所有node:assert模块测试,并提供自己的几种方法来控制测试。每个测试用例都作为测试脚本中的对象方法导出。每个测试用例都有一个控制对象,通常名为test。测试用例中的第一个方法是测试元素的expect方法,用于告诉Nodeunit在测试用例中预期有多少测试。测试用例中的最后一个方法是done方法,用于告诉Nodeunit测试用例已完成。

以下是Nodeunit的一个典型测试流程:

```
module.exports = {
'Test 1' : function(test) {
test.expect(3);                    // 测试数3个
// 省略实际测试用例...
test.done();
},
'Test 2' : function (test) {
test.expect(1);                    // 测试数1个
// 省略实际测试用例...
test.done();
}
};
```

要运行该测试用例,需要执行以下命令:

```
$ nodeunit thetest.js
```

下面是一个完整的Nodeunit测试脚本,有6个断言。它由两个测试单元组成,标记为"Test 1"和"Test 2"。其中,第一个测试单元运行4个单独的测试,而第二个测试单元运行两个。expect方法调用反映了在单元中运行的测试数。

```
var util = require('util');
module.exports = {
'Test 1' : function(test) {
test.expect(4);
test.equal(true, util.isArray([]));
test.equal(true, util.isArray(new Array(3)));
test.equal(true, util.isArray([1,2,3]));
test.notEqual(true, 1 > 2);
test.done();
},
'Test 2' : function(test) {
test.expect(2);
test.deepEqual([1,2,3], [1,2,3]);
```

```
        test.ok('str' === 'str', 'equal');
        test.done();
    }
};
```

上述例子运行结果如下:

```
thetest.js
✔ Test 1
✔ Test 2
OK: 6 assertions (12ms)
```

测试名称前面的符号表示成功或失败。上述测试脚本中的所有测试均未失败,因此没有错误脚本或堆栈跟踪输出。

3.2.2 Mocha

Mocha被认为是另一个流行的测试框架Espresso的继承者。Mocha适用于浏览器和Node应用程序。它允许通过done()函数进行异步测试,而且可以省略同步测试的功能。Mocha可以与任何断言库一起使用。

安装Mocha的命令如下:

```
$ npm install mocha -g
```

以下是使用Mocha测试的示例:

```
assert = require('node:assert')
describe('MyTest', function() {
    describe('First', function() {
        it('sample test', function() {
            assert.equal('hello','hello');
        });
    });
});
```

要运行该测试用例,需要执行以下命令:

```
$ mocha testcase.js
```

上述例子运行结果如下:

```
MyTest
 First
  ✓ sample test
1 passing (15ms)
```

3.2.3 Vows

Vows是一种行为驱动开发(behavior-driven development,BDD)测试框架。与其他框架相比,Vows的一个显著优势是具有更全面的文档。Vows的测试由测试套件组成,测试套件本身由多批顺序执行的测试组成,批处理由一个或多个并行执行的上下文组成,每个上下文由一个主题组成。

安装Vows的命令如下:

```
$ npm install vows
```

以下是使用Vows编写的测试用例:

```
const PI = Math.PI;
exports.area = function (r) {
 return (PI * r * r).toFixed(4);
};
exports.circumference = function (r) {
 return (2 * PI * r).toFixed(4);
};
```

在Vows测试应用程序中,圆形对象是主题(topic),区域和周长方法是誓言(vow),两者都封装为Vows上下文。该套件是整体测试应用程序,批处理是测试实例(圆圈和两种方法)。

```
var vows = require('vows'),
 assert = require('node:assert');
var circle = require('./circle');
var suite = vows.describe('Test Circle');
suite.addBatch({
 'An instance of Circle': {
 topic: circle,
 'should be able to calculate circumference': function (topic) {
 assert.equal (topic.circumference(3.0), 18.8496);
 },
 'should be able to calculate area': function(topic) {
 assert.equal (topic.area(3.0), 28.2743);
 }
 }
}).run();
```

要运行该测试用例,需要执行以下命令:

```
$ node vowstest.js
```

上述例子运行结果如下:

```
·· ✓ OK » 2 honored (0.012s)
```

主题始终是异步函数或值。可以直接将对象方法作为主题引用:

```
var vows = require('vows'),
 assert = require('node:assert');
var circle = require('./circle');
var suite = vows.describe('Test Circle');
suite.addBatch({
  'Testing Circle Circumference': {
  topic: function () { return circle.circumference;},
```

```
'should be able to calculate circumference': function (topic) {
assert.equal (topic(3.0), 18.8496);
},
},
'Testing Circle Area': {
topic: function() { return circle.area;},
'should be able to calculate area': function(topic) {
assert.equal (topic(3.0), 28.2743);
}
}
}).run();
```

在此版本的示例中，每个上下文都是给定标题的对象：测试圆周长和测试圆区域。在每个上下文中，有一个主题和一个誓言。

可以合并多个批次，每个批次具有多个上下文，这些上下文又可以具有多个主题和多个誓言。

3.3 上机演练

练习一：使用 Node.js 的断言功能进行简单的单元测试

1）任务要求

使用Node.js的断言功能进行简单的单元测试。

2）参考操作步骤

（1）安装Node.js（如果尚未安装）。
（2）创建一个JavaScript文件，例如test.js。
（3）引入Node.js内置的assert模块。
（4）编写一个简单的函数，例如计算两个数的和。
（5）使用断言来验证函数的正确性。
（6）运行测试脚本并查看结果。

3）参考示例代码

```
// 引入Node.js内置的assert模块
const assert = require('node:assert');

// 定义一个简单的函数，用于计算两个数的和
function add(a, b) {
  return a + b;
}

// 使用断言来验证add()函数的正确性
assert.strictEqual(add(1, 2), 3); // 正确的情况，不会抛出异常
assert.strictEqual(add(1, 1), 3); // 错误的断言，会抛出AssertionError
```

4）小结

本次练习使用了Node.js内置断言进行单元测试，其中，通过引入assert模块展示了如何使用Node.js内置的断言功能来编写简单的单元测试。实例中定义了一个add()函数，并使用assert.strictEqual方法验证了这个函数的正确性。当断言失败时，会抛出AssertionError，我们可以通过捕获并处理这个错误来了解测试未通过的具体原因。

练习二：使用.js 的 AssertionError

1）任务要求

了解Node.js的AssertionError如何使用。

2）参考操作步骤

（1）继续使用练习一的test.js文件。
（2）修改断言条件，使其产生错误。
（3）捕获并处理AssertionError。
（4）打印错误信息。

3）参考示例代码

```
try {
  // 错误的断言，会抛出AssertionError
  assert.strictEqual(add(1, 1), 3);
} catch (error) {
  if (error instanceof assert.AssertionError) {
    console.log("捕获到AssertionError:", error.message);
  } else {
    console.log("捕获到其他错误: ", error.message);
  }
}
```

4）小结

本次练习故意使断言失败来触发AssertionError。通过捕获这个错误并进行条件判断，可以区分出不同类型的错误，并针对AssertionError给出相应的处理，例如打印错误信息。

练习三：使用 Node.js 的第三方测试工具

1）任务要求

了解Node.js有哪些第三方测试工具，以及如何使用它们。

2）参考操作步骤

（1）选择一个流行的Node.js测试框架，例如Mocha、Jest或Chai。
（2）安装所选框架及其相关依赖。
（3）创建一个测试文件，例如test-with-mocha.js。
（4）使用所选框架编写测试用例。
（5）运行测试并查看结果。

3)参考示例代码(以Mocha为例)

```
// 安装Mocha和断言库Chai
// npm install mocha chai --save-dev

// 引入Mocha和Chai
const mocha = require('mocha');
const chai = require('chai');
const expect = chai.expect;

// 定义一个简单的函数,用于计算两个数的和
function add(a, b) {
  return a + b;
}

// 使用Mocha编写测试用例
describe('Add function', () => {
  it('should return the sum of two numbers', () => {
    expect(add(1, 2)).to.equal(3);
    expect(add(-1, -1)).to.equal(-2);
  });
});

// 运行Mocha测试
mocha.run();
```

4)小结

本例练习了如何使用流行的第三方测试框架Mocha和断言库Chai来进行单元测试,展示了如何安装Mocha和Chai,编写测试用例,并运行这些测试用例来验证代码的正确性。Mocha提供了一种结构化和易于阅读的测试格式,而Chai则提供了灵活丰富的断言方法,这两者的结合为编写可维护和强大的测试套件提供了支持。

3.4 本章小结

敏捷开发中的一项核心实践和技术就是TDD(test-driven development,测试驱动开发)。TDD的原理是在开发功能代码之前,先编写单元测试用例代码,以确定需要编写什么样的产品代码。因此,在正式讲解Node.js的核心功能之前,先讲解了Node.js是如何进行测试的。本章所介绍的断言主要是分为严格模式和遗留模式两种。第三方测试工具主要介绍了Nodeunit、Mocha和Vows。通过本章的学习,读者能够知道如何进行测试。

第 4 章

缓 冲 区

本章将深入探讨Node.js中的缓冲区（buffer）的概念。缓冲区是Node.js中处理二进制数据的核心组件，它提供了操作字节的功能，这在处理网络传输和文件系统数据时尤为重要。本章将介绍如何创建、切分、连接、比较缓冲区，以及如何使用编解码器对缓冲区进行编码和解码操作。

4.1 了解缓冲区

出于历史原因，早期的JavaScript语言没有用于读取或操作二进制数据流的机制。因为JavaScript最初被设计用于处理HTML文档，而文档主要由字符串组成。

随着Web的发展，Node.js需要处理数据库通信、操作图像或者视频以及上传文件等复杂的业务。可以想象，如果仅使用字符串来完成上述任务，那将相当困难。在早期，Node.js通过将每个字节编码为文本字符来处理二进制数据，这种方式既浪费资源，又导致速度缓慢，还不可靠，并且难以控制。

因此，Node.js引入Buffer类，用于在TCP流、文件系统操作和其他上下文中与8位字节流（octet streams）进行交互。

之后，随着ECMAScript 2015的发布，对于JavaScript的二进制处理有了质的改善。ECMAScript 2015定义了一个TypedArray（类型化数组），期望提供一种更加高效的机制来访问和处理二进制数据。基于TypedArray，Buffer类将以更优化和适合Node.js的方式来实现Uint8Array API。

4.1.1 了解TypedArray

TypedArray对象描述了基础二进制数据缓冲区的类数组视图；没有名为TypedArray的全局属性，也没有直接可见的TypedArray构造函数；相反，有许多不同的全局属性，其值是特定元素类型的类型化数组构造函数。示例如下：

```
// 创建TypedArray
const typedArray1 = new Int8Array(8);
typedArray1[0] = 32;

const typedArray2 = new Int8Array(typedArray1);
typedArray2[1] = 42;

console.log(typedArray1);
// 输出: Int8Array [32, 0, 0, 0, 0, 0, 0, 0]

console.log(typedArray2);
// 输出: Int8Array [32, 42, 0, 0, 0, 0, 0, 0]
```

表4-1总结了TypedArray的类型及值范围。

表 4-1 TypedArray 的类型及值范围

类　　型	值　范　围	字节大小	Web IDL 类型
Int8Array	−128到127	1	byte
Uint8Array	0到255	1	octet
Uint8ClampedArray	0到255	1	octet
Int16Array	−32768到32767	2	short
Uint16Array	0到65535	2	unsigned short
Int32Array	−2147483648到2147483647	4	long
Uint32Array	0到4294967295	4	unsigned long
Float16Array	−65504到65505	2	N/A
Float32Array	−3.4E38到3.4E38并且1.2E-38是最小的正数	4	unrestricted float
Float64Array	−1.8E308到1.8E308并且5E-324是最小的正数	8	unrestricted double
BigInt64Array	-2^{63}到$2^{63}-1$	8	bigint
BigUint64Array	0到$2^{64}-1$	8	bigint

4.1.2　Buffer类

Buffer类是基于Uint8Array的，因此其值是0到255之间的整数数组。虽然Buffer类在全局作用域内可用，但仍然建议通过import或require语句显式地引用它。

以下是创建Buffer实例的一些使用示例：

```
// 引用Buffer模块
const { Buffer } = require('node:buffer');

// 创建一个长度为10的零填充缓冲区
const buf1 = Buffer.alloc(10);

// 创建一个长度为10的填充0x1的缓冲区
const buf2 = Buffer.alloc(10, 1);

// 创建一个长度为10的未初始化缓冲区
```

```
// 这比调用Buffer.alloc()更快，但返回了缓冲区实例，有可能包含旧数据
// 可以通过fill()或write()来覆盖旧值
const buf3 = Buffer.allocUnsafe(10);

// C创建包含[0x1, 0x2, 0x3]的缓冲区
const buf4 = Buffer.from([1, 2, 3]);

// 创建包含UTF-8字节的缓冲区[0x74, 0xc3, 0xa9, 0x73, 0x74]
const buf5 = Buffer.from('tést');

// 创建一个包含Latin-1字节的缓冲区[0x74, 0xe9, 0x73, 0x74]
const buf6 = Buffer.from('tést', 'latin1');
```

Buffer可以简单理解为数组结构，因此，可以用常见的for..of语法来迭代缓冲区实例。示例如下：

```
const buf = Buffer.from([1, 2, 3]);

for (const b of buf) {
  console.log(b);
}
// 输出：
// 1
// 2
// 3
```

4.2 创建缓冲区

在Node.js 6.0.0版本之前，创建缓冲区的方式是通过Buffer的构造函数来创建实例。示例如下：

```
// Node.js 6.0.0版本之前实例化Buffer
const buf1 = new Buffer();
const buf2 = new Buffer(10);
```

在上述例子中，使用new关键字创建Buffer实例，它根据提供的参数返回不同的Buffer。其中，将数字作为第一个参数传递给Buffer()，会分配一个指定大小的新Buffer对象。在Node.js 8.0.0之前，为此类Buffer实例分配的内存未初始化，并且可能包含敏感数据，所以随后必须使用buf.fill(0)或写入整个Buffer来初始化此类Buffer实例。

因此，初始化缓存区其实有两种方式：创建快速但未初始化的缓冲区和创建速度更慢但更安全的缓冲区。但这两种方式并未在API上明显地体现出来，可能会导致开发人员的误用，引发不必要的安全问题。因此，初始化缓冲区的安全API与非安全API之间需要有更明确的区分。

4.2.1 初始化缓冲区的API

为了使Buffer实例的创建更可靠且更不容易出错，Buffer()构造函数的各种形式已被弃用，并由单独的Buffer.from()、Buffer.alloc()和Buffer.allocUnsafe()替换。

新的API包含以下几种：

- Buffer.from(array)返回一个新的Buffer，其中包含提供的8位字节的副本。
- Buffer.from(arrayBuffer [, byteOffset [, length]])返回一个新的Buffer，它与给定的ArrayBuffer共享相同的已分配内存。
- Buffer.from(buffer)返回一个新的Buffer，其中包含给定Buffer的内容副本。
- Buffer.from(string [, encoding])返回一个新的Buffer，其中包含提供的字符串的副本。
- Buffer.alloc(size [, fill [, encoding]])返回指定大小的新初始化Buffer。此方法比Buffer.allocUnsafe(size)慢，但保证新创建的Buffer实例永远不会包含可能敏感的旧数据。
- Buffer.allocUnsafe(size)和Buffer.allocUnsafeSlow(size)分别返回指定大小的新的未初始化缓冲区。由于缓冲区未初始化，因此分配的内存段可能包含敏感的旧数据。如果size小于或等于Buffer.poolSize的一半，则Buffer.allocUnsafe()返回的缓冲区实例可以从共享内部内存池中分配。Buffer.allocUnsafeSlow()返回的实例从不使用共享内部内存池。

4.2.2 理解数据的安全性

在使用API时，要区分场景，毕竟不同的API对于数据的安全性有所差异。以下是Buffer的alloc方法和allocUnsafe方法的使用示例。

```
// 创建一个长度为10的零填充缓冲区
const safeBuf = Buffer.alloc(10, 'waylau');
console.log(safeBuf.toString()); // waylauwayl
// 数据有可能包含旧数据
const unsafeBuf = Buffer.allocUnsafe(10); // ┐Qbf
console.log(unsafeBuf.toString());
```

输出内容如下：

```
waylauwayl
  ┐Qbf
```

可以看到，allocUnsafe分配的缓存区里面包含了旧数据，而且旧数据的值是不确定的。之所以会有这种旧数据产生，是因为调用Buffer.allocUnsafe()和Buffer.allocUnsafeSlow()时，分配的内存段未初始化（它不会被清零）。虽然这种设计使得内存分配非常快，但分配的内存段可能包含敏感的旧数据。使用由Buffer.allocUnsafe()创建的缓冲区而不完全覆盖内存，可以允许在读取缓冲区内存时泄露此旧数据。虽然使用Buffer.allocUnsafe()有明显的性能优势，但必须格外小心，以避免将安全漏洞引入应用程序。

如果想清理旧数据，可以使用fill方法。示例如下：

```
// 数据有可能包含旧数据
const unsafeBuf = Buffer.allocUnsafe(10);

console.log(unsafeBuf.toString());

const unsafeBuf2 = Buffer.allocUnsafe(10);

// 用零填充清理掉旧数据
unsafeBuf2.fill(0);

console.log(unsafeBuf2.toString());
```

通过填充零的方式（fill(0)），可以成功清理掉allocUnsafe分配的缓冲区中的旧数据。

> **提示** 安全和性能是天平的两端，要获取相对的安全，就要牺牲相对的性能。因此，开发人员在选择使用安全或者是非安全的方法时，一定要基于自己的业务场景来考虑。

本节例子可以在本书配套资源中的"buffer-demo/safe-and-unsafe.js"文件中找到。

4.2.3 启用零填充

可以使用--zero-fill-buffers命令行选项启动Node.js，这样所有新分配的Buffer实例在创建时默认为零填充，包括new Buffer(size)、Buffer.allocUnsafe()、Buffer.allocUnsafeSlow()和new SlowBuffer(size)。

以下是启用零填充的示例：

```
node --zero-fill-buffers safe-and-unsafe
```

正如前文所述，使用零填充虽然可以获得数据上的安全，但一定是以牺牲性能为代价，因此使用此标志可能会对性能产生重大负面影响。建议仅在必要时使用--zero-fill-buffers选项。

4.2.4 指定字符编码

当字符串数据存储在Buffer实例中或从Buffer实例中提取时，可以指定字符编码。示例如下：

```
// 以UTF-8编码初始化缓冲区数据
const buf = Buffer.from('Hello World!你好，世界！', 'utf8');

// 转为十六进制字符
console.log(buf.toString('hex'));
// 输出：48656c6c6f20576f726c6421e4bda0e5a5bdefbc8ce4b896e7958cefbc81

// 转为Base64编码
console.log(buf.toString('base64'));
// 输出：SGVsbG8gV29ybGQh5L2g5aW977yM5LiW55WM77yB
```

在上述例子中，初始化缓冲区数据时使用的是UTF-8，而后在提取缓冲区数据时转为了十六进制字符和Base64编码。

Node.js当前支持的字符编码包括：

- ascii：仅适用于7位ASCII数据。此编码速度很快，如果设置则会剥离高位。
- utf8：多字节编码的Unicode字符。许多网页和其他文档格式都使用UTF-8。涉及中文字符时，建议采用该编码。
- utf16le：2或4字节little-endian编码的Unicode字符。
- ucs2：utf16le的别名。
- base64：Base64编码。从字符串创建缓冲区时，此编码也将正确接收由RFC 4648规范指定的URL和文件名安全字母。
- latin1：将Buffer编码为单字节编码字符串的方法。
- binary：latin1的别名。
- hex：将每个字节编码为两个十六进制字符。

本节例子可以在本书配套资源中的"buffer-demo/character-encodings.js"文件中找到。

4.3 切分缓冲区

Node.js提供了一种方法来切分缓冲区，即buf.slice([start[, end]])。这个方法允许根据指定的起始和结束索引来创建一个新的缓冲区，而新的缓冲区与原始缓冲区共享相同的内存。该方法的参数及其含义如下：

- start<integer>：指定新缓冲区开始的索引，默认值是0。
- end<integer>：指定缓冲区结束的索引（不包括），默认值是buf.length。

该方法返回的新的Buffer引用与原始内存相同的内存，但是由起始和结束索引进行偏移和切分。示例如下：

```
const buf1 = Buffer.allocUnsafe(26);

for (let i = 0; i < 26; i++) {
  // 97在ASCII中的值是'a'.
  buf1[i] = i + 97;
}

const buf2 = buf1.slice(0, 3);

console.log(buf2.toString('ascii', 0, buf2.length));
// 输出: abc

buf1[0] = 33; // 33在ASCII中的值是'!'.

console.log(buf2.toString('ascii', 0, buf2.length));
// 输出: !bc
```

如果指定大于buf.length的结束索引，将返回结束索引等于buf.length的结果。示例如下：

```
const buf = Buffer.from('buffer');

console.log(buf.slice(-6, -1).toString());
// 输出: buffe
// 等同于: buf.slice(0, 5)

console.log(buf.slice(-6, -2).toString());
// 输出: buff
// 等同于: buf.slice(0, 4)

console.log(buf.slice(-5, -2).toString());
// 输出: uff
// 等同于: buf.slice(1, 4)
```

修改新的Buffer片段将会同时修改原始Buffer中的内存，因为两个对象分配的内存是相同的。示例如下：

```
const oldBuf = Buffer.from('buffer');
const newBuf = oldBuf.slice(0, 3);

console.log(newBuf.toString()); // buf

// 修改新的Buffer
newBuf[0] = 97;  // 97在ASCII中的值是'a'.

console.log(oldBuf.toString()); // auffer
```

本节例子可以在本书配套资源中的"buffer-demo/buffer-slice.js"文件中找到。

4.4　连接缓冲区

Node.js提供了一种方法来连接多个缓冲区，即Buffer.concat(list[, totalLength])。这个方法允许将一个包含多个Buffer或Uint8Array实例的列表连接成一个新的Buffer对象。该方法的参数及其含义如下：

- list <Buffer[]> | <Uint8Array[]>：指待连接的Buffer或者Uint8Array实例的列表。
- totalLength <integer>：连接完成后列表里面的Buffer实例的长度。

该方法返回的新的Buffer是连接列表里面所有Buffer实例的结果。如果列表里没有数据项或者totalLength为0，则返回的新Buffer的长度也是0。

在上述连接方法中，totalLength可以指定，也可以不指定。如果不指定，会从列表中计算Buffer实例的长度；如果指定，即便列表中连接之后的Buffer实例长度超过了totalLength，最终返回的新的Buffer的长度也只会是totalLength长度。考虑到计算Buffer实例的长度会有一定的性能损耗，建议在能够提前预知长度的情况下，指定totalLength。

连接缓冲区的示例如下：

```
// 创建3个Buffer实例
const buf1 = Buffer.alloc(1);
const buf2 = Buffer.alloc(4);
const buf3 = Buffer.alloc(2);
const totalLength = buf1.length + buf2.length + buf3.length;

console.log(totalLength); // 7

// 连接3个Buffer实例
const bufA = Buffer.concat([buf1, buf2, buf3], totalLength);
console.log(bufA); // <Buffer 00 00 00 00 00 00 00>
console.log(bufA.length); // 7
```

本节例子可以在本书配套资源中的"buffer-demo/buffer-concat.js"文件中找到。

4.5 比较缓冲区

Node.js提供了一种比较两个缓冲区的方法，即Buffer.compare(buf1，buf2)。这个方法的主要用途是在对Buffer实例的数组进行排序时，比较两个缓冲区的内容。通过这种方式，可以确保Buffer实例按照它们的内容进行排序。示例如下：

```
const buf1 = Buffer.from('1234');
const buf2 = Buffer.from('0123');
const arr = [buf1, buf2];

console.log(arr.sort(Buffer.compare));
// 输出: [ <Buffer 30 31 32 33>, <Buffer 31 32 33 34> ]
```

上述结果等同于

```
const arr = [buf2, buf1];
```

比较还有另外一种用法，是比较两个Buffer实例。示例如下：

```
const buf1 = Buffer.from('1234');
const buf2 = Buffer.from('0123');

console.log(buf1.compare(buf2));
// 输出1
```

将buf1与buf2进行比较，并返回一个数字，指示buf1在排序顺序之前、之后还是与目标相同。比较是基于每个缓冲区中的实际字节序列进行的。

- 如果buf2与buf1相同，则返回0。
- 如果buf2在buf1之前，则返回1。
- 如果buf2在buf1之后，则返回-1。

本节例子可以在本书配套资源中的"buffer-demo/buffer-compare.js"文件中找到。

4.6 缓冲区编解码

编写一个网络应用程序避免不了要使用编解码器。编解码器的作用就是将原始字节数据与目标程序数据格式进行互转，因为网络中都是以字节码的数据形式来传输数据的。编解码器又可以细分为两类：解码器和编码器。

4.6.1 解码器和编码器

编码器和解码器都用于实现字节序列与业务对象的转换。

从消息角度看，编码器是转换消息格式为适合传输的字节流，而相应的解码器是将传输数据转换为程序的消息格式。

从逻辑上看，编码器是将消息格式转换为字节流，是出站（outbound）操作；而解码器是将字节流转换为消息格式，是入站（inbound）操作。

4.6.2 缓冲区解码

Node.js缓冲区解码都是read方法。以下是常用的解码API：

- buf.readBigInt64BE([offset])
- buf.readBigInt64LE([offset])
- buf.readBigUInt64BE([offset])
- buf.readBigUInt64LE([offset])
- buf.readDoubleBE([offset])
- buf.readDoubleLE([offset])
- buf.readFloatBE([offset])
- buf.readFloatLE([offset])
- buf.readInt8([offset])
- buf.readInt16BE([offset])
- buf.readInt16LE([offset])
- buf.readInt32BE([offset])
- buf.readInt32LE([offset])
- buf.readIntBE(offset, byteLength)
- buf.readIntLE(offset, byteLength)
- buf.readUInt8([offset])
- buf.readUInt16BE([offset])
- buf.readUInt16LE([offset])

- buf.readUInt32BE([offset])
- buf.readUInt32LE([offset])
- buf.readUIntBE(offset, byteLength)
- buf.readUIntLE(offset, byteLength)

其中，offset用于指示数据在缓冲区的索引的位置。如果offset超过了缓冲区的长度，则会抛出ERR_OUT_OF_RANGE异常信息。

上述API从方法命名上就能看出其用意。以buf.readInt8([offset])方法为例，该API是从缓冲区读取8位整形数据。示例如下：

```
const buf = Buffer.from([-1, 5]);
console.log(buf.readInt8(0));
// 输出：-1
console.log(buf.readInt8(1));
// 输出：5
console.log(buf.readInt8(2));
// 抛出 ERR_OUT_OF_RANGE 异常
```

本节例子可以在本书配套资源中的"buffer-demo/buffer-read.js"文件中找到。

4.6.3 缓冲区编码

Node.js缓冲区编码都是write方法。以下是常用的编码API：

- buf.write(string[, offset[, length]][, encoding])
- buf.writeBigInt64BE(value[, offset])
- buf.writeBigInt64LE(value[, offset])
- buf.writeBigUInt64BE(value[, offset])
- buf.writeBigUInt64LE(value[, offset])
- buf.writeDoubleBE(value[, offset])
- buf.writeDoubleLE(value[, offset])
- buf.writeFloatBE(value[, offset])
- buf.writeFloatLE(value[, offset])
- buf.writeInt8(value[, offset])
- buf.writeInt16BE(value[, offset])
- buf.writeInt16LE(value[, offset])
- buf.writeInt32BE(value[, offset])
- buf.writeInt32LE(value[, offset])
- buf.writeIntBE(value, offset, byteLength)
- buf.writeIntLE(value, offset, byteLength)
- buf.writeUInt8(value[, offset])

- buf.writeUInt16BE(value[, offset])
- buf.writeUInt16LE(value[, offset])
- buf.writeUInt32BE(value[, offset])
- buf.writeUInt32LE(value[, offset])
- buf.writeUIntBE(value, offset, byteLength)
- buf.writeUIntLE(value, offset, byteLength)

上述API从方法命名上就能看出其用意。以buf.writeInt8(value[, offset])方法为例，该API是将8位整形数据写入缓冲区。示例如下：

```
const buf = Buffer.allocUnsafe(2);

buf.writeInt8(2, 0);
buf.writeInt8(4, 1);

console.log(buf);
// 输出: <Buffer 02 04>
```

上述例子最终在缓冲区的数据为[02, 04]。

本节例子可以在本书配套资源中的"buffer-demo/buffer-write.js"文件中找到。

4.7 上机演练

练习一：创建缓冲区

1）任务要求

使用Node.js创建一个包含特定二进制数据的Buffer实例。

2）参考操作步骤

（1）使用Buffer.from()方法创建一个Buffer实例。

（2）填充一些初始数据。

3）参考示例代码

```
// 引入Buffer模块
const Buffer = require('buffer').Buffer;

// 创建一个Buffer实例
const buf = Buffer.from([0xCA, 0xFE, 0xBA, 0xBE]);

console.log(buf);              // 打印缓冲区内容
```

练习二：切分缓冲区

1）任务要求

将一个已存在的缓冲区切分成两个新的缓冲区。

2)参考操作步骤

(1)使用buf.slice()方法切分缓冲区。
(2)指定切分的起始和结束索引。

3)参考示例代码

```
// 引入Buffer模块
const Buffer = require('buffer').Buffer;
// 原始缓冲区
const buf = Buffer.from([0xCA, 0xFE, 0xBA, 0xBE, 0xFA, 0xCE]);
// 切分缓冲区
const buf1 = buf.slice(0, 2);
const buf2 = buf.slice(2, 4);
console.log(buf1, buf2);         // 打印切分后的缓冲区内容
```

练习三：连接缓冲区

1)任务要求

将两个缓冲区连接成一个新的缓冲区。

2)参考操作步骤

(1)使用Buffer.concat()方法连接缓冲区。
(2)将需要连接的缓冲区放入数组中。

3)参考示例代码

```
// 引入Buffer模块
const Buffer = require('buffer').Buffer;
// 创建两个缓冲区
const buf1 = Buffer.from([0xCA, 0xFE]);
const buf2 = Buffer.from([0xBA, 0xBE, 0xFA, 0xCE]);
// 连接缓冲区
const combinedBuf = Buffer.concat([buf1, buf2]);
console.log(combinedBuf);           // 打印连接后的缓冲区内容
```

练习四：缓冲区编解码

1)任务要求

对缓冲区进行编码和解码操作。

2)参考操作步骤

(1)使用buf.toString()方法将缓冲区内容解码为字符串。
(2)使用Buffer.from()方法将字符串编码为缓冲区内容。

3)参考示例代码

```
// 引入Buffer模块
const Buffer = require('buffer').Buffer;
// 编码字符串为缓冲区
const str = "Hello Node.js";
const buf = Buffer.from(str, 'utf-8');

console.log(buf);                    // 打印编码后的缓冲区内容

// 解码缓冲区为字符串
const decodedStr = buf.toString('utf-8');

console.log(decodedStr);             // 打印解码后的字符串内容
```

4)小结

每个练习都展示了如何执行特定的缓冲区操作，包括创建、切分、连接和编解码。通过上述练习，可以加深对Node.js中Buffer类处理二进制数据的理解。

4.8 本章小结

本章介绍了如何使用Node.js的Buffer类来处理二进制数据。首先，介绍了缓冲区的基本概念及其与TypedArray的关系；接着，讲解了如何创建缓冲区，包括初始化API的使用、数据安全性的概念、零填充的启用以及指定字符编码的方法；然后，探讨了如何切分和连接缓冲区，以及如何比较两个缓冲区的内容；最后，深入介绍了缓冲区的编解码过程，包括使用编解码器进行缓冲区数据的解码和编码操作。

通过本章的学习，读者将掌握在Node.js中高效处理二进制数据的技能，为后续的文件系统操作和网络通信打下坚实的基础。

第 5 章

事 件 处 理

在Node.js的异步非阻塞I/O模型中,事件处理是实现高性能、高并发应用的基石。它不仅使Node.js能够以较少的资源处理大量并发连接,还为开发者提供了一种优雅的方式来处理各种异步操作。

本章将深入探讨Node.js的事件循环和异步回调机制,揭示它们如何协同工作以实现高效的事件处理;介绍如何使用事件发射器(event emitter)来创建和管理事件,以及如何绑定和触发回调函数以响应这些事件。此外,还将介绍不同类型的事件,并演示如何进行事件监听、触发和移除等操作。

5.1 理解事件和回调

在Node.js应用中,事件无处不在。例如,net.Server会在每次有新连接时触发事件,fs.ReadStream会在打开文件时触发事件,stream会在数据可读时触发事件。

在Node.js的事件机制里面主要有3类角色:

- 事件(event)。
- 事件发射器(event emitter)。
- 事件监听器(event listener)。

所有能触发事件的对象在Node.js中都是EventEmitter类的实例。这些对象有一个eventEmitter.on()函数,用于将一个或多个函数绑定到命名事件上。事件的命名通常是驼峰式的字符串。

当EventEmitter对象触发一个事件时,所有绑定在该事件上的函数都会被同步地调用。以下是一个简单的EventEmitter实例,绑定了一个事件监听器。

```
const EventEmitter = require('node:events');
class MyEmitter extends EventEmitter {}
```

```
const myEmitter = new MyEmitter();
// 注册监听器
myEmitter.on('event', () => {
  console.log('触发事件');
});
// 触发事件
myEmitter.emit('event');
```

在上述例子中，eventEmitter.on()用于注册监听器，eventEmitter.emit()用于触发事件。其中，eventEmitter.on()是一个典型的异步编程模式，而且与回调函数密不可分，而回调函数就是后继传递风格的一种体现。后继传递风格是一种控制流通过参数传递的风格，简单地说就是把后继（也就是下一步要运行的代码）封装成函数，通过参数传递的方式传给当前运行的函数。

所谓回调，就是"回头再调"的意思。在上述例子中，myEmitter先注册了event事件，同时绑定了一个匿名的回调函数。该函数并不是马上执行，而是等到事件触发以后再执行。

5.1.1　事件循环

Node.js是一个单进程、单线程的应用程序，它之所以能够处理大量并发并且保持高性能，完全得益于V8引擎提供的异步执行回调接口。这些接口允许Node.js在单个线程中有效地处理众多并发操作，从而避免了多线程环境下可能产生的复杂同步问题。

在Node.js中，几乎所有的API都支持回调函数，这使得开发者能够轻松地实现异步操作，而不必担忧阻塞主线程带来的性能瓶颈。

Node.js的事件机制基本上是采用设计模式中的观察者模式来实现的。这种模式使得事件（如I/O操作、定时器等）能够被监听，并在特定条件下触发相应的回调函数。

具体来说，Node.js的单线程模型可以类比于一个持续运行的while(true)事件循环。在这个循环中，每一个异步事件都会生成一个事件观察者。当事件发生时，对应的观察者就会被调用，执行预先定义好的回调函数。这样的设计确保了Node.js能够高效、有序地处理大量的异步事件，直至没有更多事件需要处理，事件循环才会退出。

5.1.2　事件驱动

事件驱动模型示意图如图5-1所示。

Node.js使用事件驱动模型，当服务器接收到请求后，它就把请求关闭并进行处理，然后继续服务下一个请求。当这个请求完成后，它会被放回处理队列，当该请求到达队列开头时，请求的结果被返回给用户。这个模型非常高效且可扩展性非常强，因为服务器一直接收请求而不等待任何读写操作。

在事件驱动模型中，会生成一个主循环来监听事件，当检测到事件时触发回调函数。

整个事件驱动的流程有点类似于观察者模式，事件相当于一个主题（subject），而所有注册到这个事件上的处理函数相当于观察者（observer）。

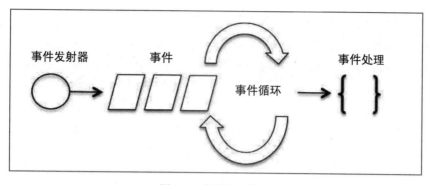

图 5-1 事件驱动模型

5.2 事件发射器

在 Node.js 中，事件发射器是定义在 node:events 模块的 EventEmitter 类。获取 EventEmitter 类的方式如下：

```
const EventEmitter = require('node:events');
```

当 EventEmitter 类实例新增监听器时，会触发 newListener 事件；当移除已存在的监听器时，则触发 removeListener 事件。

5.2.1 将参数和 this 传递给监听器

eventEmitter.emit() 方法可以传递任意数量的参数到监听器函数。当监听器函数被调用时，this 关键词会指向监听器所绑定的 EventEmitter 实例。示例如下：

```
const EventEmitter = require('node:events');
class MyEmitter extends EventEmitter {}

const myEmitter = new MyEmitter();
myEmitter.on('event', function(a, b) {
  console.log(a, b, this, this === myEmitter);
  // 输出:
  // a b MyEmitter {
  //   _events: [Object: null prototype] { event: [Function] },
  //   _eventsCount: 1,
  //   _maxListeners: undefined
  // } true
});
myEmitter.emit('event', 'a', 'b');
```

也可以使用 ES6 的 lambda 表达式作为监听器，但 this 关键词不会指向 EventEmitter 实例。示例如下：

```
const EventEmitter = require('node:events');
class MyEmitter extends EventEmitter { }
const myEmitter = new MyEmitter();
myEmitter.on('event', (a, b) => {
   console.log(a, b, this);
   // 输出: a b {}
});
myEmitter.emit('event', 'a', 'b');
```

本节例子可以在本书配套资源中的"events-demo/parameter-this.js"和"events-demo/parameter-lambda.js"文件中找到。

5.2.2 异步与同步

EventEmitter会按照监听器注册的顺序同步地调用所有监听器，因此必须确保事件的排序正确，并避免竞态条件。要切换到异步模式，可以使用setImmediate()或process.nextTick()。示例如下：

```
const EventEmitter = require('node:events');
class MyEmitter extends EventEmitter { }
const myEmitter = new MyEmitter();
myEmitter.on('event', (a, b) => {
   setImmediate(() => {
      console.log('异步进行');
   });
});
myEmitter.emit('event', 'a', 'b');
```

本节例子可以在本书配套资源中的"events-demo/set-immediate.js"文件中找到。

5.2.3 仅处理事件一次

当使用eventEmitter.on()注册监听器时，监听器会在每次触发命名事件时被调用。示例如下：

```
const myEmitter = new MyEmitter();
let m = 0;
myEmitter.on('event', () => {
  console.log(++m);
});
myEmitter.emit('event');
// 输出: 1
```

```
myEmitter.emit('event');
// 输出: 2
```

使用eventEmitter.once()可以注册最多被调用一次的监听器。当事件被触发时，监听器先被注销，再被调用。示例如下：

```
const EventEmitter = require('node:events');

class MyEmitter extends EventEmitter { }

const myEmitter = new MyEmitter();
let m = 0;

myEmitter.once('event', () => {
    console.log(++m);
});

myEmitter.emit('event');
// 打印: 1
myEmitter.emit('event');
// 不触发
```

本节例子可以在本书配套资源中的"events-demo/emitter-once.js"文件中找到。

5.3 事件类型

Node.js的事件是由不同的类型进行区分的。本节主要介绍事件类型的相关内容。

5.3.1 事件类型的定义

在前面章节中所涉及的事件类型的示例如下：

```
const EventEmitter = require('node:events');

class MyEmitter extends EventEmitter {}

const myEmitter = new MyEmitter();

// 注册监听器
myEmitter.on('event', () => {
  console.log('触发事件');
});

// 触发事件
myEmitter.emit('event');
```

可以看到，事件的类型是由字符串表示的。在上述示例中，事件的类型是"event"。

事件类型可以定义为任意的字符串，但约定俗成的是，事件类型通常是由不包含空格的小写单词组成的。

由于事件类型的定义十分灵活，我们无法通过编程来判断事件发射器到底能够发射哪些类型的事件，因为事件发射器API不会提供内省机制，因此只能通过API文档来查看。

5.3.2 内置的事件类型

事件类型在Node.js中可以根据需求灵活定义。尽管如此，Node.js本身也定义了一些内置的事件类型，这些事件类型具有特定的用途和行为。例如，在前面章节中提到的newListener事件和removeListener事件。当EventEmitter类的一个实例注册了新的监听器时，会触发newListener事件；相对地，当移除一个已存在的监听器时，则会触发removeListener事件。

5.3.3 error事件

Node.js还有一种特别重要的事件类型是error事件。error事件用于处理发生的错误情况，它在错误处理机制中扮演着关键角色。例如，当EventEmitter实例出错时，应该触发error事件。

如果没有为error事件注册监听器，则当error事件被触发时，会抛出错误，打印堆栈跟踪，并退出Node.js进程。示例如下：

```
const EventEmitter = require('node:events');

class MyEmitter extends EventEmitter { }

const myEmitter = new MyEmitter();

// 模拟触发error事件
myEmitter.emit('error', new Error('错误信息'));
// 抛出错误
```

执行程序，可以看到控制台抛出了如下错误信息：

```
events.js:173
    throw er; // Unhandled 'error' event
    ^

Error: 错误信息
    at Object.<anonymous> (D:\workspaceGitosc\nodejs-book\samples\events-demo\error-event.js:8:25)
    at Module._compile (internal/modules/cjs/loader.js:759:30)
    at Object.Module._extensions..js (internal/modules/cjs/loader.js:770:10)
    at Module.load (internal/modules/cjs/loader.js:628:32)
    at Function.Module._load (internal/modules/cjs/loader.js:555:12)
    at Function.Module.runMain (internal/modules/cjs/loader.js:826:10)
    at internal/main/run_main_module.js:17:11
Emitted 'error' event at:
```

```
    at Object.<anonymous> (D:\workspaceGitosc\nodejs-book\samples\events-
demo\error-event.js:8:11)
    at Module._compile (internal/modules/cjs/loader.js:759:30)
    [... lines matching original stack trace ...]
    at internal/main/run_main_module.js:17:11
```

上述错误如果没有做进一步的处理,极易导致Node.js进程崩溃。为了防止进程崩溃,早期可以使用node:domain模块来解决。node:domain模块可用于简化异步代码的异常处理,捕捉并处理try-catch无法捕捉的异常。引入node:domain模块语法格式如下:

```
var domain = require('node:domain')
```

node:domain模块将多个不同的I/O的操作作为一个组进行处理。通过将事件和回调注册到domain,当发生一个错误事件或抛出一个错误时,domain对象会被通知,这样就不会丢失上下文环境,也不会导致程序错误立即退出。以下是一个domain的示例:

```
var domain = require('node:domain');
var connect = require('connect');

var app = connect();

//引入一个domain的中间件,将每一个请求都包裹在一个独立的domain中
//domain来处理异常
app.use(function (req,res, next) {
  var d = domain.create();
  //监听domain的错误事件
  d.on('error', function (err) {
    logger.error(err);
    res.statusCode = 500;
    res.json({sucess:false, messag: '服务器异常'});
    d.dispose();
  });

  d.add(req);
  d.add(res);
  d.run(next);
});

app.get('/index', function (req, res) {
  //处理业务
});
```

需要注意的是,node:domain模块已经废弃了,不再推荐使用。作为最佳实践,推荐始终为error事件注册监听器,以下是具体的示例。

```
const EventEmitter = require('node:events');

class MyEmitter extends EventEmitter { }

const myEmitter = new MyEmitter();

// 为error事件注册监听器
```

```
myEmitter.on('error', (err) => {
    console.error('错误信息');
});

// 模拟触发error事件
myEmitter.emit('error', new Error('错误信息'));
```

本节例子可以在本书配套资源中的"events-demo/error-event.js"文件中找到。

5.4 事件的操作

本节介绍Node.js事件的常用操作。

5.4.1 实战：设置最大监听器

默认情况下，每个事件最多可以注册10个监听器。可以使用emitter.setMaxListeners(n)方法改变单个EventEmitter实例的限制，也可以使用EventEmitter.defaultMaxListeners属性来改变所有EventEmitter实例的默认值。

需要注意的是，设置EventEmitter.defaultMaxListeners要谨慎，因为这个设置会影响所有EventEmitter实例，包括之前创建的。因此，推荐优先使用emitter.setMaxListeners(n)而不是EventEmitter.defaultMaxListeners。

虽然可以设置最大监听器，但这个限制不是硬性的。EventEmitter实例可以添加超过限制的监听器，只是会向stderr输出跟踪警告，表明检测到可能的内存泄漏。对于单个EventEmitter实例，可以使用emitter.getMaxListeners()和emitter.setMaxListeners()暂时消除警告，示例如下：

```
emitter.setMaxListeners(emitter.getMaxListeners() + 1);
emitter.once('event', () => {
  // 做些操作
  emitter.setMaxListeners(Math.max(emitter.getMaxListeners() - 1, 0));
});
```

如果想显示此类警告的堆栈跟踪信息，可以使用"-trace-warnings"命令行参数。

触发的警告可以通过process.on('warning')进行检查，并具有附加的emitter、type和count属性，分别指向事件触发器实例、事件名称以及附加的监听器数量。其name属性设置为MaxListenersExceededWarning。

5.4.2 实战：获取已注册的事件的名称

可以通过emitter.eventNames()方法来返回已注册监听器的事件名数组。数组中的值可以为字符串或Symbol。示例如下：

```
const EventEmitter = require('node:events');
class MyEmitter extends EventEmitter { }
const myEmitter = new MyEmitter();
myEmitter.on('foo', () => {});
myEmitter.on('bar', () => {});
const sym = Symbol('symbol');
myEmitter.on(sym, () => {});
console.log(myEmitter.eventNames());
```

上述程序在控制台的输出内容如下:

```
[ 'foo', 'bar', Symbol(symbol) ]
```

本节例子可以在本书配套资源中的"events-demo/event-names.js"文件中找到。

5.4.3 实战:获取监听器数组的副本

可以通过emitter.listeners(eventName)方法来返回名为eventName的事件的监听器数组的副本。示例如下:

```
const EventEmitter = require('node:events');
class MyEmitter extends EventEmitter { }
const myEmitter = new MyEmitter();
myEmitter.on('foo', () => {});
console.log(myEmitter.listeners('foo'));
```

上述程序在控制台的输出内容如下:

```
[ [Function] ]
```

本节例子可以在本书配套资源中的"events-demo/event-listeners.js"文件中找到。

5.4.4 实战:将事件监听器添加到监听器数组的开头

通过emitter.on(eventName, listener)方法可以将事件监听器添加到的监听器数组的末尾;通过emitter.prependListener()方法可以将事件监听器添加到监听器数组的开头。示例如下:

```
const EventEmitter = require('node:events');
class MyEmitter extends EventEmitter { }
const myEmitter = new MyEmitter();
myEmitter.on('foo', () => console.log('a'));
myEmitter.prependListener('foo', () => console.log('b'));
myEmitter.emit('foo');
```

默认情况下，事件监听器会按照添加的顺序被依次调用。由于prependListener方法让监听器提前到了数组的开头，因此该监听器会被优先执行。因此，控制台输出的内容如下：

b
a

> **提示** 注册监听器时，不会检查监听器是否已被添加过。因此，多次调用并传入相同的eventName与listener，会导致listener会被添加多次，但这是合法的。

本节例子可以在本书配套资源中的"events-demo/prepend-listener.js"文件中找到。

5.4.5 实战：移除监听器

通过emitter.removeListener(eventName, listener)方法，可以从名为eventName的事件的监听器数组中移除指定的listener。示例如下：

```
const EventEmitter = require('node:events');

class MyEmitter extends EventEmitter { }

const myEmitter = new MyEmitter();

let listener1 = function () {
    console.log('监听器listener1');
}

// 获取监听器的个数
let getListenerCount = function () {

    let count = myEmitter.listenerCount('foo');
    console.log("监听器监听个数为：" + count);
}

myEmitter.on('foo', listener1);

getListenerCount();

myEmitter.emit('foo');

// 移除监听器
myEmitter.removeListener('foo', listener1);

getListenerCount();
```

在上述示例中，通过listenerCount()方法来获取监听器的个数。通过对比removeListener()前后的监听器个数，可以看到removeListener()方法已经移除了foo监听器。

以下是控制台的输出内容：

```
监听器监听个数为：
1
监听器listener1
监听器监听个数为：
0
```

removeListener()只会从监听器数组中移除一个监听器。如果监听器被多次添加到指定eventName的监听器数组中，则必须多次调用removeListener()才能移除所有实例。

如果想要快捷地删除某个eventName的所有监听器，则可以使用emitter.removeAllListeners([eventName])方法。示例如下：

```
const EventEmitter = require('node:events');

class MyEmitter extends EventEmitter { }

const myEmitter = new MyEmitter();

let listener1 = function () {
    console.log('监听器listener1');
}

// 获取监听器的个数
let getListenerCount = function () {

    let count = myEmitter.listenerCount('foo');
    console.log("监听器监听个数为：" + count);
}

// 添加多个监听器
myEmitter.on('foo', listener1);
myEmitter.on('foo', listener1);
myEmitter.on('foo', listener1);


getListenerCount();

// 移除所有监听器
myEmitter.removeAllListeners(['foo']);

getListenerCount();
```

在上述示例中，通过listenerCount()方法来获取监听器的个数。通过对比removeAllListener()前后的监听器个数，可以看到所有监听器已被移除。

以下是控制台的输出内容：

```
监听器监听个数为：
3
监听器监听个数为：0
```

本节例子可以在本书配套资源中的"events-demo/remove-listener.js"文件中找到。

5.5 上机演练

1. 任务要求

（1）设置最大监听器数量。
（2）获取已注册的事件名称。
（3）获取监听器数组的副本。
（4）将事件监听器添加到监听器数组的开头。
（5）移除监听器。

2. 参考操作步骤

（1）创建一个EventEmitter实例。
（2）使用setMaxListeners()方法设置最大监听器数量。
（3）使用eventNames()方法获取已注册的事件名称。
（4）使用listeners()方法获取监听器数组的副本。
（5）使用prependListener()方法将事件监听器添加到监听器数组的开头。
（6）使用removeListener()方法移除监听器。

3. 参考示例代码

```javascript
// 导入events模块
const events = require('node:events');

// 创建EventEmitter实例
const myEmitter = new events.EventEmitter();

// 设置最大监听器数量为10
myEmitter.setMaxListeners(10);

// 定义一个事件处理函数
function eventHandler() {
  console.log('事件被触发了！');
}

// 添加事件监听器
myEmitter.on('myEvent', eventHandler);

// 获取已注册的事件名称
console.log('已注册的事件：', myEmitter.eventNames()); // 输出: [ 'myEvent' ]

// 获取监听器数组的副本
console.log('监听器数组：', myEmitter.listeners('myEvent')); // 输出: [ [Function: eventHandler] ]

// 将事件监听器添加到监听器数组的开头
myEmitter.prependListener('myEvent', () => {
  console.log('新的事件处理函数被调用了！');
```

```
});
// 触发事件
myEmitter.emit('myEvent');  // 输出：  新的事件处理函数被调用了！事件被触发了！
// 移除监听器
myEmitter.removeListener('myEvent', eventHandler);
// 再次触发事件，只有新添加的监听器会被调用
myEmitter.emit('myEvent');  // 输出：  新的事件处理函数被调用了！
```

4．小结

本次练习展示了如何在Node.js中使用EventEmitter进行事件的监听和触发，以及如何进行一些常见的操作，如设置最大监听器数量、获取已注册的事件名称、获取监听器数组的副本、将事件监听器添加到监听器数组的开头和移除监听器。

5.6 本章小结

Node.js之所以吸引人的一个非常大的原因是Node.js是异步事件驱动的。通过异步事件驱动机制，Node.js应用拥有了高并发处理能力。

本章介绍了Node.js的事件处理，内容涉及事件和回调、事件发射器、事件类型、事件的操作等，并提供了示例演示。通过具体示例的演示，读者将获得宝贵的实践经验，从而能更好地理解和运用Node.js的事件处理机制。

第 6 章

定 时 处 理

在Node.js的世界里,处理时间相关的任务是一项基础且关键的功能。本章将深入探讨Node.js中定时处理的机制,涵盖定时调度的基本概念、取消已经设定的定时,并详细讲解timer模块,同时介绍Immediate类和Timeout类的用法等内容。

6.1 定时处理常用类

Node.js的timer模块提供了一个全局API,用于在未来的某个时间点调度函数的执行。由于timer函数是全局可用的,因此无须通过require('node:timers')的方式即可直接使用其API。

Node.js中的timer函数提供了与Web浏览器中定时器API类似的功能,但其内部实现是基于Node.js的事件循环机制而构建的。

在timer模块中,Immediate类和Timeout类是两个常用的类。

6.1.1 Immediate

Immediate对象是在内部创建的,并通过setImmediate()返回。它可以传递给clearImmediate(),以取消预定的操作。

默认情况下,当安排一个immediate操作时,只要该操作被激活,Node.js的事件循环就会继续运行。setImmediate()返回的Immediate对象提供了immediate.ref()和immediate.unref()函数,这些函数可用于控制此默认行为。

1. immediate.hasRef()

hasRef()方法如果返回true,则Immediate对象将使Node.js事件循环保持活动状态。

2. immediate.ref()

该方法被调用时，只要Immediate处于活动状态，就会请求Node.js事件循环不要退出。多次调用immediate.ref()将无效。

默认情况下，所有Immediate对象都是ref的，通常不需要调用immediate.ref()，除非之前调用了immediate.unref()。

3. immediate.unref()

该方法被调用时，活动的Immediate对象不需要Node.js事件循环保持活动状态。如果没有其他活动保持事件循环运行，则进程可以在调用Immediate对象的回调之前退出。多次调用immediate.unref()将无效。

6.1.2 Timeout

Timeout对象在内部创建，并通过setTimeout()和setInterval()返回。它可以传给clearTimeout()或clearInterval()，以取消计划的操作。

默认情况下，当使用setTimeout()或setInterval()预定定时器时，只要定时器处于活动状态，Node.js事件循环就将继续运行。这些函数返回的每个Timeout对象都会导出timeout.ref()和timeout.unref()函数，这些函数可用于控制此默认行为。

1. timeout.hasRef()

hasRef()方法如果返回true，则Timeout对象将使Node.js事件循环保持活动状态。

2. timeout.ref()

该方法被调用时，只要Timeout处于活动状态，就会请求Node.js事件循环不要退出。多次调用timeout.ref()将无效。

默认情况下，所有Timeout对象都是ref的，通常不需要调用timeout.ref()，除非之前调用了timeout.unref()。

3. timeout.refresh()

将定时器的开始时间设置为当前时间，并重新安排定时器，以在之前指定的持续时间内调用其回调，并将其调整为当前时间。这对于在不分配新JavaScript对象的情况下刷新定时器非常有用。

在已调用其回调的定时器上使用此选项将重新激活定时器。

4. timeout.unref()

该方法被调用时，活动的Timeout对象不需要Node.js事件循环保持活动状态。如果没有其他活动保持事件循环运行，则进程可以在调用Timeout对象的回调之前退出。多次调用timeout.unref()将无效。

调用timeout.unref()会创建一个内部定时器,它将唤醒Node.js事件循环。创建太多这些定时器,可能会对Node.js应用程序的性能产生负面影响。

6.2 定时调度

在Node.js中,定时器是一种内部机制,用于在经过指定时间后调用特定的函数。定时器函数的精确调用时机取决于创建定时器时所用的方法,以及Node.js事件循环当前正在处理的其他任务。

6.2.1 setImmediate

Node.js定义了一个setImmediate(callback[, ...args])方法,用于创建一个立即执行的定时器。其中的参数说明如下:

- callback<Function>:是一个函数,它将在当前迭代的Node.js事件循环结束时被调用。
- ...args<any>:表示当callback函数被调用时可以传递的任意可选参数。

例如:

```
console.log('before immediate');

setImmediate((arg) => {
  console.log('executing immediate: ${arg}');
}, 'so immediate');

console.log('after immediate');
```

在上述代码中,传递给setImmediate()的函数将在所有可运行代码执行完毕后执行,控制台输出将为:

```
before immediate
after immediate
executing immediate: so immediate
```

setImmediate()返回一个Immediate对象,可用于取消已调度的Immediate。

当多次调用setImmediate()时,callback函数将按照创建它们的顺序排队等待执行。每次事件循环迭代都会处理整个回调队列。如果Immediate定时器是从正在执行的回调排入队列,则要到下一次事件循环迭代时才会触发。如果callback不是函数,则抛出TypeError。

此外,可以使用util.promisify()方法为setImmediate()提供一个Promise版本的自定义变体:

```
const util = require('util');
const setImmediatePromise = util.promisify(setImmediate);

setImmediatePromise('foobar').then((value) => {
  // value === 'foobar' (传值是可选的)
```

```
    // 在所有 I/O 回调之后执行
});

// 或使用异步功能
async function timerExample() {
  console.log('在 I/O 回调之前');
  await setImmediatePromise();
  console.log('在 I/O 回调之后');
}
timerExample();
```

6.2.2　setInterval

setInterval(callback, delay[, ...args])方法用于设定定时器执行的周期，定时器每隔delay毫秒重复执行一次。其中的参数说明如下：

- callback<Function>：指在当前回合的Node.js事件循环结束时调用的函数。如果callback不是函数，则抛出TypeError。
- delay<number>：调用callback之前等待的毫秒数。当delay大于2147483647（即32位整型的最大值）或小于1时，delay将被设置为1。
- ...args<any>：当调用callback时传入的可选参数。

如果存在需要多次执行的代码块，可以使用setInterval()来执行。setInterval()接收一个函数作为第一个参数，并以指定的毫秒延迟作为第二个参数无限次运行该函数。与setTimeout()类似，setInterval()也可以在延迟之外添加其他参数，并将这些参数传递给函数调用。需要注意的是，由于可能在事件循环中保留的操作，延迟不能得到保证，因此应将其视为近似延迟。示例如下：

```
function intervalFunc() {
  console.log('Cant stop me now!');
}

setInterval(intervalFunc, 1500);
```

在上面的例子中，intervalFunc()大约每1500毫秒（即1.5秒）执行一次，直到它被停止为止。setInterval()会返回一个Timeout对象，该对象可用于引用和修改已设置的间隔。

6.2.3　setTimeout

setTimeout(callback, delay[, ...args])方法用于设定定时器的执行时机是在上一次定时器执行的delay毫秒之后。其中的参数说明如下：

- callback<Function>：指在当前回合的Node.js事件循环结束时调用的函数。如果callback不是函数，则抛出TypeError。
- delay<number>：调用callback之前等待的毫秒数。当delay大于2147483647（即32位整型的最大值）或小于1时，delay将被设置为1。

- ...args<any>：当调用callback时传入的可选参数。

setTimeout()可用于在指定的毫秒数后调度代码执行。此函数类似于浏览器JavaScript API中的window.setTimeout()，但是无法传递一串代码来执行。

setTimeout()接收一个函数作为第一个参数，延迟毫秒数作为第二个参数，延迟以数字形式定义。此外，setTimeout()还可以包括其他参数，并将这些参数传递给函数。示例如下：

```
function myFunc(arg) {
  console.log('arg was => ${arg}');
}

setTimeout(myFunc, 1500, 'funky');
```

由于调用了setTimeout()，因此函数myFunc()将尽可能延迟1500毫秒（即1.5秒）后执行。设置的超时间隔不能在确切的毫秒数之后执行，这是因为阻塞或在事件循环中保留的其他执行代码可能会推迟超时的执行。唯一可以保证的是，超时不会比声明的超时间隔更早执行。

与setInterval()一样，setTimeout()也返回一个Timeout对象，该对象可用于引用已设置的超时，此时返回的对象可用于取消超时（请参阅6.3节的clearTimeout()）以及更改执行行为（如unref()）。

setTimeout()可能不会精确地在delay毫秒时调用callback。Node.js不保证回调被触发的确切时间，也不保证它们的顺序。callback会在尽可能接近指定的时间时被调用。

setTimeout()方法还提供了一个使用util.promisify()的自定义版本，该版本支持Promise。示例如下：

```
const util = require('util');
const setTimeoutPromise = util.promisify(setTimeout);

setTimeoutPromise(40, 'foobar').then((value) => {
  // value === 'foobar' （传值是可选的）
  // 大约 40 毫秒后执行
});
```

6.2.4　setInterval和setTimeout的异同

setInterval和setTimeout这两个方法的参数是一模一样的，区别在于定时执行的时间点不同。

setInterval是每间隔一定时间执行一次，循环往复。比如每隔1秒执行1次，60秒过后执行了60次。setTimeout是过了一定时间执行一次，并且只执行一次。比如隔1秒后执行1次，过了10000秒后，也只在第一秒执行了一次，且是仅有的一次。

图6-1展示了setInterval和setTimeout的异同。

在图6-1中，setInterval中的每个定时器执行的间隔都是固定的，不管doStuff需要执行多久，都能按照固定的时间间隔来执行。而在setTimeout中，下一个定时的时间间隔取决于doStuff的执行耗时，换而言之，下个定时的时间间隔可以等同于doStuff的执行耗时加上delay。

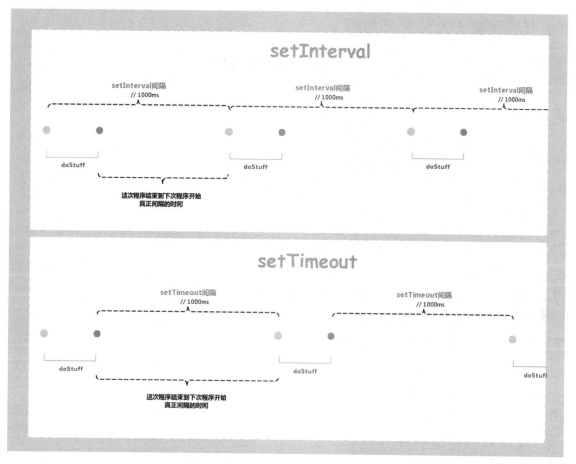

图 6-1　setInterval 和 setTimeout 的异同

6.3　取消定时

如果需要取消Timeout或Immediate对象，也很简单。使用setTimeout()、setImmediate()和setInterval()返回一个可用于引用设置Timeout或Immediate对象的计时器对象，通过将所述对象传递到相应的clear函数，就可以完全停止对该对象的执行。相应的函数如下：

- clearImmediate(immediate)：这个函数用于取消一个通过setImmediate()设置的立即执行的定时任务。参数immediate是一个由setImmediate()返回的标识符，用于唯一地标识这个定时任务。
- clearInterval(timeout)：这个函数用于取消一个通过setInterval()设置的周期性执行的定时任务。参数timeout是一个由setInterval()返回的标识符，用于唯一地标识这个定时任务。
- clearTimeout(timeout)：这个函数用于取消一个通过setTimeout()设置的延迟执行的定时任务。参数timeout是一个由setTimeout()返回的标识符，用于唯一地标识这个定时任务。

以下是使取消定时的例子：

```js
const timeoutObj = setTimeout(() => {
  console.log('timeout beyond time');
}, 1500);

const immediateObj = setImmediate(() => {
  console.log('immediately executing immediate');
});

const intervalObj = setInterval(() => {
  console.log('interviewing the interval');
}, 500);

clearTimeout(timeoutObj);
clearImmediate(immediateObj);
clearInterval(intervalObj);
```

对于setImmediate()和setTimeout()的Promise化变体，可以使用AbortController来取消定时器。当取消时，返回的Promise将使用AbortError拒绝。

对于setImmediate()：

```js
const { setImmediate: setImmediatePromise } = require('node:timers/promises');

const ac = new AbortController();
const signal = ac.signal;

setImmediatePromise('foobar', { signal })
  .then(console.log)
  .catch((err) => {
    if (err.name === 'AbortError')
      console.error('The immediate was aborted');
  });

ac.abort();
```

对于setTimeout()：

```js
const { setTimeout: setTimeoutPromise } = require('node:timers/promises');

const ac = new AbortController();
const signal = ac.signal;

setTimeoutPromise(1000, 'foobar', { signal })
  .then(console.log)
  .catch((err) => {
    if (err.name === 'AbortError')
      console.error('The timeout was aborted');
  });

ac.abort();
```

6.4 上机演练

1. 任务要求

（1）使用Node.js的timer模块创建一个定时器，每隔1秒执行1次。
（2）在定时器执行的过程中，输出当前的时间戳。
（3）在定时器执行5次后，取消定时器。

2. 参考操作步骤

（1）引入setInterval和clearInterval函数。
（2）创建一个计数器变量，用于记录定时器执行的次数。
（3）使用setInterval创建一个定时器，每隔1秒执行一次。
（4）在定时器的回调函数中，输出当前的时间戳，并将计数器加1。
（5）当计数器达到5时，使用clearInterval取消定时器。

3. 参考示例代码

```javascript
// 引入setInterval和clearInterval函数
const { setInterval, clearInterval } = require('timers');

// 创建一个计数器变量
let count = 0;

// 创建一个定时器，每隔1秒执行一次
const timer = setInterval(() => {
  // 输出当前的时间戳
  console.log(Date.now());

  // 计数器加1
  count++;

  // 当计数器达到5时，取消定时器
  if (count >= 5) {
    clearInterval(timer);
    console.log('定时器已取消');
  }
}, 1000);
```

请将以上代码保存为timer_example.js文件，然后在命令行中运行node imer_example.js，观察输出结果。

4. 小结

本次练习展示了如何使用Node.js的timer模块创建一个定时器，并每隔1秒执行1次。在定时器的回调函数中输出当前的时间戳，并将计数器加1。当计数器达到5时，使用clearInterval取消定时器。

可以看到，使用setInterval创建的定时器可以定期执行某个任务；在定时器的回调函数中可以进行所需的操作，如输出时间戳、更新计数器等；使用clearInterval可以取消定时器，停止其执行。

6.5 本章小结

本章介绍Node.js的timer模块，该模块API可以提供定时器的功能。首先，向读者展示了两个常用的定时处理类：Immediate和Timeout。这两个类在定时处理中起到了基础的作用，为后续的定时调度提供了理论支持。

然后，详细介绍了3种定时调度方法，分别是setImmediate、setInterval和setTimeout。这些方法都有各自的特点和使用场景：setImmediate用于在事件循环的当前迭代结束后立即执行一次性操作；setInterval则能够按指定的时间间隔重复执行一个动作；而setTimeout能在指定的延迟之后执行一次操作。本章还对setInterval和setTimeout进行了比较，阐述了它们的相同之处及差异性。

接着，讨论了如何取消已经设定的定时，这是管理定时任务的一个重要方面。取消操作允许开发者在必要时停止之前安排的定时任务，从而避免资源浪费或不必要的操作。

最后，通过上机演练，读者可以实际操作并巩固定时处理的相关知识点，加深对Node.js中定时机制的理解和应用。

第 7 章

文件处理

本章将深入探讨如何使用Node.js的node:fs模块来处理文件操作。这个模块提供了一组丰富的API，使我们能够轻松地打开、读取、写入和修改文件。要处理的无论是文本文件还是二进制文件，node:fs模块都能满足我们的需求。

7.1 了解 node:fs 模块

Node.js的文件处理的能力主要由node:fs模块来提供。node:fs模块提供了一组API，用于以模仿标准UNIX（POSIX）函数的方式与文件系统进行交互。

使用node:fs模块的方式如下：

```
const fs = require('node:fs');
```

7.1.1 同步与异步操作文件

所有文件系统操作都具有同步和异步的形式。

异步的形式总是将完成回调作为其最后一个参数。传给完成回调的参数取决于具体方法，但第一个参数始终预留用于异常。如果操作成功完成，则第一个参数将为null或undefined。以下是一个异常操作文件系统的示例：

```
const fs = require('node:fs');
fs.unlink('/tmp/hello', (err) => {
  if (err) throw err;
  console.log('已成功删除 /tmp/hello');
});
```

使用同步操作发生的异常会立即抛出，可以使用try/catch处理，也可以冒泡。以下是一个同步操作文件系统的示例：

```
const fs = require('node:fs');

try {
  fs.unlinkSync('/tmp/hello');
  console.log('已成功删除 /tmp/hello');
} catch (err) {
  // 处理错误
}
```

使用异步的方法时无法保证顺序,因此以下操作容易出错,因为fs.stat()操作可能在fs.rename()操作之前完成。

```
fs.rename('/tmp/hello', '/tmp/world', (err) => {
  if (err) {
     throw err;
  }
  console.log('重命名完成');
});

fs.stat('/tmp/world', (err, stats) => {
  if (err) {
     throw err;
  }
  console.log(`文件属性: ${JSON.stringify(stats)}`);
});
```

要正确地排序这些操作,就将fs.stat()调用移动到fs.rename()操作的回调中:

```
fs.rename('/tmp/hello', '/tmp/world', (err) => {
  if (err) {
     throw err;
  }
  fs.stat('/tmp/world', (err, stats) => {
    if (err) {
       throw err;
    }
    console.log(`文件属性: ${JSON.stringify(stats)}`);
  });
});
```

在繁忙的进程中,强烈建议使用这些调用的异步版本,因为同步的版本将阻塞整个进程,直到它们完成(停止所有连接)。

虽然不推荐这样使用,但大多数fs函数允许省略回调参数。在这种情况下,使用一个会重新抛出错误的默认回调。要获取原始调用点的跟踪,则需设置NODE_DEBUG环境变量:

```
function bad() {
  require('node:fs').readFile('/');
```

```
}
bad();
```

不推荐在异步的fs函数上省略回调函数,因为可能导致将来抛出错误。

```
$ cat script.js
function bad() {
  require('node:fs').readFile('/');
}
bad();

$ env NODE_DEBUG=fs node script.js
fs.js:88
      throw backtrace;
      ^
Error: EISDIR: illegal operation on a directory, read
  <stack trace.>
```

7.1.2 文件描述符

在POSIX系统上,对于每个进程,内核都维护着一张记录着当前打开的文件和资源的表格。每个打开的文件都分配了一个称为文件描述符(file descriptor)的简单的数字标识符。在系统层,所有文件系统操作都使用这些文件描述符来标识和跟踪每个特定的文件。Windows系统使用了一个虽然不同但概念上类似的机制来跟踪资源。为了简化用户的工作,Node.js抽象出操作系统之间的特定差异,并为所有打开的文件分配一个数字型的文件描述符。

fs.open()方法用于分配新的文件描述符。一旦被分配,文件描述符就可用于从文件读取数据、向文件写入数据或请求关于文件的信息。示例如下:

```
fs.open('/open/some/file.txt', 'r', (err, fd) => {
  if (err) {
    throw err;
  }
  fs.fstat(fd, (err, stat) => {
    if (err) {
      throw err;
    }
    // 始终关闭文件描述符!
    fs.close(fd, (err) => {
      if (err) {
        throw err;
      }
    });
  });
});
```

大多数操作系统限制在任何给定时间内可能打开的文件描述符的数量,因此操作完成时关闭描述符至关重要。如果不这样做,将导致内存泄漏,甚至导致应用程序崩溃。

7.2 处理文件路径

大多数node:fs操作接收的文件路径可以指定为字符串、Buffer或使用file:协议的URL对象。

7.2.1 字符串形式的路径

字符串形式的路径被解析为标识绝对或相对文件名的UTF-8字符序列。相对路径将相对于process.cwd()指定的当前工作目录进行解析。

在POSIX上使用绝对路径的示例如下:

```
const fs = require('node:fs');
fs.open('/open/some/file.txt', 'r', (err, fd) => {
  if (err) {
     throw err;
  }
  fs.close(fd, (err) => {
    if (err) {
       throw err;
    }
  });
});
```

在POSIX上使用相对路径(相对于process.cwd())的示例如下:

```
const fs = require('node:fs');
fs.open('file.txt', 'r', (err, fd) => {
  if (err) {
     throw err;
  }
  fs.close(fd, (err) => {
    if (err) {
       throw err;
    }
  });
});
```

7.2.2 Buffer形式的路径

使用Buffer指定的路径主要用在将文件路径视为不透明字节序列的某些POSIX操作系统。在这样的系统上,单个文件路径可以包含使用多种字符编码的子序列。与字符串路径一样,Buffer路径可以是相对路径或绝对路径。

在POSIX上使用绝对路径的示例如下：

```
fs.open(Buffer.from('/open/some/file.txt'), 'r', (err, fd) => {
  if (err) {
    throw err;
  }
  fs.close(fd, (err) => {
    if (err) {
      throw err;
    }
  });
});
```

在Windows上，Node.js遵循驱动器工作目录的概念。当使用没有反斜杠的驱动器路径时，可以观察到此行为。例如，fs.readdirSync('c:\\')可能会返回与fs.readdirSync('c:')不同的结果。

7.2.3　URL对象的路径

对于大多数node:fs模块的函数，path或filename参数可以传入遵循WHATWG规范的URL对象（有关URL对象的内容详见https://url.spec.whatwg.org/）。Node.js仅支持使用file:协议的URL对象。以下是使用URL对象的示例：

```
const fs = require('node:fs');
const fileUrl = new URL('file:///tmp/hello');

fs.readFileSync(fileUrl);
```

注意 file:的URL始终是绝对路径。

使用WHATWG规范的URL对象可能会采用特定于平台的行为。比如在Windows上，带有主机名的URL转换为UNC路径，而带有驱动器号的URL转换为本地绝对路径；没有主机名和驱动器号的URL将导致抛出错误。观察下面的示例：

```
// 在 Windows 上:

// - 带有主机名的 WHATWG 文件的 URL 转换为 UNC 路径
// file://hostname/p/a/t/h/file => \\hostname\p\a\t\h\file
fs.readFileSync(new URL('file://hostname/p/a/t/h/file'));

// - 带有驱动器号的 WHATWG 文件的 URL 转换为绝对路径
// file:///C:/tmp/hello => C:\tmp\hello
fs.readFileSync(new URL('file:///C:/tmp/hello'));

// - 没有主机名的 WHATWG 文件的 URL 必须包含驱动器号
fs.readFileSync(new URL('file:///notdriveletter/p/a/t/h/file'));
fs.readFileSync(new URL('file:///c/p/a/t/h/file'));
// TypeError [ERR_INVALID_FILE_URL_PATH]: File URL path must be absolute
```

带有驱动器字符的URL必须使用":"作为驱动器字符后面的分隔符，如果使用其他分隔符将导致抛出错误。

在所有其他平台上，不支持带有主机名的URL，如果使用，则将导致抛出错误：

```
// 在其他平台上:
// - 不支持带有主机名的 WHATWG 文件的 URL
// file://hostname/p/a/t/h/file => throw!
fs.readFileSync(new URL('file://hostname/p/a/t/h/file'));
// TypeError [ERR_INVALID_FILE_URL_PATH]: must be absolute

// - WHATWG 文件的 URL 转换为绝对路径
// file:///tmp/hello => /tmp/hello
fs.readFileSync(new URL('file:///tmp/hello'));
```

包含编码后的斜杠字符（%2F）的file: URL在所有平台上都将导致抛出错误：

```
// 在 Windows 上:
fs.readFileSync(new URL('file:///C:/p/a/t/h/%2F'));
fs.readFileSync(new URL('file:///C:/p/a/t/h/%2f'));
/* TypeError [ERR_INVALID_FILE_URL_PATH]: File URL path must not include encoded
\ or / characters */

// 在 POSIX 上:
fs.readFileSync(new URL('file:///p/a/t/h/%2F'));
fs.readFileSync(new URL('file:///p/a/t/h/%2f'));
/* TypeError [ERR_INVALID_FILE_URL_PATH]: File URL path must not include encoded
/ characters */
```

在Windows上，包含编码后的反斜杠字符（%5C）的URL将导致抛出错误：

```
// 在 Windows 上:
fs.readFileSync(new URL('file:///C:/path/%5C'));
fs.readFileSync(new URL('file:///C:/path/%5c'));
/* TypeError [ERR_INVALID_FILE_URL_PATH]: File URL path must not include encoded
\ or / characters */
```

7.3 打开文件

Node.js提供了fs.open(path[, flags[, mode]], callback)方法，用于异步打开文件。其中的参数说明如下：

- flags <string> | <number>：为所支持的文件系统标志，其默认值是r。
- mode <integer>：为文件模式，其默认值是0o666（可读写）。在Windows上，只能操作写权限。

如果想同步打开文件，则需使用fs.openSync(path[, flags, mode])方法。

7.3.1 文件系统标志

当文件系统标志选项采用字符串时，可使用以下标志：

- a：打开文件用于追加。如果文件不存在，则创建该文件。
- ax：与a相似，但如果路径已存在，则打开文件失败。
- a+：打开文件用于读取和追加。如果文件不存在，则创建该文件。
- ax+：与a+相似，但如果路径已存在，则打开文件失败。
- as：以同步模式打开文件用于追加。如果文件不存在，则创建该文件。
- as+：以同步模式打开文件用于读取和追加。如果文件不存在，则创建该文件。
- r：打开文件用于读取。如果文件不存在，则出现异常。
- r+：打开文件用于读取和写入。如果文件不存在，则出现异常。
- rs+：以同步模式打开文件用于读取和写入。指示操作系统绕过本地的文件系统缓存。这对于在NFS挂载上打开文件非常有用，因为它允许跳过可能过时的本地缓存。它对I/O性能有非常实际的影响，因此除非需要，否则不建议使用此标志。这不会将fs.open()或fsPromises.open()转换为同步的阻塞调用。如果需要同步的操作，则应使用fs.openSync()之类的。
- w：打开文件用于写入。如果文件不存在则创建文件，如果文件已存在则截断文件。
- wx：与w相似，但如果路径已存在，则打开文件失败。
- w+：打开文件用于读取和写入。如果文件不存在则创建文件，如果文件已存在则截断文件。
- wx+：与w+相似，但如果路径已存在，则打开文件失败。

文件系统标志也可以是一个数字，比如open(2)。常用的常量定义在了fs.constants中。在Windows上，文件系统标志会被适当地转换为等效的标志，例如O_WRONLY转换为FILE_GENERIC_WRITE，O_EXCL|O_CREAT转换为能被CreateFileW接收的CREATE_NEW。

特有的x标志可以确保路径是新创建的。在POSIX系统上，即使路径是一个符号链接且指向一个不存在的文件，它也会被视为已存在。该特有标志不一定适用于网络文件系统。

在Linux上，当以追加模式打开文件时，写入无法指定位置。内核会忽略位置参数，并始终将数据追加到文件的末尾。

如果要修改文件而不是覆盖文件，则标志模式应选为r+模式，而不是默认的w模式。

某些标志的行为是特定于平台的。例如，在macOS和Linux上使用a+标志打开目录会返回一个错误，而在Windows和FreeBSD上则返回一个文件描述符或FileHandle。观察下面的示例：

```
// 在 macOS 和 Linux 上：
fs.open('<目录>', 'a+', (err, fd) => {
  // => [Error: EISDIR: illegal operation on a directory, open <目录>]
});

// 在 Windows 和 FreeBSD 上：
fs.open('<目录>', 'a+', (err, fd) => {
  // => null, <fd>
});
```

在Windows上，使用w标志打开现存的隐藏文件（通过fs.open()、fs.writeFile()或fsPromises.open()）会抛出EPERM。现存的隐藏文件可以使用r+标志打开并用于写入。

调用fs.ftruncate()或fsPromises.ftruncate()可以重置文件的内容。

7.3.2 实战：打开当前目录下的文件

以下是一个打开文件的例子：

```
const fs = require('node:fs');
fs.open('data.txt', 'r', (err, fd) => {
   if (err) {
      throw err;
   }
   fs.fstat(fd, (err, stat) => {
      if (err) {
         throw err;
      }
      // 始终关闭文件描述符！
      fs.close(fd, (err) => {
         if (err) {
            throw err;
         }
      });
   });
});
```

该例子用于打开当前目录下的data.txt文件。如果当前目录下不存在data.txt文件，则报如下异常：

```
$ node fs-open.js
D:\workspace\gitee\progressive-nodejs-enterprise-level-application-practice-book\samples\fs-demo\fs-open.js:5
      throw err;
      ^

[Error: ENOENT: no such file or directory, open 'D:\workspace\gitee\progressive-nodejs-enterprise-level-application-practice-book\samples\fs-demo\data.txt'] {
  errno: -4058,
  code: 'ENOENT',
  syscall: 'open',
  path: 'D:\\workspace\\gitee\\progressive-nodejs-enterprise-level-application-practice-book\\samples\\fs-demo\\data.txt'
}

Node.js v22.3.0
```

如果当前目录下存在data.txt文件，则程序能正常执行完成。

本节例子可以在本书配套资源中的"fs-demo/fs-open.js"文件中找到。

7.4 实战：读取文件

Node.js为读取文件的内容提供了如下的API：

- fs.read(fd, buffer, offset, length, position, callback)
- fs.readSync(fd, buffer, offset, length, position)
- fs.readdir(path[, options], callback)
- fs.readdirSync(path[, options])
- fs.readFile(path[, options], callback)
- fs.readFileSync(path[, options])

这些API都包含异步的方法，并提供与之对应的同步方法。

7.4.1 fs.read

fs.read(fd, buffer, offset, length, position, callback)方法用于异步地从fd指定的文件中读取数据。观察下面的示例：

```
const fs = require('node:fs');
fs.open('data.txt', 'r', (err, fd) => {
   if (err) {
      throw err;
   }

   var buffer = Buffer.alloc(255);
   // 读取文件
   fs.read(fd, buffer, 0, 255, 0, (err, bytesRead, buffer) => {
      if (err) {
         throw err;
      }

      // 打印出buffer中存入的数据
      console.log(bytesRead, buffer.slice(0, bytesRead).toString());

      // 始终关闭文件描述符！
      fs.close(fd, (err) => {
         if (err) {
            throw err;
         }
      });
   });
});
```

上述例子使用fs.open()方法来打开文件，接着通过fs.read()方法读取文件里面的内容，并转换为字符串打印到控制台。控制台输出内容如下：

```
128 江上吟——唐朝 李白
兴酣落笔摇五岳，诗成笑傲凌沧洲。
功名富贵若长在，汉水亦应西北流。
```

与fs.read(fd, buffer, offset, length, position, callback)方法对应的同步方法是fs.readSync(fd, buffer, offset, length, position)。

本节例子可以在本书配套资源中的"fs-demo/fs-read.js"文件中找到。

7.4.2　fs.readdir

fs.readdir(path[, options], callback)方法用于异步地读取目录中的内容。

观察下面的示例：

```
const fs = require("node:fs");
console.log("查看当前目录下所有的文件");
fs.readdir(".", (err, files) => {
    if (err) {
        throw err;
    }

    // 列出文件名称
    files.forEach(function (file) {
        console.log(file);
    });
});
```

上述例子使用fs.readdir()方法来获取当前目录中所有的文件列表，并将文件名打印到控制台。控制台输出内容如下：

```
$ node fs-read-dir.js
查看当前目录下所有的文件
data.txt
fs-open.js
fs-read-dir.js
fs-read.js
```

与fs.readdir(path[, options], callback)方法对应的同步方法是fs.readdirSync(path[, options])。

本节例子可以在本书配套资源中的"fs-demo/fs-read-dir.js"文件中找到。

7.4.3　fs.readFile

fs.readFile(path[, options], callback)方法用于异步地读取文件的全部内容。

观察下面的示例：

```
const fs = require('node:fs');

fs.readFile('data.txt', (err, data) => {
    if (err) {
        throw err;
    }
    console.log(data);
});
```

readFile方法回调会传入两个参数err和data，其中data是文件的内容。

由于没有指定编码格式，因此控制台输出的是原始的Buffer：

```
<Buffer e6 b1 9f e4 b8 8a e5 90 9f e2 80 94 e2 80 94 e5 94 90 e6 9c 9d 20 e6 9d
8e e7 99 bd 0d 0a e5 85 b4 e9 85 a3 e8 90 bd e7 ac 94 e6 91 87 e4 ba 94 e5 b2 ... 78
more bytes>
```

如果options是字符串，并且已经指定字符编码，像下面这样：

```
const fs = require('node:fs');

// 指定为UTF-8
fs.readFile('data.txt', 'utf8', (err, data) => {
    if (err) {
        throw err;
    }
    console.log(data);
});
```

则能把字符串正常打印到控制台：

江上吟——唐朝 李白
兴酣落笔摇五岳，诗成笑傲凌沧洲。
功名富贵若长在，汉水亦应西北流。

与fs.read(fd, buffer, offset, length, position, callback)对应的同步方法是fs.readSync(fd, buffer, offset, length, position)。

当path是目录时，fs.readFile()与fs.readFileSync()的行为是特定于平台的。在macOS、Linux和Windows上，将返回错误；在FreeBSD上，将返回目录内容的表示。示例如下：

```
// 在 macOS、Linux 和 Windows 上：
fs.readFile('<目录>', (err, data) => {
  // => [Error: EISDIR: illegal operation on a directory, read <目录>]
});

// 在 FreeBSD 上：
fs.readFile('<目录>', (err, data) => {
  // => null, <data>
});
```

由于fs.readFile()函数会缓冲整个文件，因此为了最小化内存成本，尽可能通过fs.createReadStream()进行流式传输。

本节例子可以在本书配套资源中的"fs-demo/fs-read-file.js"文件中找到。

7.5 实战：写入文件

Node.js为读取文件的内容提供了如下API：

- fs.write(fd, buffer[, offset[, length[, position]]], callback)
- fs.writeSync(fd, buffer[, offset[, length[, position]]])
- fs.write(fd, string[, position[, encoding]], callback)
- fs.writeSync(fd, string[, position[, encoding]])
- fs.writeFile(file, data[, options], callback)
- fs.writeFileSync(file, data[, options])

这些API都包含异步的方法，并提供与之对应的同步的方法。

7.5.1 将buffer写入文件

fs.write(fd, buffer[, offset[, length[, position]]], callback)方法用于将buffer写入fd指定的文件。其中：

- offset决定了buffer中要被写入的部位。
- length是一个整数，指定要写入的字节数。
- position指定文件开头的偏移量（数据应该被写入的位置）。如果typeof position !== 'number'，则数据会被写入当前位置。
- callback有3个参数err、bytesWritten和buffer，其中bytesWritten指定buffer中被写入的字节数。

以下是fs.write(fd, buffer[, offset[, length[, position]]], callback)方法的示例：

```
const fs = require('node:fs');
// 打开文件用于写入，如果文件不存在，则创建文件
fs.open('write-data.txt', 'w', (err, fd) => {
   if (err) {
      throw err;
   }
   let buffer = Buffer.from("《Node.js企业级应用开发实践》《循序渐进Node.js企业级开发实践》");

   // 写入文件
   fs.write(fd, buffer, 0, buffer.length, 0, (err, bytesWritten, buffer) => {
      if (err) {
         throw err;
      }
      // 打印出buffer中存入的数据
```

```
        console.log(bytesWritten, buffer.slice(0, bytesWritten).toString());
        // 始终关闭文件描述符!
        fs.close(fd, (err) => {
            if (err) {
                throw err;
            }
        });
    });
});
```

成功执行上述程序之后，可以看到控制台输出如下内容：

```
$ node fs-write.js
```

86 《Node.js企业级应用开发实践》《循序渐进Node.js企业级应用开发实践》

同时，在当前目录下新建了一个"write-data.txt"文件。打开该文件，可以看到如下内容：

《Node.js企业级应用开发实践》《循序渐进Node.js企业级应用开发实践》

说明程序中的buffer数据已经成功写入文件中。

- 在同一个文件上多次使用fs.write()且不等待回调是不安全的。对于这种情况，建议使用fs.createWriteStream()。
- 在Linux上，当以追加模式打开文件时，写入无法指定位置。内核会忽略位置参数，并始终将数据追加到文件的末尾。
- 与fs.write(fd, buffer[, offset[, length[, position]]], callback)方法所对应的同步的方法是fs.writeSync(fd, buffer[, offset[, length[, position]]])。

本节例子可以在本书配套资源中的"fs-demo/fs-write.js"文件中找到。

7.5.2 将字符串写入文件

如果事先知道待写入文件的数据是字符串格式，可以使用fs.write(fd, string[, position[, encoding]], callback)方法。该方法用于将字符串写入fd指定的文件。如果string不是一个字符串，则该值会被强制转换为字符串。其中：

- position指定文件开头的偏移量（数据应该被写入的位置）。如果typeof position !== 'number'，则数据会被写入当前位置。
- encoding是期望的字符，默认值是'utf8'。
- 回调会接收到参数err、written和string。其中written指定传入的字符串中被要求写入的字节数。被写入的字节数不一定与被写入的字符串字符数相同。

以下是fs.write(fd, string[, position[, encoding]], callback)方法的示例：

```
const fs = require('node:fs');
// 打开文件用于写入。如果文件不存在，则创建文件
```

```
fs.open('write-data.txt', 'w', (err, fd) => {
    if (err) {
        throw err;
    }

    let string = "《Node.js企业级应用开发实践》《循序渐进Node.js企业级开发实践》";
    // 写入文件
    fs.write(fd, string, 0, 'utf8', (err, written, buffer) => {
        if (err) {
            throw err;
        }

        // 打印存入的字节数
        console.log(written);

        // 始终关闭文件描述符!
        fs.close(fd, (err) => {
            if (err) {
                throw err;
            }
        });
    });
});
```

成功执行上述程序之后，可以发现在当前目录下已经新建了一个"write-data.txt"文件。打开该文件，可以看到如下内容：

《Node.js企业级应用开发实践》《循序渐进Node.js企业级开发实践》

说明程序中的字符串已经成功写入文件中。

- 在同一个文件上多次使用fs.write()且不等待回调是不安全的。对于这种情况，建议使用fs.createWriteStream()。
- 在Linux上，当以追加模式打开文件时，写入无法指定位置。内核会忽略位置参数，并始终将数据追加到文件的末尾。

在Windows上，如果文件描述符连接到控制台（例如fd == 1或stdout），则无论使用何种编码，包含非ASCII字符的字符串默认情况下都不会被正确地渲染。通过使用chcp 65001命令更改活动的代码页，可以将控制台配置为正确地渲染UTF-8。

与fs.write(fd, string[, position[, encoding]], callback)方法对应的同步方法是fs.writeSync(fd, string[, position[, encoding]])。

本节例子可以在本书配套资源中的"fs-demo/fs-write-string.js"文件中找到。

7.5.3 将数据写入文件

fs.writeFile(file, data[, options], callback)方法用于将数据异步地写入一个文件中，如果文件已存在，则覆盖该文件。

data可以是字符串或Buffer。如果data是一个Buffer，则encoding选项会被忽略；如果options是一个字符串，则它指定了字符编码。

以下是fs.writeFile(file, data[, options], callback)方法的使用示例：

```
const fs = require('node:fs');

let data = "《Node.js企业级应用开发实践》《循序渐进Node.js企业级开发实践》";

// 将数据写入文件。如果文件不存在则创建文件
fs.writeFile('write-data.txt', data, 'utf-8', (err) => {
   if (err) {
      throw err;
   }
});
```

成功执行上述程序之后，可以发现在当前目录下已经新建了一个write-data.txt文件。打开该文件，可以看到如下内容：

```
《Node.js企业级应用开发实践》《循序渐进Node.js企业级开发实践》
```

说明程序中的字符串已经成功写入文件。

在同一个文件上多次使用fs.writeFile()且不等待回调是不安全的。对于这种情况，建议使用fs.createWriteStream()。

与fs.writeFile(file, data[, options], callback)方法所对应的同步方法是fs.writeFileSync(file, data[, options])。

本节例子可以在本书配套资源中的"fs-demo/fs-write-file.js"文件中找到。

7.6 上机演练

1. 任务要求

（1）创建一个名为example.txt的文件，并在其中写入一些文本内容。
（2）读取example.txt文件的内容并打印到控制台。
（3）修改example.txt文件的内容，将其中的某个单词替换为另一个单词。
（4）删除example.txt文件。

2. 参考操作步骤

（1）使用fs.open()打开一个文件，如果文件不存在则创建它。
（2）使用fs.writeFile()向文件中写入文本。
（3）使用fs.readFile()读取文件内容。
（4）使用fs.writeFile()修改文件内容。
（5）使用fs.unlink()删除文件。

3. 参考示例代码

```
// 引入fs模块
const fs = require('node:fs');

// 1. 创建一个名为example.txt的文件,并在其中写入一些文本内容
fs.writeFile('example.txt', 'Hello, this is an example file!', (err) => {
  if (err) throw err;
  console.log('File created and content written successfully!');

  // 2. 读取example.txt文件的内容并打印到控制台
  fs.readFile('example.txt', 'utf8', (err, data) => {
    if (err) throw err;
    console.log('File content:', data);

    // 3. 修改example.txt文件的内容,将其中的某个单词替换为另一个单词
    const updatedContent = data.replace('example', 'sample');
    fs.writeFile('example.txt', updatedContent, (err) => {
      if (err) throw err;
      console.log('File content updated successfully!');

      // 4. 删除example.txt文件
      fs.unlink('example.txt', (err) => {
        if (err) throw err;
        console.log('File deleted successfully!');
      });
    });
  });
});
```

4. 注意事项

在运行上述代码之前,请确保当前目录下没有名为example.txt的文件,以免覆盖现有文件。

fs.writeFile()和fs.readFile()函数默认使用UTF-8编码,因此不需要指定编码参数。如果要使用其他编码,可以添加第三个参数来指定编码。

7.7 本章小结

本章介绍如何基于Node.js的node:fs模块来实现文件的处理操作,内容涉及打开文件、读取文件、写入文件等。

通过本章的学习,读者可以了解如何使用Node.js进行文件的读写操作,以及如何处理不同类型的文件路径。

第 8 章

进 程

本章主要介绍如何在Node.js中处理进程，这是Node.js中一个非常重要的部分。进程是指运行中的程序的实例，拥有自己的内存地址空间和系统资源。在Node.js中，我们可以使用进程来执行外部命令，创建和管理子进程，以及实现进程间通信。

8.1 执行外部命令

当需要执行一个外部的shell命令或者可执行文件时，可以使用node:child_process模块的spawn()、exec()或者execFile()方法来实现。

8.1.1 spawn()

child_process.spawn(command[, args][, options])方法异步地衍生子进程，且不阻塞Node.js事件循环。其参数的含义如下：

- command \<string>：要运行的命令。
- args \<string[]>：字符串参数列表。
- options \<Object>包含以下选项：
  - cwd \<string>：子进程的当前工作目录。
  - env \<Object>：环境变量的键值对。
  - argv0 \<string>：显式设置发送给子进程的argv[0]的值。如果没有指定，则设置为command的值。
  - stdio \<Array> | \<string>：子进程的stdio配置。
  - detached \<boolean>：子进程是否独立于其父进程运行。
  - uid \<number>：设置进程的用户标识。
  - gid \<number>：设置进程的群组标识。

- shell <boolean> | <string>：如果值为true，则在shell中运行command。在UNIX上使用'/bin/sh'，在Windows上使用process.env.ComSpec。若要传入字符串则指定其他shell。默认值是false（没有shell）。
- windowsVerbatimArguments <boolean>：在Windows上不为参数加上引号或转义；在Unix上忽略。如果指定了shell，则自动设置为true。默认值是false。
- windowsHide <boolean>：是否隐藏在Windows系统上创建的子进程的控制台窗口。默认值是false。

child_process.spawn()方法使用给定的command衍生一个新进程，并带上args中的命令行参数。如果省略args，则默认为空数组。

如果启用了shell选项，则不要将未经过处理的用户输入传给此函数。包含shell元字符的任何输入都可用于触发任意命令执行。

第三个参数options可用于指定其他选项，具有以下默认值：

```
const defaults = {
  cwd: undefined,
  env: process.env
};
```

- 使用cwd指定衍生进程的工作目录。如果没有给出，则默认为继承当前工作目录。
- 使用env指定新进程的可见的环境变量，默认为process.env。env中的undefined值会被忽略。

下面示例执行"node -v"命令行，并捕获stdout、stderr以及退出码：

```
const { spawn } = require('node:child_process');
const childProcess = spawn('node', ['-v']);

childProcess.stdout.on('data', (data) => {
    console.log('stdout: ${data}');
});

childProcess.stderr.on('data', (data) => {
    console.log('stderr: ${data}');
});

childProcess.on('close', (code) => {
    console.log('子进程退出码: ${code}');
});
```

上述例子成功执行后，在控制台输出如下内容：

```
stdout: v12.0.0
子进程退出码: 0
```

其中，v12.0.0为当前主机所安装的Node.js的版本。

某些平台（比如macOS、Linux）使用argv[0]的值作为进程的标题，其他平台（比如Windows、SunOS）则使用command。

Node.js一般会在启动时用process.execPath覆盖argv[0]，因此Node.js子进程的process.argv[0]与从父进程传给spawn的argv0参数不会匹配，可以使用process.argv0属性获取。

与child_process.spawn(command[, args][, options])方法对应的同步方法是child_process.spawnSync(command[, args][, options])。

本节例子可以在本书配套资源中的"child-process/spawn-command.js"文件中找到。

8.1.2 exec()

child_process.exec(command[, options][, callback])方法的参数含义如下：

- command <string>：要运行的命令，并带上以空格分隔的参数。
- options <Object>包含以下选项：
    - cwd <string>：子进程的当前工作目录。默认值是null。
    - env <Object>：环境变量的键值对。默认值是null。
    - encoding <string>：默认值是"utf8"。
    - shell <string>：用于执行命令的shell。
    - timeout <number>：超时时间，默认值是0。如果timeout大于0，则当子进程运行时间超过timeout毫秒时，父进程将发送带killSignal属性（默认值为"SIGTERM"）的信号。
    - maxBuffer <number>：stdout或stderr上允许的最大字节数。如果超过限制，则子进程将终止。默认值是200×1024。
    - killSignal <string> | <integer>：默认值是"SIGTERM"。
    - uid <number>：设置进程的用户标识。
    - gid <number>：设置进程的群组标识。
    - windowsHide <boolean>：隐藏在Windows系统上创建的子进程的控制台窗口。默认值是false。
- callback <Function>：当进程终止时调用。
    - error <Error>。
    - stdout <string> | <Buffer>。
    - stderr <string> | <Buffer>。

执行该命令，会衍生出一个shell，然后在该shell中执行command，并缓冲产生的输出。传给exec函数的command字符串将由shell直接处理。示例如下：

```
const { exec } = require('node:child_process');
exec('node -v', (error, stdout, stderr) => {
    if (error) {
        console.error(`执行出错: ${error}`);
        return;
    }
    console.log(`stdout: ${stdout}`);
    console.log(`stderr: ${stderr}`);
});
```

上述示例传入了一个"node -v"命令，该命令用于获取当前主机所安装的Node.js的版本。其中callback可传入3个参数：error、stdout和stderr。

当执行成功时，error将为null；当出错时，error将是Error的实例。error.code属性是子进程的退出码，error.signal是终止进程的信号。除0以外的任何退出码都被视为出错。

传给回调的stdout和stderr参数包含子进程的stdout和stderr输出。默认情况下，Node.js会将输出解码为UTF-8，并将字符串传给回调。encoding选项可指定用于解码stdout和stderr输出的字符编码。如果encoding是"buffer"或无法识别的字符编码，则传给回调的将会是Buffer对象。

上述例子执行后，在控制台的输出如下：

```
$ node exec-command.js
stdout: v22.3.0
stderr:
```

其中，v22.3.0为当前主机所安装的Node.js的版本。

与child_process.exec(command[, options][, callback])方法对应的同步方法是child_process.execSync(command[, options])。

本节例子可以在本书配套资源中的"child-process/exec-command.js"文件中找到。

8.1.3　execFile()

child_process.execFile(file[, args][, options][, callback])方法的参数含义如下：

- file <string>：要运行的可执行文件的名称或路径。
- args <string[]>：字符串参数的列表。
- options <Object>包括以下选项：
    - cwd <string>：子进程的当前工作目录。默认值是null。
    - env <Object>：环境变量的键值对。默认值是null。
    - encoding <string>：默认值是"utf8"。
    - shell <string>：用于执行命令的shell。
    - timeout <number>：超时时间，默认值是0。如果timeout大于0，则当子进程运行时间超过timeout毫秒时，父进程将发送带killSignal属性（默认值为"SIGTERM"）的信号。
    - maxBuffer <number>：stdout或stderr上允许的最大字节数。如果超过限制，则子进程将终止。默认值是200×1024。
    - killSignal <string> | <integer>：默认值是"SIGTERM"。
    - uid <number>：设置进程的用户标识。
    - gid <number>：设置进程的群组标识。
    - windowsHide <boolean>：隐藏在Windows系统上创建的子进程的控制台窗口。默认值是false。
    - windowsVerbatimArguments <boolean>：在Windows上不为参数加上引号或转义；在UNIX上忽略。默认值是false。

- shell <boolean> | <string>：如果值为true，则在shell中运行command。在UNIX上使用'/bin/sh'，在Windows上使用process.env.ComSpec。若要传入字符串则指定其他shell。默认值是false（没有shell）。
- callback <Function>：当进程终止时调用。
  - error <Error>。
  - stdout <string> | <Buffer>。
  - stderr <string> | <Buffer>。

child_process.execFile()函数类似于child_process.exec()，但默认情况下不会衍生shell。相反，指定的可执行file直接作为新进程衍生，使其比child_process.exec()稍微高效。

child_process.execFile()支持与child_process.exec()相同的选项。由于没有生成shell，因此不支持I/O重定向和文件通配等行为。以下是一个使用示例：

```
const { execFile } = require('node:child_process');
execFile('node', ['-v'], (error, stdout, stderr) => {
    if (error) {
        console.error('执行出错: ${error}');
        return;
    }
    console.log('stdout: ${stdout}');
    console.log('stderr: ${stderr}');
});
```

上述示例传入了一个"node -v"命令，该命令用于获取当前主机所安装的Node.js的版本。其中callback可传入3个参数error、stdout和stderr。

当执行成功时，error将为null；当出错时，error将是Error的实例。error.code属性是子进程的退出码，error.signal是终止进程的信号。除0以外的任何退出码都被视为出错。

传给回调的stdout和stderr参数包含子进程的stdout和stderr输出。默认情况下，Node.js会将输出解码为UTF-8并将字符串传给回调。encoding选项可指定用于解码stdout和stderr输出的字符编码。如果encoding是"buffer"或无法识别的字符编码，则传给回调的将会是Buffer对象。

上述例子成功执行后，在控制台输出如下内容：

```
$ node exec-file.js
stdout: v22.3.0
stderr:
```

其中，v22.3.0为当前主机所安装的Node.js的版本。

与 child_process.execFile(file[, args][, options][, callback]) 方法对应的同步方法是 child_process.execFileSync(file[, args][, options])。

本节例子可以在本书配套资源中的"child-process/exec-file.js"文件中找到。

8.2 子进程 ChildProcess

调用node:child_process模块的spawn()、exec()或者execFile()等方法会返回一个ChildProcess对象。

ChildProcess类的实例都是EventEmitter，表示衍生的子进程。ChildProcess的实例不是直接创建的，而是使用node:child_process模块的spawn()、exec()、execFile()或fork()方法来创建的。

node:child_process模块允许对子进程的启动、终止以及交互进行更加精细的控制。比如，有些场景需要在程序（父进程）中新建一个进程（也就是子进程），一旦启动了一个新的子进程，Node.js就创建一个双向通信的通道，两个进程可以利用这条通道互相收发字符串形式的数据。父进程还可以对子进程施加一些控制，向其发送信号或者强制终止子进程。

8.2.1 生成子进程

以8.1节的示例为例，调用spawn()方法之后，会生成一个ChildProcess类的实例childProcess，代码如下：

```
const { spawn } = require('node:child_process');
const childProcess = spawn('node', ['-v']);
childProcess.stdout.on('data', (data) => {
    console.log('stdout: ${data}');
});
childProcess.stderr.on('data', (data) => {
    console.log('stderr: ${data}');
});
childProcess.on('close', (code) => {
    console.log('子进程退出码: ${code}');
});
```

默认情况下，stdin、stdout和stderr的管道在父进程和衍生的子进程之间建立。这些管道具有有限的（和平台特定的）容量。如果子进程在没有捕获输出的情况下写入超出该限制的stdout，则子进程将阻塞等待管道缓冲区接收更多的数据。这与shell中的管道的行为相同。如果不消费输出，则使用"{ stdio: 'ignore' }"选项。

spawn()等异步方法是异步地衍生子进程，且不阻塞Node.js事件循环。spawnSync()等同步方法则以同步的方式提供等效功能，但会阻止事件循环直到衍生的进程退出或终止。

8.2.2 进程间通信

Node.js的父进程和子进程之间可以通过某些进制进行通信。

1. 监听子进程的输出内容

任何子进程句柄都有一个stdout属性，它以流的形式表示子进程的标准输出信息，然后可以在这个流上绑定事件。比如上述例子中的

```
childProcess.stdout.on('data', (data) => {
    console.log('stdout: ${data}');
});
```

每当子进程将数据输出到其标准输出时，父进程就会得到通知，并将其打印至控制台。

2. 向子进程发送数据

除了从子进程的输出流中获取数据之外，父进程也向子进程的标准输入流中写入数据，这相当于是向子进程发送数据。标准的输入流是用childProcess.stdin属性表示的。

3. 发送消息

当父进程和子进程之间建立了一个IPC通道（例如使用child_process.fork()）时，subprocess.send()方法可用于发送消息到子进程。当子进程是一个Node.js实例时，消息可以通过message事件接收。

消息通过序列化和解析进行传递，接收到的消息可能跟发送的不完全一样。

例如，父进程脚本如下：

```
const cp = require('node:child_process');
const n = cp.fork('${__dirname}/sub.js');

n.on('message', (m) => {
  console.log('父进程收到消息', m);
});

// 使子进程输出：子进程收到消息 { hello: 'world' }
n.send({ hello: 'world' });
```

子进程脚本sub.js如下：

```
process.on('message', (m) => {
  console.log('子进程收到消息', m);
});

// 使父进程输出：父进程收到消息 { foo: 'bar', baz: null }
process.send({ foo: 'bar', baz: NaN });
```

Node.js中的子进程有一个自己的process.send()方法，允许子进程发送消息回父进程。

当发送的是一个"{cmd: 'NODE_foo'}"消息时，这是一个特例。cmd属性中包含"NODE_"的消息是预留给Node.js核心代码内部使用的，不会触发子进程的message事件。这种消息可使用process.on('internalMessage')事件触发，且被Node.js内部消费。应用程序应避免使用这种消息或监听internalMessage事件。

如果通道已关闭，或积压的未发送的消息超过阈值使得无法发送更多，subprocess.send()会返回false；除此以外，该方法返回true。callback函数可用于实现流量控制。

8.3 终止进程

信号是父进程与子进程进行通信的一种简单方式,也可以用于终止子进程。

不同的信号代码所具有的含义是不同的。信号类型多样,最常见的是终止进程的信号。一些信号可以由子进程处理,而另外一些信号只能由操作系统处理。

一般而言,可以使用subprocess.kill()向子进程发送信号。如果没有指定参数,则进程会发送SIGTERM信号(有关操作系统各种信号的含义,见http://man7.org/linux/man-pages/man7/signal.7.html)。示例如下:

```
const { spawn } = require('node:child_process');
const grep = spawn('grep', ['ssh']);

grep.on('close', (code, signal) => {
  console.log('子进程收到信号 ${signal} 而终止');
});

// 发送 SIGHUP 到进程
grep.kill('SIGHUP');
```

8.4 上机演练

练习一:执行外部命令

1)任务要求

使用Node.js执行一个外部命令,例如ls(在Windows上可以使用dir),并显示其输出。

2)参考操作步骤

(1)使用spawn()方法执行ls命令。
(2)将命令的输出打印到控制台。

3)参考示例代码

```
const { spawn } = require('child_process');
// 使用spawn()执行ls命令
const ls = spawn('ls', ['-lh', '/usr']);

// 捕捉命令的输出并打印
ls.stdout.on('data', (data) => {
  console.log('stdout: ${data}');
});

ls.stderr.on('data', (data) => {
  console.error('stderr: ${data}');
```

```
});
ls.on('close', (code) => {
  console.log('子进程退出,退出码 ${code}');
});
```

练习二：进程间通信

1）任务要求

创建一个子进程，并通过进程间通信发送和接收消息。

2）参考操作步骤

（1）使用fork()方法创建子进程。
（2）父、子进程之间发送和接收消息。

3）参考示例代码

```
const { fork } = require('child_process');
// 创建子进程
const child = fork('child.js');

// 从父进程发送消息到子进程
child.send('Hello, Child process!');

// 监听来自子进程的消息
child.on('message', (msg) => {
  console.log('Parent got message from child:', msg);
});
// 子进程文件 child.js
// const process = require('process');

// process.on('message', (msg) => {
//   console.log('Child got message from parent:', msg);
//   process.send('Hello, Parent process!');
// });
```

练习三：终止进程

1）任务要求

创建一个子进程，并在一段时间后终止它。

2）参考操作步骤

（1）使用spawn()方法创建子进程。
（2）在10秒后终止子进程。

3）参考示例代码

```
const { spawn, exec } = require('child_process');
// 创建子进程
const child = spawn('node', ['infiniteLoop.js']);
```

```
// 10秒后终止子进程
setTimeout(() => {
  child.kill();
  console.log('子进程已被终止');
}, 10000);

// 子进程文件 infiniteLoop.js
// setInterval(() => {
//   console.log('Running infinite loop...');
// }, 1000);
```

4）小结

以上每个练习都使用了不同的方法来处理进程，展示了如何执行外部命令、与子进程通信以及在需要时终止进程。这些练习提供了基本的进程处理方法，可以根据实际需求进行修改和扩展。

8.5 本章小结

Node.js是被设计用来高效地处理I/O操作的，因此，某些类型的程序可能并不适合这种模式。比如，在CPU密集型的任务里面，可能会阻塞事件循环，并因此降低应用程序的响应能力。一个替代方案是，将CPU密集型的任务分配给另外的线程进行处理，这样不但能够释放事件循环，同时也能够利用多核的计算优势。Node.js提供了node:child_process模块，来管理子进程，内容涉及执行外部命令、生成子进程、终止进程等。

本章主要讲述了在Node.js环境中处理进程的方法，包括执行外部命令、子进程的管理以及终止进程。首先介绍了通过spawn()、exec()和execFile()方法，可以在Node.js应用程序中执行外部命令，这些方法提供了与系统交互的能力，使我们能够在Node.js中调用其他语言编写的程序或脚本。然后讨论了如何创建和管理子进程，以及如何通过进程间通信（IPC）机制在父进程和子进程之间发送和接收消息。最后，介绍了如何适当地终止进程，以释放系统资源并确保应用程序的稳定运行。掌握这些知识对于在Node.js中进行高级编程和系统级别的操作至关重要。通过本章的学习，读者将能够更好地理解如何在Node.js中利用进程来扩展应用程序的功能，以及控制和优化进程的使用，以提高工作效率。

第 9 章

流

本章将深入探讨Node.js中流（stream）的概念。流在Node.js中被用来处理连续的数据，例如文件的读写、网络数据的传输等。流的使用极大地提高了数据处理的效率和性能，因为它允许程序在数据可用时逐步处理，而不是等待所有数据都可用才进行处理。

9.1 流的概述

Node.js提供了多种流对象。例如，HTTP服务器的请求和process.stdout都是流的实例。流可以是可读的、可写的或者可读可写的。所有的流都是EventEmitter的实例。
流的使用方法如下：

```
const stream = require('node:stream');
```

9.1.1 流的类型

Node.js中有4种基本的流类型：
- 可读流（writable）：可写入数据的流，例如fs.createWriteStream()。
- 可写流（readable）：可读取数据的流，例如fs.createReadStream()。
- 双工流（duplex）：可读又可写的流，例如net.Socket。
- 转换流（transform）：在读写过程中可以修改或转换数据的双工流，例如zlib.createDeflate()。

9.1.2 对象模式

Node.js创建的流都运行在字符串和Buffer（或Uint8Array）上。当然，流的实现也可以使用其他类型的JavaScript值（除了null），这些流会以对象模式进行操作。

当创建流时，可以使用objectMode选项把流实例切换到对象模式。将已存在的流切换到对象模式是不安全的。

9.1.3 流中的缓冲区

可写流和可读流都会在内部的缓冲区中存储数据，可以分别使用的writable.writableBuffer和readable.readableBuffer来获取。

可缓冲的数据大小取决于传入流构造函数的highWaterMark选项。对于普通的流，highWaterMark指定了字节的总数；对于对象模式的流，highWaterMark指定了对象的总数。

当调用stream.push(chunk)时，数据会被缓冲在可读流中。如果流的消费者没有调用stream.read()，则数据会保留在内部队列中直到被消费。

一旦内部的可读缓冲的总大小达到highWaterMark指定的阈值，流会暂时停止从底层资源读取数据，直到当前缓冲的数据被消费。也就是说，流会停止调用内部的用于填充可读缓冲的readable._read()。

当调用writable.write(chunk)时，数据会被缓冲在可写流中。当内部的可写缓冲的总大小小于highWaterMark设置的阈值时，调用writable.write()会返回true。一旦内部缓冲的大小达到或超过highWaterMark，就会返回false。

为了保护内存，某些Stream API（特别是stream.pipe()）会限制缓冲区，以避免读写速度不一致引起的内存崩溃。

因为双工流和转换流都是可读又可写的，所以它们各自维护着两个相互独立的内部缓冲区，以用于读取和写入。这使得它们在维护数据流时，读取和写入两边可以各自独立地运作。例如，net.Socket实例是双工流，它的可读端可以消费从socket接收的数据，而可写端则可以将数据写入socket。因为数据写入socket的速度可能比接收的速度快或者慢，所以在读写两端独立地进行操作（或缓冲）就很重要了。

9.2 可 读 流

Node.js可读流是对提供数据的来源的一种抽象。所有可读流都实现了stream.Readable类定义的接口。可读流常见的例子包括：

- 客户端的HTTP响应。
- 服务器的HTTP请求。
- fs的读取流。
- zlib流。
- crypto流。
- TCP socket。

- 子进程stdout与stderr。
- process.stdin。

9.2.1 stream.Readable类事件

stream.Readable类定义了以下事件。

1. close 事件

该事件在流或其底层资源（比如文件描述符）被关闭时触发，表明不会再触发其他事件，也不会再发生操作。

不是所有可读流都会触发close事件。如果使用emitClose选项创建可读流，则它将始终发出close事件。

2. data 事件

该事件是在将流将数据块传送给消费者后触发。对于非对象模式的流，数据块可以是字符串或Buffer；对于对象模式的流，数据块可以是任何JavaScript值，除了null。

当调用readable.pipe()、readable.resume()或绑定监听器到data事件时，流会转换到流动模式。当调用readable.read()且有数据块返回时，也会触发data事件。

如果使用readable.setEncoding()为流指定了默认的字符编码，则监听器回调传入的数据为字符串，否则传入的数据为Buffer。

示例如下：

```
const readable = getReadableStreamSomehow();
readable.on('data', (chunk) => {
  console.log('接收到 ${chunk.length} 个字节的数据');
});
```

3. end 事件

该事件在流中没有数据可供消费时触发。

end事件只有在数据被完全消费掉后才会触发。要想触发该事件，可以将流转换到流动模式，或反复调用stream.read()直到数据被消费完。

示例如下：

```
const readable = getReadableStreamSomehow();
readable.on('data', (chunk) => {
  console.log('接收到 ${chunk.length} 个字节的数据');
});
readable.on('end', () => {
  console.log('已没有数据');
});
```

4. error 事件

该事件通常是在当流因底层内部出错而不能产生数据，或推送无效的数据块时触发。
监听器回调将传递一个Error对象。

5. pause 事件

调用stream.pause()并且readsFlowing不为false时，会触发pause事件。

6. readable 事件

该事件是在流中有数据可供读取时触发。
示例如下：

```
const readable = getReadableStreamSomehow();

readable.on('readable', function() {
  // 有数据可读取
  let data;

  while (data = this.read()) {
    console.log(data);
  }
});
```

当到达流数据的尽头时，readable事件也会触发，但是在end事件之前触发。

readable事件表明流有新的动态：要么有新的数据，要么到达流的尽头。对于前者，stream.read()会返回可用的数据；对于后者，stream.read()会返回null。例如，下面的例子中，foo.txt是一个空文件。

```
const fs = require('node:fs');

const rr = fs.createReadStream('data.txt');

rr.on('readable', () => {
  console.log('读取的数据：${rr.read()}');
});

rr.on('end', () => {
  console.log('结束');
});
```

运行上面的代码，输出如下：

```
读取的数据：江上吟——唐朝 李白
兴酣落笔摇五岳，诗成笑傲凌沧洲。
功名富贵若长在，汉水亦应西北流。
读取的数据：null
结束
```

通常情况下，readable.pipe()和data事件的机制比readable事件更容易理解。处理readable事件可能造成吞吐量升高。

如果同时使用readable事件和data事件，则readable事件会优先控制流，也就是说，当调用

stream.read()时才会触发data事件。readableFlowing属性会变成false。当移除readable事件时，如果存在data事件监听器，则流会开始流动，也就是说，无须调用stream.resume()也会触发data事件。

本节例子可以在本书配套资源中的"stream-demo/stream-readable-event.js"文件中找到。

7. resume 事件

调用stream.resume()并且readsFlowing不为true时，将会触发resume事件。

9.2.2 stream.Readable类方法

stream.Readable类包含以下常用的方法。

1. destroy

readable.destroy([error])方法用于销毁流，并触发error事件和close事件。调用该方法后，可读流将释放所有的内部资源，且忽视后续的push()调用。实现流时不应该重写这个方法，而是重写readable._destroy()。

2. isPaused

readable.isPaused()方法用于返回可读流当前的操作状态。主要用于readable.pipe()底层的机制。大多数情况下无须使用该方法。示例如下：

```
const readable = new stream.Readable();

readable.isPaused(); // === false
readable.pause();
readable.isPaused(); // === true
readable.resume();
readable.isPaused(); // === false
```

3. pause 与 resume

readable.pause()方法使流动模式的流停止触发data事件，并切换出流动模式。任何可用的数据都会保留在内部缓存中。

相对地，readable.resume()将使被暂停的可读流恢复触发data事件，并将流切换到流动模式。

观察下面的示例：

```
const fs = require('node:fs');

const readable = fs.createReadStream('data.txt');

readable.on('data', (chunk) => {
  console.log('接收到 ${chunk.length} 字节的数据');

  // 暂停
  readable.pause();

  console.log('暂停1秒');
  setTimeout(() => {
    console.log('数据重新开始流动');
```

```
    // 继续
    readable.resume();
  }, 1000);
});
readable.on('end', () => {
  console.log('结束');
});
```

运行上述代码,控制台输出如下:

```
接收到 128 字节的数据
暂停1秒
数据重新开始流动
结束
```

如果存在readable事件监听器,则该方法不起作用。

本节例子可以在本书配套资源中的"stream-demo/stream-pause.js"文件中找到。

4. pipe

readable.pipe(destination[, options])方法用于绑定可写流到可读流,将可读流自动切换到流动模式,并将可读流的所有数据推送到绑定的可写流。数据流会被自动管理,所以即使可读流更快,目标可写流也不会超负荷。

例如,将可读流的所有数据通过管道推送到write-data.txt文件:

```
const fs = require('node:fs');
const readable = fs.createReadStream('data.txt');
const writable = fs.createWriteStream('write-data.txt');
// readable的所有数据都推送到'write-data.txt'
readable.pipe(writable);
```

可以在单个可读流上绑定多个可写流。readable.pipe()会返回目标流的引用,这样就可以对流链式地进行管道操作。示例如下:

```
const fs = require('node:fs');
const zlib = require('zlib');
const readable = fs.createReadStream('data.txt');
const gzip = zlib.createGzip();
const writable2 = fs.createWriteStream('write-data.txt.gz');
// 在单个可读流上绑定多个可写流
readable.pipe(gzip).pipe(writable2);
```

默认情况下,当来源可读流触发end事件时,目标可写流也会调用stream.end()结束写入。若要禁用这种默认行为,则end选项应设为false,这样目标流就会保持打开。示例如下:

```
reader.pipe(writer, { end: false });
reader.on('end', () => {
  writer.end('结束');
});
```

如果可读流发生错误，目标可写流不会自动关闭，需要手动关闭所有流以避免内存泄漏。process.stderr和process.stdout可写的流在Node.js进程退出之前永远不会关闭，无论指定的选项如何。

本节例子可以在本书配套资源中的"stream-demo/stream-pipe.js"文件中找到。

5. read

readable.read([size])方法用于从内部缓冲拉取并返回数据。其中，size指定要读取的数据的字节数。如果没有指定size参数，则返回内部缓冲中的所有数据。

该方法如果没有可读的数据，则返回null。默认情况下，readable.read()返回的数据是Buffer对象，除非使用readable.setEncoding()指定字符编码或流处于对象模式。如果可读的数据不足size字节，则返回内部缓冲中剩余的数据；如果流已经结束，则返回null。

readable.read()应该只对处于暂停模式的可读流调用。在流动模式中，readable.read()会自动调用直到内部缓冲的数据完全耗尽。

如果readable.read()返回一个数据块，则data事件也会被触发。

触发end事件后再调用stream.read([size])会返回null，不会抛出错误。

以下是一个完整的示例：

```
const fs = require('node:fs');
const readable = fs.createReadStream('data.txt');
// 设置字符编码
readable.setEncoding('utf-8');
// 读取数据
readable.on('readable', () => {
  let chunk;
  while (null !== (chunk = readable.read(10))) {
    console.log('接收到 ${chunk.length} 字节的数据');
    console.log('接收到的数据是： ${chunk}');
  }
});
readable.on('end', () => {
  console.log('结束');
});
```

在上述示例中，使用readable.read()处理数据时，while循环是必需的。只有在readable.read()返回null之后，才会触发readable事件。

readable.setEncoding()用于设置字符编码。默认情况下没有设置字符编码，流数据返回的是Buffer对象。如果设置了字符编码，则流数据返回指定编码的字符串。例如，在上述例子中调用readable.setEncoding('utf-8')，会将数据解析为UTF-8数据，并返回字符串；如果调用readable.setEncoding('hex')，则会将数据编码成十六进制字符串。

上述例子在控制台的输出内容如下：

```
接收到 10 字节的数据
接收到的数据是： 江上吟——唐朝 李白
```

```
接收到 10 字节的数据
接收到的数据是：
兴酣落笔摇五岳，
接收到 10 字节的数据
接收到的数据是： 诗成笑傲凌沧洲。
接收到 10 字节的数据
接收到的数据是： 功名富贵若长在，汉水
接收到 6 字节的数据
接收到的数据是： 亦应西北流。
结束
```

本节例子可以在本书配套资源中的"stream-demo/stream-read.js"文件中找到。

6. readable.unpipe([destination])

该方法用于解绑之前使用stream.pipe()绑定的可写流。如果没有指定目标可写流，则解绑所有管道；如果指定了目标可写流，但它没有建立管道，则不起作用。示例如下：

```
const fs = require('node:fs');
const readable = fs.createReadStream('data.txt');
const writable = fs.createWriteStream('write-data.txt');
// readable的所有数据都推送到'write-data.txt'
readable.pipe(writable);
setTimeout(() => {
  console.log('停止写入数据');
  readable.unpipe(writable);
  console.log('手动关闭文件流');
  writable.end();
}, 3);
stream-unpipe.js
```

本节例子可以在本书配套资源中的"stream-demo/stream-unpipe.js"文件中找到。

9.2.3 异步迭代器

可读流中提供了异步迭代器的使用。观察下面的例子：

```
const fs = require('node:fs');
async function print(readable) {
  readable.setEncoding('utf8');
  let data = '';
  // 迭代器
  for await (const k of readable) {
    data += k;
  }
  console.log(data);
}
```

```
print(fs.createReadStream('file')).catch(console.log);
```

如果循环以break或throw终止，则流将被销毁。换句话说，迭代流将完全消耗流。异步迭代器将以大小等于highWaterMark选项的块读取流。在上面的代码示例中，如果文件的数据少于64KB，则数据将位于单个块中，因为没有为fs.createReadStream()提供highWaterMark选项。

本节例子可以在本书配套资源中的"stream-demo/stream-async-iterator.js"文件中找到。

9.2.4 两种读取模式

可读流主要有两种模式：流动模式和暂停模式。

- 在流动模式中，数据自动从底层系统读取，并通过EventEmitter接口的事件尽可能快地提供给应用程序。
- 在暂停模式中，必须显式调用stream.read()读取数据块。

所有可读流都开始于暂停模式，可以通过以下方式切换到流动模式：

- 添加data事件句柄。
- 调用stream.resume()。
- 调用stream.pipe()。

可读流可以通过以下方式切换回暂停模式：

- 如果没有管道目标，则调用stream.pause()。
- 如果有管道目标，则移除所有管道目标。调用stream.unpipe()可以移除多个管道目标。

只有提供了消费或忽略数据的机制后，可读流才会产生数据。如果消费的机制被禁用或移除，则可读流会停止产生数据。

在暂停模式下，为了向后兼容，移除data事件句柄不会自动地暂停流；如果有管道目标，一旦目标变为drain状态并请求接收数据，则调用stream.pause()也不能保证流会保持暂停模式。

如果可读流切换到流动模式，且没有可用的消费者来处理数据，则数据将丢失。例如，当调用readable.resume()时，没有监听data事件或data事件句柄已移除，则会导致数据丢失。

添加readable事件句柄会使流自动停止流动，并通过readable.read()消费数据。如果readable事件句柄被移除，且存在data事件句柄，则流会再次开始流动。

9.3 可写流

可写流是对数据要被写入的目的地的一种抽象。所有可写流都实现了stream.Writable类定义的接口。可写流常见的例子包括：

- 客户端的HTTP请求。
- 服务器的HTTP响应。

- fs的写入流。
- zlib流。
- crypto流。
- TCP socket。
- 子进程stdin。
- process.stdout、process.stderr。

其中一些例子事实上是实现了可写流接口的双工流。

尽管可写流的具体实例略有差别，但所有的可写流都遵循同一使用模式，如以下例子所示：

```
const myStream = getWritableStreamSomehow();
myStream.write('一些数据');
myStream.write('更多数据');
myStream.end('完成写入数据');
```

9.3.1　stream.Writable类事件

stream.Writable类定义了以下事件。

1. close 事件

当流及其任何底层资源（例如文件描述符）关闭时，将触发close事件。该事件表明不会发出更多事件，也不会进一步进行计算。

如果使用emitClose选项创建可写流，它将始终触发close事件。

2. drain 事件

如果对stream.write(chunk)的调用返回false，则在适合继续将数据写入流时将发出drain事件。

3. error 事件

如果在写入或通过管道传输数据时发生错误，则会触发error事件。调用时，监听器回调会传递一个Error参数。

触发error事件时，流不会关闭。

4. finish 事件

调用stream.end()方法后会触发finish事件，并且所有数据都被刷新到底层系统。示例如下：

```
const fs = require('node:fs');

const writable = fs.createWriteStream('write-data.txt');

for (let i = 0; i < 10; i++) {
  writable.write('写入 #${i}!\n');
}

writable.end('写入结尾\n');
writable.on('finish', () => {
```

```
    console.log('写入已完成');
})
```

运行程序，可以看到write-data.txt文件中写入的数据如下：

```
写入 #0!
写入 #1!
写入 #2!
写入 #3!
写入 #4!
写入 #5!
写入 #6!
写入 #7!
写入 #8!
写入 #9!
写入结尾
```

本节例子可以在本书配套资源中的"stream-demo/stream-finish.js"文件中找到。

5. pipe事件

在可读流上调用stream.pipe()方法时会触发pipe事件，并将此可写流添加到目标集。

6. unpipe事件

当在可读流上调用stream.unpipe()时触发unpipe事件。

当可读流通过管道流向可写流时，如果发生错误，也会触发unpipe事件。

9.3.2　stream.Writable类方法

stream.Writable类包含以下常用的方法。

1. cork

writable.cork()方法用于强制把所有写入的数据都缓冲到内存中。当调用stream.uncork()或stream.end()时，缓冲的数据才会被输出。

当写入大量小块数据到流时，内部缓冲可能失效，从而导致性能下降，writable.cork()主要用于避免这种情况。对于这种情况，实现了writable._writev()的流可以用更优的方式对写入的数据进行缓冲。

2. destroy

writable.destroy([error])方法用于销毁流。在调用该方法之后，可写流已结束，随后对write()或end()的调用都将导致ERR_STREAM_DESTROYED错误。如果数据在关闭之前需要刷新，则应使用end()方法而不是destroy()方法，或者在销毁流之前等待drain事件。实现流时不应该重写此方法，而是实现writable._destroy()。

3. end

调用writable.end([chunk][, encoding][, callback])方法表示不再将数据写入Writable。该方法的参数如下：

- chunk <string> | <Buffer> | <Uint8Array> | <any>：要写入的可选数据。对于不在对象模式下运行的流，块必须是字符串、Buffer或Uint8Array；对于对象模式流，块可以是除null之外的任何JavaScript值。
- encoding <string>：如果设置了编码，则chunk是一个字符串。
- callback <Function>：流完成时的可选回调。

可选的块和编码参数允许在关闭流之前立即写入最后一个额外的数据块。如果写入，则附加可选回调函数作为finish事件的监听器。示例如下：

```
const fs = require('node:fs');
const writable = fs.createWriteStream('write-data.txt');
for (let i = 0; i < 10; i++) {
  writable.write('写入 #${i}!\n');
}
writable.end('写入结尾\n');
writable.on('finish', () => {
  console.log('写入已完成');
})
```

调用stream.end()后再调用stream.write()方法将引发错误。

4. setDefaultEncoding

writable.setDefaultEncoding(encoding)为可写流设置默认的编码。

5. uncork

writable.uncork()方法用于将调用stream.cork()后缓冲的所有数据输出到目标。

当使用writable.cork()和writable.uncork()来管理流的写入缓冲时，建议使用process.nextTick()来延迟调用writable.uncork()。通过这种方式，可以对单个Node.js事件循环中调用的所有writable.write()进行批处理。示例如下：

```
stream.cork();
stream.write('一些 ');
stream.write('数据 ');
process.nextTick(() => stream.uncork());
```

如果在一个流上多次调用writable.cork()，则必须调用同样次数的writable.uncork()才能输出缓冲的数据。示例如下：

```
stream.cork();
stream.write('一些 ');
stream.cork();
```

```
stream.write('数据 ');
process.nextTick(() => {
  stream.uncork();
  // 数据不会被输出,直到第二次调用 uncork()。
  stream.uncork();
});
```

6. write

writable.write(chunk[, encoding][, callback])写入数据到流,并在数据被完全处理之后调用callback。如果发生错误,则callback可能被调用也可能不被调用。为了可靠地检测错误,可以为error事件添加监听器。该方法的参数如下:

- chunk <string> | <Buffer> | <Uint8Array> | <any>:要写入的数据。对于非对象模式的流,chunk必须是字符串、Buffer或Uint8Array;对于对象模式的流,chunk可以是除null之外的任何JavaScript值。
- encoding <string>:如果chunk是字符串,则指定字符编码。
- callback <Function>当数据块被输出到目标后的回调函数。

在接收了chunk后,如果内部的缓冲小于创建流时配置的highWaterMark,则返回true。如果返回false,则应该停止向流写入数据,直到drain事件被触发。

当流还未被排空(被操作系统接收并传输)时,调用write()会缓冲chunk,并返回false。一旦所有当前缓冲的数据块都被排空了,则触发drain事件。建议一旦write()返回false,则不再写入任何数据块,直到drain事件被触发。

当流还未被排空时,也可以调用write(),Node.js会缓冲所有被写入的数据块,直到达到最大内存占用,这时它会无条件终止,在此之前,高内存占用将会导致垃圾回收器的性能下降和RSS增加(即使内存不再需要,通常也不会被释放回系统)。如果远程的另一端没有读取数据,则TCP的socket可能永远也不会排空,因此写入一个不会排空的socket可能会导致远程可利用的漏洞。

对于转换流,写入数据到一个不会排空的流尤其有问题,因为转换流默认会被暂停,直到它们被管道传输或者添加了data或readable事件句柄。

如果要被写入的数据可以根据需要生成或取得,建议将逻辑封装为一个可读流并且使用stream.pipe()。如果要优先调用write(),则可以使用drain事件来防止背压与避免内存问题。示例如下:

```
function write(data, cb) {
  if (!stream.write(data)) {
    stream.once('drain', cb);
  } else {
    process.nextTick(cb);
  }
}

// 在回调函数被执行后再进行其他的写入
write('hello', () => {
```

```
    console.log('完成写入，可以进行更多的写入');
});
```

9.4 双工流与转换流

双工流是同时实现了Readable和Writable接口的流。

双工流的例子包括：

- TCP socket。
- zlib流。
- crypto流。

转换流是一种双工流，但它的输出与输入是相关联的。与双工流一样，转换流也同时实现了Readable和Writable接口。

转换流的例子包括：

- zlib流。
- crypto流。

9.4.1 实现双工流

双工流同时实现了可读流和可写流，例如TCP socket连接。因为JavaScript不支持多重继承，所以使用stream.Duplex类来实现双工流，而不是使用stream.Readable类和stream.Writable类。

stream.Duplex类的原型继承自stream.Readable和寄生自stream.Writable，但是instanceof对这两个基础类都可用，因为重写了stream.Writable的Symbol.hasInstance。

自定义的双工流必须调用new stream.Duplex([options])构造函数，并实现readable._read()和writable._write()方法。示例如下：

```
const { Duplex } = require('node:stream');
class MyDuplex extends Duplex {
  constructor(options) {
    super(options);
    // ...
  }
}
```

9.4.2 实战：双工流的例子

下面是一个双工流的例子，封装了一个可读可写的底层资源对象。

```
const { Duplex } = require('node:stream');
const kSource = Symbol('source');
```

```
class MyDuplex extends Duplex {
  constructor(source, options) {
    super(options);
    this[kSource] = source;
  }

  _write(chunk, encoding, callback) {
    // 底层资源只处理字符串
    if (Buffer.isBuffer(chunk))
      chunk = chunk.toString();
    this[kSource].writeSomeData(chunk);
    callback();
  }

  _read(size) {
    this[kSource].fetchSomeData(size, (data, encoding) => {
      this.push(Buffer.from(data, encoding));
    });
  }
}
```

双工流最重要的方面是，可读端和可写端独立于彼此地共存在同一个对象实例中。

9.4.3 对象模式的双工流

对双工流来说，可以使用readableObjectMode和writableObjectMode选项来分别设置可读端和可写端的objectMode。

在下面的例子中，创建了一个转换流（双工流的一种），对象模式的可写端接收JavaScript数值，并在可读端转换为十六进制字符串。

```
const { Transform } = require('node:stream');

// 转换流也是双工流
const myTransform = new Transform({
  writableObjectMode: true,

  transform(chunk, encoding, callback) {
    // 强制把 chunk 转换成数值
    chunk |= 0;

    // 将 chunk 转换成十六进制
    const data = chunk.toString(16);

    // 推送数据到可读队列
    callback(null, '0'.repeat(data.length % 2) + data);
  }
});

myTransform.setEncoding('ascii');
myTransform.on('data', (chunk) => console.log(chunk));

myTransform.write(1);
```

```
// 打印: 01
myTransform.write(10);
// 打印: 0a
myTransform.write(100);
// 打印: 64
```

9.4.4 实现转换流

转换流是一种特殊的双工流,它会对输入做些计算然后输出。例如zlib流和crypto流会压缩、加密或解密数据。输出流的大小、数据块的数量都不一定会和输入流的一致。例如,Hash流在输入结束时只会输出一个数据块,而zlib流的输出可能比输入大很多或小很多。

stream.Transform类可用于实现了一个转换流。它继承自stream.Duplex,并且实现了自有的writable._write()和readable._read()方法。自定义的转换流必须实现transform._transform()方法,而实现transform._flush()方法是可选的。示例如下:

```
const { Transform } = require('node:stream');
class MyTransform extends Transform {
  constructor(options) {
    super(options);
    // ...
  }
}
```

当使用转换流时,如果可读端的输出没有被消费,则写入流的数据可能会导致可写端被暂停。

9.5 上机演练

练习一:使用可读流读取文件

1)任务要求

使用Node.js创建一个可读流来逐块读取文件内容,并将文件内容输出到控制台。

2)参考操作步骤

(1)创建一个文件输入流。

(2)使用data事件逐块读取和处理文件内容。

(3)使用end事件关闭流。

3)参考示例代码

```
const fs = require('node:fs');
// 创建一个可读流
const readableStream = fs.createReadStream('example.txt');
```

```
// 监听data事件来读取数据块
readableStream.on('data', (chunk) => {
  console.log(chunk.toString());
});

// 监听end事件来关闭流
readableStream.on('end', () => {
  console.log('文件读取完毕');
});
```

练习二：使用可写流写入文件

1）任务要求

使用Node.js创建一个可写流，将给定的数据写入文件中。

2）参考操作步骤

（1）创建一个文件输出流。
（2）使用write方法将数据写入流中。
（3）使用end方法结束写入并关闭流。

3）参考示例代码

```
const fs = require('node:fs');
// 创建一个可写流
const writableStream = fs.createWriteStream('output.txt');
// 写入数据
writableStream.write('这是一段测试文本。');
writableStream.write('再次写入一些数据。');
// 结束写入
writableStream.end();
// 监听finish事件来确认所有数据已被写入
writableStream.on('finish', () => {
  console.log('文件写入完毕');
});
```

练习三：实现一个简单的双工流

1）任务要求

创建一个双工流，它既能接收数据也能发送数据，并演示如何使用它进行通信。

2）参考操作步骤

（1）创建一个双工流实例。
（2）使用pipe方法连接一个可读流到一个可写流。
（3）通过可写流发送数据，并通过可读流接收数据。

3）参考示例代码

```
const { Duplex } = require('node:stream');
// 创建一个双工流
const duplexStream = new Duplex({
  read() {
    console.log('读取数据');
  },
  write(chunk, encoding, callback) {
    console.log(chunk.toString());
    callback();
  }
});
// 使用pipe方法连接可读流和可写流
const readableStream = fs.createReadStream('example.txt');
readableStream.pipe(duplexStream).pipe(fs.createWriteStream('output.txt'));
```

4）小结

以上练习展示了如何使用不同类型的流来处理数据。在实际应用中，流的处理可能会更加复杂，需要处理更多的事件和错误。这些基本示例可以帮助读者理解流的工作原理，并为进一步的学习和应用打下基础。

9.6 本章小结

流是编程中处理流式数据的抽象接口。Node.js中node:stream模块用于构建实现了流接口的对象。

本章首先对流的类型进行了概述，包括可读流、可写流、双工流和转换流，并介绍了对象模式和流中的缓冲区；然后详细讨论了可读流和可写流的事件和方法，以及如何实现异步迭代；最后介绍了如何创建和使用双工流与转换流，并通过实战例子来加深理解。通过本章的学习，读者将能够有效地利用流来处理各种数据流，并实现高效的异步数据读写。

第 10 章

TCP

在Node.js中，TCP（Transmission Control Protocol，传输控制协议）是一种可靠的网络协议，用于在客户端和服务器之间传输数据。通过使用Node.js的net模块，可以创建TCP服务器来监听连接，发送和接收数据，并在需要时关闭服务器。本章将详细介绍如何使用Node.js中的net模块来实现这些功能。

10.1 创建 TCP 服务器

TCP在网络编程中应用广泛，大多数应用都是基于TCP来构建的，比如IM聊天软件、能耗监控系统等。本节介绍如何在Node.js中创建TCP服务器。

10.1.1 了解TCP

TCP是面向连接的提供端到端的可靠的数据流（flow of data）。TCP提供超时重发、丢弃重复数据、检验数据、流量控制等功能，保证数据能从一端传到另一端。

面向连接是指在正式通信前必须与对方建立起连接。这一过程与打电话很相似，先拨号响铃，等待对方摘机应答，然后才说明是谁。

TCP是基于连接的协议，也就是说，在正式收发数据前，必须和对方建立可靠的连接。一个TCP连接必须经过3次"握手"才能建立起来，简单地讲就是：

（1）主机A向主机B发出连接请求数据包："我想给你发数据，可以吗？"。

（2）主机B向主机A发送同意连接和要求同步（同步就是两台主机一个在发送，一个在接收，协调工作）的数据包："可以，你来吧"。

（3）主机A再发出一个数据包确认主机B的要求同步："好的，我要发数据了，你接着吧！" 3次"握手"的目的是使数据包的发送和接收同步，经过3次"对话"之后，主机A才向主机B正式发送数据。

那么，TCP如何保证数据的可靠性？总结来说，TCP通过下列方式来提供可靠性：

（1）应用数据被分割成TCP认为最适合发送的数据块。这和UDP完全不同，应用程序产生的数据报长度将保持不变。由TCP传递给IP的信息单位称为报文段或段（segment）。

（2）当TCP发出一个段后，它启动一个定时器，等待目的端确认收到这个报文段。如果不能及时收到一个确认，TCP将重发这个报文段（读者可自行了解TCP中自适应的超时及重传策略）。

（3）当TCP收到其连接的另一端的数据时，它将发送一个确认。这个确认不是立即发送，通常将推迟几分之一秒。

（4）TCP将保持其首部和数据的检验和。这是一个端到端的检验和，目的是检测数据在传输过程中的任何变化。如果收到段的检验和有差错，TCP将丢弃这个报文段和不确认收到此报文段（希望发送端超时并重发）。

（5）既然TCP报文段作为IP数据报来传输，而IP数据报的到达可能会失序，因此TCP报文段的到达也可能会失序。如有必要，TCP将对收到的数据进行重新排序，将收到的数据以正确的顺序交给应用层。

（6）IP数据报会发生重复，因此TCP的接收端必须丢弃重复的数据。

（7）TCP还能提供流量控制。TCP连接的每一方都有固定大小的缓存空间。TCP的接收端只允许另一端发送接收端缓存区所能接纳的数据。这将防止较快主机致使较慢主机的缓存区溢出。

10.1.2　了解socket

socket（套接字）是网络上运行的两个程序之间的双向通信链路的一个端点。socket绑定到一个端口号，使得TCP层可以标识数据最终要被发送到哪个应用程序。

正常情况下，一台服务器在特定计算机上运行，并具有被绑定到特定端口号的socket。服务器只是等待，并监听客户发起的连接请求的socket。socket是TCP套接字或者是流式IPC端点的抽象，在Node.js中用net.Socket类来表示。socket是双工流，因此它既可读也可写。

对于客户端而言，客户端知道服务器所运行的主机名称以及服务器正在监听的端口号。建立连接请求时，客户端尝试与主机服务器和端口会合。客户端也需要在连接中将自己绑定到本地端口以便于服务器进行识别，而本地端口号通常是由系统分配的。图10-1展示了客户端向服务器发起请求的过程。

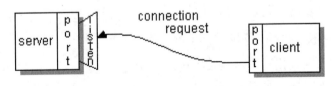

图 10-1　客户端向服务器发起请求

如果一切顺利，服务器将接受连接。一旦接受，服务器就能获取一个绑定到相同的本地端口的新socket，并将其远程端点设置为客户端的地址和端口。它需要一个新的socket，以便能够继续监听原来用于客户端连接请求的socket。图10-2展示了客户端与服务器建立连接的过程。

图 10-2 客户端与服务器建立连接

在客户端，如果连接被接受，则成功地创建一个socket，客户端可以使用该socket与服务器进行通信。

至此，客户端和服务器可以通过socket写入或读取来交互了。

另外，端点是IP地址和端口号的组合。每个TCP连接可以通过它的两个端点被唯一标识。这样，主机和服务器之间可以有多个连接。

10.1.3 node:net模块

在Node.js中，node:net模块用于创建基于流的TCP或IPC的服务器与客户端。其中，在Windows上支持命名管道IPC，在其他操作系统上支持UNIX域套接字。

node:net模块使用方法如下：

```
const net = require('node:net');
```

10.1.4 实战：创建TCP服务器

使用net.Server类创建TCP或IPC服务器。其中，net.Server类支持如下事件：

- close事件：当服务器关闭时候被触发。注意，如果有连接存在，直到所有的连接结束才会触发这个事件。
- connection事件：当一个新的connection建立的时候被触发。
- error事件：当错误出现的时候被触发。
- listening事件：当服务被绑定后调用server.listen()方法时被触发。

以下是一个创建TCP服务器的示例：

```
const net = require('node:net');

const server = net.createServer((socket) => {
   socket.end('goodbye\n');
}).on('error', (err) => {
   // 处理错误
   throw err;
});

server.on('close', () => {
   console.log('服务器接收到close事件');
})
```

```
server.on('connection', () => {
    console.log('服务器接收到connection事件')
})

server.on('listening', () => {
    console.log('服务器listening事件')
})

// 随机获取未绑定的端口
server.listen(() => {
    console.log('服务器启动，占用端口：', server.address());
});
```

运行该应用，可以在控制台看到如下输出内容：

```
服务器接收到listening事件
服务器启动，占用端口： { address: '::', family: 'IPv6', port: 58557 }
```

在上述例子中，server.address()方法用于绑定操作系统随机分配的端口号。

本节例子可以在本书配套资源中的"net-demo/create-server.js"文件中找到。

10.2 监听连接

server.listen()方法用于启动一个服务器来监听连接。net.Server可以是TCP或IPC服务器，具体取决于它所监听的内容。

server.listen()方法可以接收以下几种参数：

- server.listen(handle[, backlog][, callback])：用于UNIX域套接字或Windows命名管道（详见10.2.1节）。
- server.listen(options[, callback])：用于IPC服务器或者TCP服务器（详见10.2.2节）。
- server.listen(path[, backlog][, callback])：用于IPC服务器。
- server.listen([port[, host[, backlog]]][, callback])：用于TCP服务器。

上述listen()方法都是异步的。当服务器开始监听时，会触发listening事件，最后一个参数callback将被添加为listening事件的监听器。

所有的listen()方法都可以使用一个backlog参数来指定待连接队列的最大长度。实际的长度将由操作系统的sysctl设置决定。例如在Linux上的tcp_max_syn_backlog和somaxconn，此参数的默认值是511。

所有的net.Socket都被设置为SO_REUSEADDR。

当且仅当在第一次调用server.listen()或server.close()期间出现错误时，才能再次调用server.listen()方法；否则，将抛出ERR_SERVER_ALREADY_LISTEN错误。

监听时常见的错误之一是EADDRINUSE，这说明该地址正被另一个服务器使用。处理此问题的一种方法是在一段时间后重试。示例如下：

```
server.on('error', (e) => {
  if (e.code === 'EADDRINUSE') {
    console.log('地址正被使用，重试中...');
    setTimeout(() => {
      server.close();
      server.listen(PORT, HOST);
    }, 1000);
  }
});
```

10.2.1　server.listen(handle[, backlog][, callback])

server.listen(handle[, backlog][, callback])方法用于启动一个服务器，监听已经绑定到端口、UNIX域套接字或Windows命名管道的给定句柄上的连接。

句柄对象可以是服务器、套接字（任何具有底层_handle成员的东西），也可以是具有fd成员的对象，该成员是一个有效的文件描述符。

> 提示　Windows不支持在文件描述符上进行监听。

10.2.2　server.listen(options[, callback])

server.listen(options[, callback])方法中的options参数，支持如下属性：

- port <number>：端口号。
- host <string>：主机。
- path <string>：如果指定了port，将被忽略。
- backlog <number>：server.listen()函数的公共参数。
- exclusive <boolean>：默认值是false。
- readableAll <boolean>：对于IPC服务器，使管道对所有用户都可读。默认值是false。
- writableAll <boolean>：对于IPC服务器，使管道对所有用户都可写。默认值是false。
- ipv6Only <boolean>：对于TCP服务器，将ipv6Only设置为true时，将禁用双栈支持，即仅启用IPv6支持，服务器将不会监听IPv4的连接请求。默认值是false。

server.listen(options[, callback])方法如果指定了port，则其行为与server.listen([port[, host[, backlog]]][, callback])相同；如果指定了path，则其行为与server.listen(path[, backlog][, callback])相同；如果未指定任何一个，则将引发错误。

如果exclusive为false，则集群将使用相同的底层句柄，从而允许共享连接处理；否则，不共享句柄，并且尝试端口共享会导致错误。监听专用端口的示例如下：

```
server.listen({
  host: 'localhost',
  port: 80,
  exclusive: true
});
```

> **提示** 以root身份启动IPC服务器可能导致无特权用户无法访问服务器路径。使用readableAll和writableAll将使所有用户都可以访问服务器。

10.3 发送和接收数据

通过net.createServer()方法，很容易就可以创建一个TCP服务器。示例代码如下：

```
const net = require('node:net');
const server = net.createServer();
// ...

// 随机获取未绑定的端口
server.listen(8888, () => {
    console.log('服务器启动，端口：8888');
});
```

listen()方法用于指定服务器所要绑定的端口号。在本例中，所绑定的端口号是8888。
server支持众多事件，比如下面这些：

```
server.on('close', () => {
    console.log('服务器接收到close事件');
})
server.on('connection', () => {
    console.log('服务器接收到connection事件');
})
server.on('listening', () => {
    console.log('服务器接收到listening事件');
})
```

这里需要重点关注的是connection事件，当有客户端连接到server时，会触发该事件。

10.3.1 创建socket对象

当有客户端连接上server时，意味着在server里面创建了一个socket对象。观察下面的代码：

```
server.on('connection', (socket) => {
    console.log('服务器接收到connection事件');

    // ...
})
```

在connection事件中，在server里面创建了一个socket对象，该对象可以与客户端进行通信。

10.3.2 创建socket对象来发送和接收数据

继续改造server的connection事件，代码如下：

```
server.on('connection', (socket) => {
    console.log('服务器接收到connection事件');
    socket.setEncoding('utf8');
    socket.write('welcome!');

    socket.on('data', (data) => {
        console.log('服务器接收到的数据为：' + data);
        socket.write(data);
    })
})
```

socket.write()方法用于将数据写入socket（发送）；socket通过data事件，可以监听客户端写入的数据（接收）。在上述例子中，会将接收到的数据通过socket.write()方法发送回客户端。

10.3.3 实战：TCP服务器的例子

TCP服务器完整的示例代码如下：

```
const net = require('node:net');

const server = net.createServer();

server.on('error', (err) => {
    // 处理错误
    throw err;
});

server.on('close', () => {
    console.log('服务器接收到close事件');
})

server.on('connection', (socket) => {
    console.log('服务器接收到connection事件');
    socket.setEncoding('utf8');
    socket.write('welcome!');

    socket.on('data', (data) => {
        console.log('服务器接收到的数据为：' + data);
        socket.write(data);
    })
})

server.on('listening', () => {
    console.log('服务器接收到listening事件');
})

// 绑定到端口
```

```
server.listen(8888, () => {
    console.log('服务器启动，端口：8888');
});
```

1. 启动该 TCP 服务器

我们通过命令行启动该TCP服务器：

```
node socket-write.js
```

正常启动后，可以在控制台看到如下输出内容：

```
服务器接收到listening事件
服务器启动，端口：8888
```

2. 启动客户端连接 TCP 服务器

在操作系统中，启动一个Telnet客户端来连接上述TCP服务器。执行命令如下：

```
telnet 127.0.0.1 8888
```

成功连接之后，可以看到如图10-3所示的信息。该信息是由TCP服务器返回的。

图 10-3　启动一个 Telnet 客户端

3. 客户端与 TCP 服务器交互

当建立了TCP连接之后，客户端就可以与TCP服务器进行交互了。

当我们在客户端输入"a"字符时，服务器也会将"a"发送回客户端。图10-4所示是Telnet客户端发送并接收消息的效果。

图 10-4　Telnet 客户端发送并接收消息

本节例子可以在本书配套资源中的"net-demo/socket-write.js"文件中找到。

10.4　关闭 TCP 服务器

TCP服务器通过socket.end()来终止与客户端的连接，也可以通过server.close()方法来关闭整个TCP服务器。当TCP服务器关闭时，会监听到close事件。

10.4.1 socket.end()

socket.end()方法用于终止socket对象,从而终止与客户端的连接。

观察下面的示例:

```
const net = require('node:net');
const server = net.createServer();
server.on('error', (err) => {
    // 处理错误
    throw err;
});
server.on('close', () => {
    console.log('服务器接收到close事件');
})
server.on('connection', (socket) => {
    console.log('服务器接收到connection事件');
    socket.setEncoding('utf8');
    socket.write('welcome!');

    socket.on('data', (data) => {
        console.log('服务器接收到的数据为: ' + data);

        // 如果收到c字符,就终止连接
        if (data == 'c') {
            socket.write('bye!');
            socket.end(); // 关闭socket
        } else {
            socket.write(data);
        }
    })
})
server.on('listening', () => {
    console.log('服务器接收到listening事件');
})
// 绑定到端口
server.listen(8888, () => {
    console.log('服务器启动,端口:8888');
});
```

在connection事件中,我们设置了"如果收到c字符,就终止连接"的逻辑,其中就使用了socket.end()方法来关闭socket。

图10-5展示了发送终止信息后的效果。

图 10-5 发送终止信息

10.4.2 server.close()

socket.end()方法主要用于关闭客户端，而server.close()方法则用于关闭服务器。观察下面的示例：

```
const net = require('node:net');

const server = net.createServer();

server.on('error', (err) => {
    // 处理错误
    throw err;
});

server.on('close', () => {
    console.log('服务器接收到close事件');
})

server.on('connection', (socket) => {
    console.log('服务器接收到connection事件');
    socket.setEncoding('utf8');
    socket.write('welcome!');

    socket.on('data', (data) => {
        console.log('服务器接收到的数据为：' + data);

        // 如果收到c字符，就终止连接
        if (data == 'c') {
            socket.write('bye!');
            socket.end(); // 关闭socket
            // 如果收到k字符，就关闭服务器
        } else if (data == 'k') {
            socket.write('bye!');
            socket.end(); // 关闭socket
            server.close(); // 关闭服务器
        } else {
            socket.write(data);
        }

    })
})
```

```
server.on('listening', () => {
    console.log('服务器接收到listening事件');
})

// 绑定到端口
server.listen(8888, () => {
    console.log('服务器启动，端口：8888');
});
```

在connection事件中，我们设置了"如果收到k字符，就关闭服务器"的逻辑，其中就使用了server.close()方法来关闭服务器。

图10-6展示了发送关闭服务器消息后的效果。

图10-6　发送关闭服务器消息

服务器控制台输出的内容如下：

服务器接收到listening事件
服务器启动，端口：8888
服务器接收到connection事件
服务器接收到的数据为：k
服务器接收到close事件

从上述内容可以看到，服务器在关闭前，会发送close事件。

本节例子可以在本书配套资源中的"net-demo/server-close.js"文件中找到。

10.5　上机演练

练习一：创建 TCP 服务器

1）任务要求

使用Node.js的net模块创建一个TCP服务器，监听指定端口。

2）参考操作步骤

（1）导入net模块。
（2）使用net.createServer()方法创建一个新的TCP服务器。
（3）为服务器添加一个connection事件处理程序，用于处理客户端连接。
（4）调用server.listen()方法启动服务器并监听指定端口。

3）参考示例代码

```js
// 导入net模块
const net = require('node:net');

// 创建TCP服务器
const server = net.createServer((socket) => {
   console.log('客户端已连接');

   // 当接收到数据时的处理逻辑
   socket.on('data', (data) => {
      console.log('接收到数据: ' + data);
   });

   // 当客户端断开连接时的处理逻辑
   socket.on('end', () => {
      console.log('客户端已断开连接');
   });
});

// 启动服务器并监听指定端口
const PORT = 8080;
server.listen(PORT, () => {
   console.log('服务器正在监听端口 ${PORT}');
});
```

4）小结

这个练习帮助我们理解如何设置基本的TCP服务器并处理客户端连接。

练习二：发送和接收数据

1）任务要求

在TCP服务器中实现数据的发送和接收功能。

2）参考操作步骤

（1）在connection事件处理程序中获取客户端的socket对象。

（2）使用socket.write()方法向客户端发送数据。

（3）使用socket.on('data')监听客户端发送的数据。

（4）使用socket.end()关闭与客户端的连接。

3）参考示例代码

```js
const net = require('net');

const server = net.createServer((socket) => {
   console.log('客户端已连接');

   // 向客户端发送欢迎消息
```

```
        socket.write('欢迎连接到服务器！\r\n');

        // 接收客户端发送的数据
        socket.on('data', (data) => {
            console.log('接收到数据: ' + data);
            // 回复客户端
            socket.write('你的消息已收到: ' + data);
        });

        // 当客户端断开连接时的处理逻辑
        socket.on('end', () => {
            console.log('客户端已断开连接');
        });
    });

    const PORT = 8080;
    server.listen(PORT, () => {
        console.log('服务器正在监听端口 ${PORT}');
    });
```

4）小结

这个练习展示了如何与客户端进行交互，发送欢迎消息并接收客户端发送的数据。

练习三：关闭 TCP 服务器

1）任务要求

实现关闭TCP服务器的功能。

2）参考操作步骤

（1）创建一个函数来关闭服务器。
（2）在该函数中调用server.close()方法关闭服务器。
（3）可以在需要的时候调用这个函数来关闭服务器。

3）参考示例代码

```
const net = require('net');

let server;               // 将服务器变量设置为全局变量，以便稍后关闭它

function startServer() {
    server = net.createServer((socket) => {
        console.log('客户端已连接');
        socket.on('end', () => {
            console.log('客户端已断开连接');
        });
    });

    const PORT = 8080;
    server.listen(PORT, () => {
        console.log('服务器正在监听端口 ${PORT}');
```

```
        });
    }

    function stopServer() {
        if (server) {
            server.close(() => {
                console.log('服务器已关闭');
            });
        } else {
            console.log('服务器未启动或已关闭');
        }
    }

    startServer(); // 启动服务器
    setTimeout(stopServer, 5000); // 5秒后关闭服务器（仅作为示例）
```

4）小结

这个练习展示了如何优雅地关闭服务器，确保所有的资源都被正确释放。

10.6 本章小结

Node.js是面向网络的平台，非常适合用来构建网络服务。

Node.js支持常见的网络协议，例如TCP、UDP、HTTP、HTTPS、WebSocket等。本章着重介绍Node.js基于TCP的网络编程，首先介绍了TCP以及Socket的基本概念；然后介绍了如何使用Node.js的net模块来创建一个TCP服务器；接着探讨了如何监听连接、发送和接收数据，以及如何在完成操作后关闭服务器；最后通过实战示例，展示了如何将这些概念应用到实际项目中。掌握这些知识将使我们能够构建稳定、高效的网络应用程序，并充分利用Node.js的强大功能。

第 11 章

UDP

UDP（User Datagram Protocol，用户数据报协议）是一种无连接的传输层协议，不保证数据包的顺序或可靠性，但具有较低的延迟和较高的效率。在本章中，我们将介绍UDP的基本概念，以及创建UDP服务器、监听连接、发送和接收数据、关闭UDP服务器的方法。

11.1 创建 UDP 服务器

UDP是OSI参考模型中的一种无连接的传输层协议，提供面向事务的简单不可靠信息传送服务。本节先介绍UDP的概念，然后介绍TCP和UDP的区别，最后介绍如何在Node.js中创建UDP服务器。

11.1.1 了解UDP

UDP的正式规范是IETF RFC 768（https://tools.ietf.org/html/rfc768）。UDP在IP报文的协议号是17。

在网络中，UDP与TCP一样用于处理数据包，是一种无连接的协议。在OSI（开放系统互连）模型中，UDP第四层传输层，处于IP（网际协议）的上一层。

UDP有不提供数据包分组、组装和排序的缺点，也就是说，当报文发送之后，是无法得知其是否安全且完整到达的。UDP用来支持那些需要在计算机之间传输数据的网络应用。包括网络视频会议系统在内的众多的CS模式的网络应用都需要使用UDP。UDP从问世至今已被使用了很多年，虽然其最初的光彩已经被一些类似协议掩盖，但它在今天仍然不失为一项非常实用和可行的网络传输层协议。

与我们熟知的TCP一样，UDP直接位于IP协议的顶层。根据OSI参考模型，UDP和TCP都属于传输层协议。UDP的主要作用是将网络数据流量压缩成数据包的形式。一个典型的数据包就是一个二进制数据的传输单位。每一个数据包的前8字节用来包含报头信息，剩余字节则用来包含具体的传输数据。

在Node.js中是使用dgram.Socket类来对UDP端点进行抽象。

11.1.2 TCP与UDP的区别

TCP与UDP区别总结如下：

- TCP是面向连接的（如打电话要先拨号再建立连接）；而UDP是无连接的，即发送数据之前不需要建立连接。
- TCP提供可靠的服务，也就是说，通过TCP连接传送的数据，无差错，不丢失，不重复，且按序到达；UDP是尽最大努力交付，即不保证可靠交付。
- TCP通过校验和、重传控制、序号标识、滑动窗口、确认应答实现可靠传输，如丢包时的重发控制；还可以对次序乱掉的分包进行顺序控制。
- UDP具有较好的实时性，工作效率比TCP高，适用于对传输速率和实时性有较高要求的通信或广播通信。
- 每一条TCP连接只能是点到点的；而UDP支持一对一、一对多、多对一和多对多等多重交互方式。
- TCP对系统资源要求较多，UDP对系统资源要求较少。

11.1.3 实战：创建UDP服务器

在Node.js中，node:dgram模块承担了UDP的实现功能。下面示例用来创建UDP服务器：

```
const dgram = require('node:dgram');
const server = dgram.createSocket('udp4');

server.on('error', (err) => {
  console.log(`服务器错误:\n${err.stack}`);
  server.close();
});

server.on('message', (msg, rinfo) => {
  console.log(`服务器从${rinfo.address}:${rinfo.port}接收到消息: ${msg}`);
});

server.on('listening', () => {
  const address = server.address();
  console.log(`服务器监听 ${address.address}:${address.port}`);
});

server.bind(41234); // 输出为：服务器监听 0.0.0.0:41234
```

在上述例子中，dgram.createSocket()方法用于创建UDP服务器。其中，参数udp4是指使用的是IPv4。如果想指定使用IPv6，则可以设置参数为udp6。server.bind()方法用于绑定指定的端口号。

执行下面的命令以启动服务器：

```
node create-socket.js
```

服务器启动后，可以在控制台看到如下输出内容：

```
服务器监听 0.0.0.0:41234
```

本节例子可以在本书配套资源中的"dgram-demo/create-socket.js"文件中找到。

11.2 监听连接

Node.js通过listening事件来监听连接。只要套接字开始监听数据报消息，就会触发listening事件。只要创建UDP套接字，就会发生这种情况。

示例如下：

```
const dgram = require('node:dgram');
const server = dgram.createSocket('udp4');
// ...
server.on('listening', () => {
  const address = server.address();
  console.log('服务器监听 ${address.address}:${address.port}');
});

server.bind(41234); // 输出为：服务器监听 0.0.0.0:41234
```

在上述例子中，只要server成功绑定了端口，就说明已经创建了UDP的套接字，此时就会触发listening事件。

server.address()方法用于获取server所使用的地址。

11.3 发送和接收数据

Node.js通过message事件来接收数据，通过socket.send()方法来发送数据。

11.3.1 message事件

当有新的数据包被socket接收时，message事件会被触发。该事件会将msg和rinfo作为参数传递到处理函数中。其中：

- msg <Buffer>：接收到的消息。
- rinfo <Object>：远程地址信息，通常具有以下属性。
  ◆ address <string>：发送方地址。

- family <string>：地址类型，可以是IPv4或者IPv6。
- port <number>：发送者端口号。
- size <number>：消息大小。

以下是一个message事件监听示例：

```
server.on('message', (msg, rinfo) => {
  console.log('服务器从${rinfo.address}:${rinfo.port}接收到消息: ${msg}');
  console.log('地址类型是${rinfo.family}，消息大小是${rinfo.size}');
});
```

11.3.2 socket.send()方法

socket.send(msg[, offset, length][, port][, address][, callback])方法用于在套接字上广播数据报。对于无连接套接字，必须指定目标端口和地址。另外，连接的套接字将使用其关联的远程端点，因此不能设置端口和地址参数。该方法的参数说明如下：

- msg参数包含要发送的消息，根据其类型，可以应用不同的行为。如果msg是Buffer或Uint8Array，则offset和length分别指定消息开始的Buffer内的偏移量和消息中的字节数。如果msg是一个String，那么它会自动转换为带有UTF-8编码的Buffer。对于包含多字节字符的消息，将根据字节长度而不是字符位置计算偏移量和长度。如果msg是数组，则不能指定偏移量和长度。
- address参数是一个字符串。如果address的值是主机名，则DNS将用于解析主机的地址。如果未提供地址或其他方法，则默认情况下将使用"127.0.0.1"（对于IPv4套接字）或":: 1"（对于IPv6套接字）。
- 如果套接字在调用bind前来进行绑定，则为套接字分配一个随机端口号，并将其绑定到"所有接口"地址（对于IPv4套接字为"127.0.0.1"，对于IPv6套接字为":: 1"）。
- 可以指定可选的回调函数，用来报告DNS错误或确定何时重用buf对象是安全的。注意，DNS查找会延迟至少一个Node.js事件循环的时间。确定数据报已被发送的唯一方法是使用回调。如果发生错误并给出回调，则错误将作为第一个参数传递给回调。如果未给出回调，则错误将作为套接字对象上的error事件发出。
- offset和length是可选的，但如果使用任何一个，则两个都必须设置。仅当第一个参数是Buffer或Uint8Array时才支持它们。

将UDP数据包发送到localhost上的端口的示例如下：

```
const dgram = require('node:dgram');
const message = Buffer.from('Some bytes');
const client = dgram.createSocket('udp4');

client.send(message, 41234, 'localhost', (err) => {
  client.close();
});
```

将由多个缓冲区组成的UDP数据包发送到127.0.0.1上的端口的示例如下:

```
const dgram = require('node:dgram');
const buf1 = Buffer.from('Some ');
const buf2 = Buffer.from('bytes');
const client = dgram.createSocket('udp4');

// 多个缓冲区组成的UDP数据包
client.send([buf1, buf2], 41234, (err) => {
  client.close();
});
```

根据应用程序和操作系统的不同,发送由多个缓冲区组成的UDP数据包的速度可能会更快,也可能会更慢。但是,一般来说,发送由多个缓冲区组成的UDP数据包的速度更快。这个需要根据自身项目的实际情况进行测试才能准确评估。

使用连接到localhost的端口上的套接字发送UDP数据包的示例如下:

```
const dgram = require('node:dgram');
const message = Buffer.from('Some bytes');
const client = dgram.createSocket('udp4');

client.connect(41234, 'localhost', (err) => {
  client.send(message, (err) => {
    client.close();
  });
});
```

11.4 关闭 UDP 服务器

Node.js使用socket.close()方法来关闭套接字。关闭后,会触发close事件。该事件触发后,此套接字上就不会发出新的message事件。

观察下面的示例:

```
const dgram = require('node:dgram');
const server = dgram.createSocket('udp4');

server.on('error', (err) => {
  console.log('服务器错误:\n${err.stack}');
  server.close();
});

server.on('close', () => {
  console.log('服务器触发close事件');
});

server.on('message', (msg, rinfo) => {
  console.log('服务器从${rinfo.address}:${rinfo.port}接收到消息: ${msg}');
  console.log('地址类型是${rinfo.family},消息大小是${rinfo.size}');
```

```
});
server.on('listening', () => {
  const address = server.address();
  console.log('服务器监听 ${address.address}:${address.port}');
});
server.bind(41234); // 输出为：服务器监听 0.0.0.0:41234

// 2秒后执行close方法
setInterval(() => {
  server.close();
}, 2000
)
```

在上述例子中，服务器成功启动2秒之后，会主动调用server.close()，并触发close事件。控制台输出如下：

```
服务器监听 0.0.0.0:41234
服务器触发close事件
```

本节例子可以在本书配套资源中的"dgram-demo/socket-close.js"文件中找到。

11.5　实战：UDP服务器通信

为了演示UDP服务器通信的功能，我们构建了服务器和客户端两个程序。当服务器启动之后，客户端可以给服务器发送消息；同时，服务器也可以发回消息给客户端。

11.5.1　UDP服务器

UDP服务器的示例代码如下：

```
const dgram = require('node:dgram');
const server = dgram.createSocket('udp4');

server.on('error', (err) => {
  console.log('服务器错误:\n${err.stack}');
  server.close();
});

server.on('close', () => {
  console.log('服务器触发close事件');
});

server.on('message', (msg, rinfo) => {
  console.log('服务器从${rinfo.address}:${rinfo.port}接收到消息: ${msg}');
  console.log('地址类型是${rinfo.family}，消息大小是${rinfo.size}');
```

```
  server.send(msg + " too!", rinfo.port, rinfo.address );
});

server.on('listening', () => {
  const address = server.address();
  console.log('服务器监听 ${address.address}:${address.port}');
});

server.bind(41234); // 输出为：服务器监听 0.0.0.0:41234
```

上述代码实现了将接收到的客户端消息加上"too!"文本内容后，再发送回客户端的功能。

11.5.2　UDP客户端

UDP客户端的示例代码如下：

```
const dgram = require('node:dgram');
const message = Buffer.from('i love u');
const client = dgram.createSocket('udp4');

client.on('message', (msg, rinfo) => {
  console.log('客户端从${rinfo.address}:${rinfo.port}接收到消息：${msg}');
  console.log('地址类型是${rinfo.family}，消息大小是${rinfo.size}');
});

// 每隔2秒执行一次
setInterval(() => {
  client.send(message, 41234, 'localhost');
}, 2000
)
```

上述代码实现了当客户端启动后，每隔2秒就会向服务器发送"i love u"文本内容，同时等待接收服务器发送回客户端的内容。

11.5.3　运行应用

首先启动服务器，然后启动客户端，可以看到服务端输出如下内容：

```
node upd-server
服务器监听 0.0.0.0:41234
服务器从127.0.0.1:58721接收到消息：i love u
地址类型是IPv4，消息大小是8
服务器从127.0.0.1:58721接收到消息：i love u
地址类型是IPv4，消息大小是8
...
```

同时，也可以看到客户端输出如下内容：

```
node upd-client
客户端从127.0.0.1:41234接收到消息：i love u too!
```

```
地址类型是IPv4，消息大小是13
客户端从127.0.0.1:41234接收到消息：i love u too!
地址类型是IPv4，消息大小是13
...
```

本节例子可以在本书配套资源中的"dgram-demo/upd-server.js"和"dgram-demo/upd-client.js"文件中找到。

11.6 上机演练

练习一：创建 UDP 服务器

1）任务要求

使用Node.js的dgram模块创建一个UDP服务器，监听指定端口。

2）参考操作步骤

（1）导入dgram模块。

（2）使用dgram.createSocket()方法创建一个UDP服务器。

（3）为服务器添加一个message事件处理程序，用于接收客户端发送的数据。

（4）调用socket.on('listening')来确认服务器已开始监听。

（5）使用socket.bind()方法将服务器绑定到指定端口。

3）参考示例代码

```javascript
// 导入dgram模块
const dgram = require('node:dgram');
// 创建UDP服务器
const server = dgram.createSocket('udp4');
// 当服务器接收到数据时的处理逻辑
server.on('message', (msg, rinfo) => {
    console.log('服务器收到消息: ${msg} 来自 ${rinfo.address}:${rinfo.port}');
});
// 服务器开始监听后触发
server.on('listening', () => {
    const address = server.address();
    console.log('服务器正在监听 ${address.address}:${address.port}');
});
// 将服务器绑定到指定端口
server.bind(8080);
```

4）小结

这个练习展示了如何使用Node.js的dgram模块创建一个简单的UDP服务器。关键步骤包括使用dgram.createSocket()创建服务器实例，绑定到指定端口，并设置message事件处理函数来监听客户端发送的数据。通过这个练习，可以理解UDP服务器的基本结构和如何接收数据。

练习二：发送和接收数据

1）任务要求

实现在UDP服务器和客户端之间发送和接收数据的功能。

2）参考操作步骤

（1）在UDP服务器中，使用socket.send()方法向客户端发送数据。
（2）在UDP客户端中，使用dgram.createSocket()方法创建一个UDP客户端。
（3）使用client.send()方法向服务器发送数据。
（4）在客户端添加message事件处理程序，用于接收服务器发送的数据。

3）参考示例代码

UDP服务器（修改后的服务器代码）：

```
// 向客户端发送数据
server.send('Hello UDP Client', 8080, 'localhost', (err) => {
    if (err) throw err;
    console.log('服务器发送数据');
});
```

UDP客户端：

```
const dgram = require('dgram');

// 创建UDP客户端
const client = dgram.createSocket('udp4');

// 向服务器发送数据
client.send('Hello UDP Server', 8080, 'localhost');

// 接收服务器发送的数据
client.on('message', (msg, rinfo) => {
    console.log('客户端收到消息：${msg} 来自 ${rinfo.address}:${rinfo.port}');
});
```

4）小结

在这个练习中，我们扩展了UDP服务器的功能，使其能够向客户端发送数据，并创建了一个UDP客户端来与服务器交互。服务器使用socket.send()方法发送数据，而客户端使用client.send()方法发送数据。客户端还设置了message事件处理函数来接收服务器发送的数据。这个练习展示了UDP通信的双向性质和如何在Node.js中实现它。

练习三：关闭 UDP 服务器

1）任务要求

实现关闭UDP服务器的功能。

2)参考操作步骤

（1）创建一个函数来关闭服务器。
（2）在该函数中调用socket.close()方法关闭服务器。
（3）可以在需要的时候调用这个函数来关闭服务器。

3）参考示例代码

```
// 关闭UDP服务器的函数
function closeServer() {
    server.close((err) => {
        if (err) throw err;
        console.log('服务器已关闭');
    });
}

// 在需要的时候调用这个函数来关闭服务器
setTimeout(closeServer, 5000); // 5秒后关闭服务器（仅作为示例）
```

4）小结

这个练习演示了如何优雅地关闭UDP服务器。我们定义了一个closeServer()函数，该函数使用socket.close()方法来关闭服务器。此外，我们使用了setTimeout()函数在特定延迟后自动关闭服务器，展示了如何在实际应用中安全地管理资源。这个练习强调了在完成数据传输后正确关闭服务器的重要性，以避免资源泄漏和其他潜在问题。

11.7 本章小结

本章着重介绍了Node.js基于UDP的网络编程。首先介绍了UDP的相关概念及其与TCP的区别；然后介绍了如何创建一个UDP服务器，包括监听连接、发送和接收数据以及关闭服务器的过程；最后通过一个实战案例来加深对UDP的理解。通过学习本章内容，读者能够使用Node.js轻松地构建基于UDP的网络应用程序。

第 12 章

HTTP

HTTP是伴随万维网而产生的传送协议,用于将服务器超文本传输到本地浏览器。目前,主流的互联网应用都采用HTTP来发布REST API,实现客户端与服务器的轻松互联。

在Node.js中,http模块提供了创建HTTP服务器和处理HTTP请求的功能。本章将详细介绍如何使用Node.js的http模块来创建HTTP服务器、处理HTTP常用操作、理解请求对象和响应对象的概念,还将探讨REST概述、成熟度模型,并通过实战案例来构建一个简单的REST服务。

12.1 创建 HTTP 服务器

在Node.js中,要使用HTTP服务器和客户端,可以使用node:http模块,用法如下:

```
const http = require('node:http');
```

Node.js中的HTTP接口旨在支持许多传统上难以使用的协议特性,特别是大块的、可能采用块编码的消息。此接口永远不会缓冲整个请求或响应,用户能够流式传输数据。

12.1.1 使用http.Server类创建服务器

HTTP服务器主要由http.Server类来提供功能。该类继承自net.Server,因此具有很多net.Server的方法和事件。示例如下:

```
const http = require('node:http');

const hostname = '127.0.0.1';
const port = 8080;

const server = http.createServer((req, res) => {
  res.statusCode = 200;
  res.setHeader('Content-Type', 'text/plain');
  res.end('Hello World\n');
```

```
});
server.listen(port, hostname, () => {
  console.log('服务器运行在 http://${hostname}:${port}/');
});
```

在上述代码中：

- http.createServer()创建了HTTP服务器。
- server.listen()方法用于指定服务器启动时所要绑定的端口。
- res.end()方法用于响应内容给客户端。当客户端访问服务器时，服务器将返回"Hello World"文本内容给客户端。

在浏览器中访问http://127.0.0.1:8080/时，返回的界面内容如图12-1所示。

图 12-1　Hello World 程序

本节例子可以在本书配套资源中的"http-demo/hello-world.js"文件中找到。

12.1.2　http.Server事件

相比于net.Server，http.Server还具有以下事件。

1. checkContinue 事件

每次收到"HTTP Expect: 100-continue"的请求时都会触发该事件。如果未监听此事件，则服务器将自动响应"100 Continue"。

处理此事件时，如果客户端应继续发送请求主体，则调用response.writeContinue()方法；如果客户端不应继续发送请求主体，则生成适当的HTTP响应（例如400 Bad Request）。

> **注意**　在触发和处理此事件时，不会触发request事件。

2. checkExpectation 事件

每次收到带有"HTTP Expect"请求头的请求时触发该事件，其中值不是100-continue。如果未监听此事件，则服务器将根据需要自动响应"417 Expectation Failed"。

> **注意**　在触发和处理此事件时，不会触发request事件。

3. clientError 事件

如果客户端连接触发error事件，则会在此处触发clientError事件。此事件的监听器负责关闭或者销毁底层套接字。例如，人们可能希望使用自定义HTTP响应更优雅地关闭套接字，而不是突然切断连接。

默认行为是尝试使用HTTP的"400 Bad Request"来关闭套接字，或者在HPE_HEADER_OVERFLOW错误的情况下尝试使用"431 Request Header Fields Too Large"来关闭HTTP。如果套接字不可写，则会立即销毁。

以下是一个监听的示例：

```
const http = require('node:http');

const server = http.createServer((req, res) => {
  res.end();
});
server.on('clientError', (err, socket) => {
  socket.end('HTTP/1.1 400 Bad Request\r\n\r\n');
});
server.listen(8000);
```

当clientError事件发生时，由于没有请求或响应对象，因此必须将发送的任何HTTP响应（包括响应头和有效负载）直接写入socket对象。注意，必须确保响应是格式正确的HTTP响应消息。

4. close 事件

服务器关闭时触发close事件。

5. connect 事件

该事件每次在客户端请求HTTP CONNECT方法时触发。如果未监听此事件，则请求CONNECT方法的客户端将关闭其连接。

触发此事件后，请求的套接字将没有data事件监听器，这意味着它需要绑定才能处理发送到该套接字上的服务器数据。

6. connection 事件

建立新的TCP流时会触发此事件。socket通常是net.Socket类型的对象。通常用户不需要处理和访问该事件。

用户也可以显式发出此事件，以将连接注入HTTP服务器。在这种情况下，可以传递任何双工流。

如果在此处调用socket.setTimeout()，则当套接字已提供请求时（server.keepAliveTimeout为非零），超时将被server.keepAliveTimeout替换。

7. request 事件

每次有请求时都会发出该事件。注意，在HTTP Keep-Alive连接的情况下，每个连接可能会有多个请求。

8. upgrade 事件

每次客户端请求HTTP升级时都发出该事件。收听此事件是可选的,客户端无法更改协议。发出此事件后,请求的套接字将没有data事件监听器,这意味着它需要绑定才能处理发送到该套接字上的服务器数据。

12.2 处理 HTTP 的常用操作

处理HTTP的常用操作包括GET、POST、PUT、DELETE等。在Node.js中,这些操作方法被定义在http.request()方法的请求参数中。示例如下:

```
const http = require('node:http');

const req = http.request({
  host: '127.0.0.1',
  port: 8080,
  method: 'POST' // POST操作
}, (res) => {
  res.resume();
  res.on('end', () => {
      console.log('请求完成!');
  });
});
```

在上述示例中,method的值是POST,意味着http.request()方法将发送POST请求操作。method的默认值是GET。

12.3 请求对象和响应对象

在Node.js中,HTTP的请求对象和响应对象被定义在http.ClientRequest和http.ServerResponse类中。

12.3.1 http.ClientRequest类

http.ClientRequest对象是由http.request()内部创建并返回的,表示正在进行的请求,且其请求头已进入队列。请求头仍然可以使用setHeader(name, value)、getHeader(name)或removeHeader(name)改变。实际的请求头将与第一个数据块一起发送,或者调用request.end()时发送。

以下是创建http.ClientRequest对象req的示例:

```
const http = require('node:http');
const req = http.request({
  host: '127.0.0.1',
  port: 8080,
  method: 'POST' // POST操作
}, (res) => {
  res.resume();
  res.on('end', () => {
     console.info('请求完成！');
  });
});
```

要获得响应，则需为请求对象添加response事件监听器。当接收到响应头时，将会从请求对象触发response事件。response事件执行时有一个参数，该参数是http.IncomingMessage的实例。

在response事件期间，可以添加监听器到响应对象，比如监听data事件。如果没有添加response事件处理函数，则响应将被完全丢弃。如果添加了response事件处理函数，则必须消费完响应对象中的数据。每当有readable事件时，会调用response.read()方法，或添加data事件处理函数，或调用.resume()方法。在消费完数据之前，不会触发end事件。此外，在读取数据之前，未消费的数据将占用内存，最终可能导致进程内存不足的错误。

Node.js不检查Content-Length和已传输的主体的长度是否相等。

http.ClientRequest继承自Stream，并另外实现以下内容。

1. 终止请求

request.abort()方法用于将请求标记为终止。调用此方法将导致响应中剩余的数据被丢弃，并且套接字被销毁。

当请求被客户端终止时，可以触发abort事件。此事件仅在第一次调用abort()方法时触发。

2. connect 事件

每次服务器使用CONNECT方法响应请求时将触发connect事件。如果未监听此事件，则接收CONNECT方法的客户端将关闭连接。

下面示例演示了如何监听connect事件：

```
const http = require('node:http');
const net = require('node:net');
const url = require('node:url');
// 创建HTTP代理服务器
const proxy = http.createServer((req, res) => {
  res.writeHead(200, { 'Content-Type': 'text/plain' });
  res.end('okay');
});
proxy.on('connect', (req, cltSocket, head) => {
  // 连接到原始服务器
  const srvUrl = url.parse('http://${req.url}');
  const srvSocket = net.connect(srvUrl.port, srvUrl.hostname, () => {
    cltSocket.write('HTTP/1.1 200 Connection Established\r\n' +
```

```
                    'Proxy-agent: Node.js-Proxy\r\n' + '\r\n');
    srvSocket.write(head);
    srvSocket.pipe(cltSocket);
    cltSocket.pipe(srvSocket);
  });
});

// 代理服务器运行
proxy.listen(1337, '127.0.0.1', () => {
  // 创建一个到代理服务器的请求
  const options = {
    port: 1337,
    host: '127.0.0.1',
    method: 'CONNECT',
    path: 'www.google.com:80'
  };

  const req = http.request(options);
  req.end();

  req.on('connect', (res, socket, head) => {
    console.log('got connected!');

    // 创建请求
    socket.write('GET / HTTP/1.1\r\n' +
                 'Host: www.google.com:80\r\n' +
                 'Connection: close\r\n' +
                 '\r\n');
    socket.on('data', (chunk) => {
      console.log(chunk.toString());
    });
    socket.on('end', () => {
      proxy.close();
    });
  });
});
```

3. information 事件

服务器发送1xx响应（不包括101 Upgrade）时触发该事件。该事件的监听器将接收包含状态代码的对象。

以下是使用information事件的示例：

```
const http = require('node:http');

const options = {
  host: '127.0.0.1',
  port: 8080,
  path: '/length_request'
};

// 创建请求
const req = http.request(options);
```

```
  req.end();

  req.on('information', (info) => {
    console.log(`Got information prior to main response: ${info.statusCode}`);
  });
```

101 Upgrade状态不会触发information事件，是因为它们与传统的HTTP请求/响应链断开了，例如在WebSocket中HTTP升级为TLS或HTTP 2.0。如果想要接收101 Upgrade的通知，需要额外监听upgrade事件。

4. upgrade 事件

每次服务器响应升级请求时触发该事件。如果未监听此事件且响应状态代码为101 Switching Protocols，则接收升级标头的客户端将关闭连接。

以下是使用upgrade事件的示例：

```
const http = require('node:http');

// 创建一个HTTP服务器
const srv = http.createServer((req, res) => {
  res.writeHead(200, { 'Content-Type': 'text/plain' });
  res.end('okay');
});
srv.on('upgrade', (req, socket, head) => {
  socket.write('HTTP/1.1 101 Web Socket Protocol Handshake\r\n' +
               'Upgrade: WebSocket\r\n' +
               'Connection: Upgrade\r\n' +
               '\r\n');

  socket.pipe(socket);
});

// 服务器运行
srv.listen(1337, '127.0.0.1', () => {

  // 请求参数
  const options = {
    port: 1337,
    host: '127.0.0.1',
    headers: {
      'Connection': 'Upgrade',
      'Upgrade': 'websocket'
    }
  };

  const req = http.request(options);
  req.end();

  req.on('upgrade', (res, socket, upgradeHead) => {
    console.log('got upgraded!');
    socket.end();
    process.exit(0);
  });
});
```

5. request.end

request.end([data[, encoding]][, callback])方法用于完成发送请求。如果部分请求主体还未发送，则将它们刷新到流中；如果请求被分块，则发送终止符"0"。

如果指定了data，则相当于先调用request.write(data, encoding)再调用request.end(callback)。

如果指定了callback，则在请求流完成时调用它。

6. request.setHeader

request.setHeader(name, value)方法为请求头对象设置单个请求头的值。如果此请求头已存在于待发送的请求头中，则其值将被替换。这里可以使用字符串数组来发送具有相同名称的多个请求头，非字符串值将被原样保存。因此，request.getHeader()可能会返回非字符串值。但是，非字符串值将转换为字符串以进行网络传输。

以下是该方法的使用示例：

```
request.setHeader('Content-Type', 'application/json');
request.setHeader('Cookie', ['type=ninja', 'language=javascript']);
```

7. request.write

request.write(chunk[, encoding][, callback])方法用于发送一个请求主体的数据块。通过多次调用此方法，可以将请求主体发送到服务器。在这种情况下，建议在创建请求时使用['Transfer-Encoding', 'chunked']请求头行。其中：

- encoding参数是可选的，仅当chunk是字符串时才适用。默认值为utf8。
- callback参数是可选的，当刷新此数据块时调用，但仅当数据块非空时才会调用。

如果将整个数据成功刷新到内核缓冲区，则返回true；如果全部或部分数据在用户内存中排队，则返回false。当缓冲区再次空闲时，触发drain事件。

当使用空字符串或buffer调用write()函数时，则什么也不做且等待更多输入。

12.3.2　http.ServerResponse类

http.ServerResponse对象由HTTP服务器在内部创建，而不是由用户创建。它作为第二个参数传给request事件。

ServerResponse继承自Stream，并额外实现以下内容。

1. close 事件

该事件用于表示底层连接已终止。

2. finish 事件

在响应发送后触发该事件。更具体地说，当响应头和主体的最后一段已经切换到操作系统以通过网络传输时，触发该事件。但这并不意味着客户端已收到任何信息。

3. response.addTrailers

response.addTrailers(headers)方法用于将HTTP尾部响应头（一种在消息末尾的响应头）添加到响应中。只有在使用分块编码进行响应时才会发出尾部响应头；如果不是（例如，请求是HTTP/1.0），它们将默认被丢弃。

注意，HTTP需要发送Trailer响应头才能发出尾部响应头，并在其值中包含响应头字段列表。例如：

```
response.writeHead(200, { 'Content-Type': 'text/plain',
                          'Trailer': 'Content-MD5' });
response.write(fileData);
response.addTrailers({ 'Content-MD5': '7895bf4b8828b55ceaf47747b4bca667' });
response.end();
```

尝试设置包含无效字符的响应头字段名称或值，将导致抛出TypeError。

4. response.end

response.end([data][, encoding][, callback])方法用于向服务器发出信号，表示已发送所有响应标头和正文；该服务器应该考虑此消息的完成。必须在每个响应上调用response.end()方法。

如果指定了data，则它实际上类似于先调用response.write(data, encoding)方法，再调用response.end()方法。

如果指定了callback，则在响应流完成时调用它。

5. response.getHeader

response.getHeader(name)方法用于读出已排队但未发送到客户端的响应头。需要注意的是，该名称不区分大小写。返回值的类型取决于提供给response.setHeader()的参数。

示例如下：

```
response.setHeader('Content-Type', 'text/html');
response.setHeader('Content-Length', Buffer.byteLength(body));
response.setHeader('Set-Cookie', ['type=ninja', 'language=javascript']);

const contentType = response.getHeader('content-type'); // contentType是
'text/html'

const contentLength = response.getHeader('Content-Length');// contentLength的类型为数值

const setCookie = response.getHeader('set-cookie');// setCookie的类型为字符串数组
```

6. response.getHeaderNames

该方法返回一个数组，其中包含当前传出的响应头的唯一名称。所有响应头名称都是小写的。

示例如下：

```
response.setHeader('Foo', 'bar');
response.setHeader('Set-Cookie', ['foo=bar', 'bar=baz']);
```

```
        const headerNames = response.getHeaderNames();// headerNames === ['foo', 'set-
cookie']
```

7. response.getHeaders

该方法用于返回当前传出的响应头的浅拷贝。由于是浅拷贝，因此可以更改数组的值而无须额外调用各种与响应头相关的node:http模块方法。返回对象的键是响应头名称，值是各自的响应头值。所有响应头名称都是小写的。

response.getHeaders方法返回的对象不是从JavaScript Object原型继承的。这意味着典型的Object方法，如obj.toString()、obj.hasOwnProperty()等都没有定义，并且不起作用。

示例如下：

```
response.setHeader('Foo', 'bar');
response.setHeader('Set-Cookie', ['foo=bar', 'bar=baz']);

const headers = response.getHeaders();
// headers === { foo: 'bar', 'set-cookie': ['foo=bar', 'bar=baz'] }
```

8. response.setTimeout

response.setTimeout(msecs[, callback])方法用于将套接字的超时值设置为msecs。

如果提供了callback，则会将它作为监听器添加到响应对象上的timeout事件中。

如果没有timeout监听器添加到请求、响应或服务器，则套接字将在超时时被销毁。如果有回调处理函数分配给请求、响应或服务器的timeout事件，则必须显式处理超时的套接字。

9. response.socket

该方法用于指向底层的套接字。通常用户不需要访问此套接字。由于协议解析器是与套接字绑定的方式，因此访问套接字将不会触发readable事件。在调用response.end()之后，此套接字将为空。也可以通过response.connection来访问socket。

示例如下：

```
const http = require('node:http');

const server = http.createServer((req, res) => {
  const ip = res.socket.remoteAddress;
  const port = res.socket.remotePort;
  res.end(`你的IP地址是 ${ip}，端口是 ${port}`);
}).listen(3000);
```

10. response.write

如果调用response.write(chunk[, encoding][, callback])方法时尚未调用response.writeHead()，则将切换到隐式响应头模式并刷新隐式响应头。这会发送一块响应主体。可以多次调用该方法以提供连续的响应主体片段。

需要注意的是，在node:http模块中，当请求是HEAD时，省略响应主体。同样地，204和304响应不得包含消息主体。

chunk可以是字符串或Buffer。如果chunk是一个字符串，则第二个参数指定如何将其编码为字节流。当刷新此数据块时将调用callback。

第一次调用response.write()时，它会将缓冲的响应头信息和主体的第一个数据块发送给客户端。第二次调用response.write()时，Node.js假定数据将被流式传输，并分别发送新数据。也就是说，响应被缓冲到主体的第一个数据块。

如果将整个数据成功刷新到内核缓冲区，则返回true；如果全部或部分数据在用户内存中排队，则返回false。当缓冲区再次空闲时，触发drain事件。

12.4 REST 概述

以HTTP为主的网络通信应用广泛，特别是REST（representational state transfer，表述性状态转移）风格（RESTful）的API，具有平台无关性、语言无关性等特点，在互联网应用、Cloud Native架构中成为主要的通信协议。那么，到底什么样的HTTP算是REST呢？本节将介绍REST的概念、成熟度模型，以及如何在Node.js中构建REST服务。

12.4.1 REST定义

一说到REST，很多人的第一反应就是这是前端请求后台的一种通信方式，甚至有人将REST和RPC混为一谈，认为两者都是基于HTTP的。实际上，很少有人能详细讲述REST所提出的各个约束、风格特点及搭建REST服务的方法。

REST描述了一个架构样式的网络系统，如Web应用程序。它于2000年在Roy Fielding的博士论文 *Architectural Styles and the Design of Network-based Software Architectures* 中首次出现。Roy Fielding是HTTP规范的主要编写者之一，也是Apache HTTP服务器项目的共同创立者。因此，这篇文章一经发表，就引起了极大的反响。很多公司或组织都宣称自己的应用服务实现了REST API。但该论文实际上只是描述了一种架构风格，并未对具体的实现做出规范，所以各大厂商中不免存在浑水摸鱼或"挂羊头卖狗肉"的误用和滥用。在这种背景下，Roy Fielding不得不再次发文澄清，坦言了他的失望，并对SocialSite REST API提出了批评。同时他还指出，除非应用状态引擎是超文本驱动的，否则就不是REST或REST API。据此，他给出了REST API应该具备的条件。

（1）REST API不应该依赖于任何通信协议，尽管要成功映射到某个协议可能会依赖于元数据的可用性、所选的方法等。

（2）REST API不应该包含对通信协议的任何改动，除非是补充或确定标准协议中未规定的部分。

（3）REST API应该将大部分的描述工作放在定义表示资源和驱动应用状态的媒体类型上，或定义现有标准媒体类型的扩展关系名和（或）支持超文本的标记。

（4）REST API绝不应该定义一个固定的资源名或层次结构（客户端和服务器之间的明显耦合）。

（5）REST API永远不应该有会影响客户端的"类型化"资源。

（6）REST API不应该要求有先验知识（prior knowledge），除了初始URI和适合目标用户的一组标准化的媒体类型外（即它能被任何潜在使用该API的客户端理解）。

12.4.2　REST设计原则

REST指的是一组架构约束条件和原则。满足这些约束条件和原则的应用程序或设计就是REST。相较于基于SOAP和WSDL的Web服务，REST模式提供了更为简洁的实现方案。REST Web服务（RESTful Web Services）是松耦合的，特别适用于为客户创建在互联网传播的轻量级的Web服务API。REST应用是以"资源表述的转移"（the transfer of representations of resources）为中心来做请求和响应的。数据和功能均被视为资源，并使用统一的资源标识符（URI）来访问。

网页中的链接就是典型的URI。该资源由文档表述，并通过一组简单的、定义明确的操作来执行。例如，一个REST资源可能是一个城市当前的天气情况，该资源的表述可能是一个XML文档、图像文件或HTML页面。客户端可以检索特定表述，通过更新其数据来修改资源，或者完全删除该资源。

目前，越来越多的Web服务开始采用REST风格来设计和实现，生活中比较知名的REST服务包括Google AJAX搜索API、Amazon Simple Storage Service（Amazon S3）等。基于REST的Web服务遵循以下基本设计原则，使RESTful应用更加简单、轻量，开发速度也更快。

（1）通过URI来标识资源。系统中的每一个对象或资源都可以通过唯一的URI来进行寻址。URI的结构应该简单、可预测且易于理解，如定义目录结构式的URI。

（2）统一接口。以遵循RFC-2616 1所定义的协议的方式显式地使用HTTP方法，建立CRUD（Create、Retrieve、Update、Delete，即创建、检索、更新和删除）操作与HTTP方法之间的一对一映射。

（3）若要在服务器上创建资源，则应使用POST方法。

（4）若要检索某个资源，则应使用GET方法。

（5）若要更新或添加资源，则应使用PUT方法。

（6）若要删除某个资源，则应使用DELETE方法。

（7）资源多重表述。URI所访问的每个资源都可以使用不同的形式来表示（如XML或JSON），具体的表现形式取决于访问资源的客户端。客户端与服务提供者使用一种内容协商的机制（请求头与MIME类型）来选择合适的数据格式，最小化彼此之间的数据耦合。在REST的世界中，资源即状态，而互联网就是一个巨大的状态机，每个网页都是它的一个状态；URI是状态的表述；REST风格的应用则是从一个状态迁移到下一个状态的状态转移过程。早期的互联网只有静态页面，通过超链接在静态网页之间跳转的模式就是一种典型的状态转移过程。也就是说，早期的互联网就是天然的REST。

（8）无状态。对服务器端的请求应该是无状态的，完整、独立的请求不要求服务器在处理请求时检索任何类型的应用程序上下文或状态。无状态约束使服务器的变化对客户端是不可见的，因为在两次连续的请求中，客户端并不依赖于同一台服务器。一个客户端从某台服务器上收到一份包含链接的文档，当它要做一些处理时，这台服务器宕掉了——可能是硬盘坏掉而被拿去修理，也可能是软件需要升级重启——如果这个客户端访问了从这台服务器接收的链接，那么它不会察觉到后台的服务器已经改变了。通过超链接实现了有状态交互，即请求消息是自包含的（每次交互都包含完整的信息），有多种技术实现不同请求间状态信息的传输，如URI、cookies和隐藏表单字段等，状态可以嵌入应答消息中，这样一来，状态在接下来的交互中仍然有效。REST风格应用可以实现交互，但它却天然地具有服务器无状态的特征。在状态迁移的过程中，服务器不需要记录任何session，所有的状态都通过URI的形式记录在了客户端。更准确地说，这里的无状态服务器是指服务器不保存会话状态；而资源本身则是天然的状态，通常是需要被保存的。

12.5　成熟度模型

正如前文所述，正确、完整地使用REST是困难的，因为Roy Fielding定义的REST只是一种架构风格，并不是规范，所以也就缺乏可以直接参考的依据。好在Leonard Richardson改进了这方面的不足，他提出的关于REST的成熟度模型将REST的实现划分为不同的等级。图12-2展示了不同等级的成熟度模型。

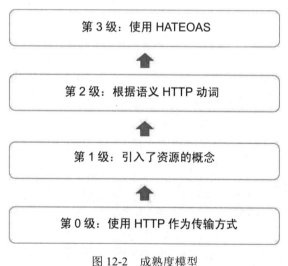

图 12-2　成熟度模型

12.5.1　第0级：使用HTTP作为传输方式

在第0级中，Web服务只是使用HTTP作为传输方式，实际上是远程方法调用（RPC）的一种具体形式。SOAP和XML-RPC都属于此类。

例如，在一个医院挂号系统中，医院会通过某个URI来暴露该挂号服务端点（service endpoint）。然后患者会向该URI发送一个文档作为请求，文档中包含了请求的所有细节。

```
POST /appointmentService HTTP/1.1
```

```
[省略了其他头的信息...]
<openSlotRequest date = "2010-01-04" doctor = "mjones"/>
```

接着服务器会传回一个包含了所需信息的文档：

```
HTTP/1.1 200 OK
[省略了其他头的信息...]

<openSlotList>
  <slot start = "1400" end = "1450">
    <doctor id = "mjones"/>
  </slot>
  <slot start = "1600" end = "1650">
    <doctor id = "mjones"/>
  </slot>
</openSlotList>
```

在这个例子中使用了XML，但实际上可以是任何格式，比如JSON、YAML、键值对等，或者其他自定义的格式。

有了这些信息，下一步就是创建一个预约。这同样可以通过向某个端点发送一个文档来完成。

```
POST /appointmentService HTTP/1.1
[省略了其他头的信息...]

<appointmentRequest>
  <slot doctor = "mjones" start = "1400" end = "1450"/>
  <patient id = "jsmith"/>
</appointmentRequest>
```

如果一切正常，那么我们能够收到一个预约成功的响应：

```
HTTP/1.1 200 OK
[省略了其他头的信息...]

<appointment>
  <slot doctor = "mjones" start = "1400" end = "1450"/>
  <patient id = "jsmith"/>
</appointment>
```

如果发生了问题，比如有人在我们前面预约上了，那么我们会在响应体中收到某种错误信息：

```
HTTP/1.1 200 OK
[省略了其他头的信息...]

<appointmentRequestFailure>
  <slot doctor = "mjones" start = "1400" end = "1450"/>
  <patient id = "jsmith"/>
  <reason>Slot not available</reason>
</appointmentRequestFailure>
```

到目前为止，这都是非常直观的基于RPC风格的系统。它是简单的，因为只有Plain Old XML（POX）在这个过程中被传输。如果使用SOAP或者XML-RPC，原理上也基本相同，唯一的不同是将XML消息包含在了某种特定的格式中。

12.5.2 第1级：引入资源的概念

在第1级中，Web服务引入了资源的概念，每个资源有对应的标识符和表达。相比将所有的请求发送到单个服务端点，现在我们会和单独的资源进行交互。

因此，在我们的首个请求中，对指定医生会有一个对应资源：

```
POST /doctors/mjones HTTP/1.1
[省略了其他头的信息...]
<openSlotRequest date = "2010-01-04"/>
```

响应会包含一些基本信息，但是每个时间窗口作为一个资源，可以被单独处理：

```
HTTP/1.1 200 OK
[省略了其他头的信息...]

<openSlotList>
  <slot id = "1234" doctor = "mjones" start = "1400" end = "1450"/>
  <slot id = "5678" doctor = "mjones" start = "1600" end = "1650"/>
</openSlotList>
```

有了这些资源，创建一个预约就是向某个特定的时间窗口发送请求：

```
POST /slots/1234 HTTP/1.1
[省略了其他头的信息...]

<appointmentRequest>
  <patient id = "jsmith"/>
</appointmentRequest>
```

如果一切顺利，会收到和前面类似的响应：

```
HTTP/1.1 200 OK
[省略了其他头的信息...]

<appointment>
  <slot id = "1234" doctor = "mjones" start = "1400" end = "1450"/>
 <patient id = "jsmith"/>
</appointment>
```

12.5.3 第2级：根据语义使用HTTP动词

在第2级中，Web服务使用不同的HTTP方法来进行不同的操作，并且使用不同的HTTP状态码来表示不同的结果。例如，HTTP GET方法用来获取资源，HTTP DELETE方法用来删除资源。

在医院挂号系统中，获取医生的时间窗口信息意味着需要使用GET。

```
GET /doctors/mjones/slots?date=20100104&status=open HTTP/1.1
Host: royalhope.nhs.uk
```

响应和之前使用POST发送请求时一致：

```
HTTP/1.1 200 OK
[省略了其他头的信息...]

<openSlotList>
  <slot id = "1234" doctor = "mjones" start = "1400" end = "1450"/>
  <slot id = "5678" doctor = "mjones" start = "1600" end = "1650"/>
</openSlotList>
```

像上面那样使用GET来发送一个请求是至关重要的。HTTP将GET定义为一个安全的操作，它不会对任何事物的状态造成影响。这也就允许我们能以不同的顺序若干次调用GET请求，而每次还能够获取相同的结果。一个重要的结论就是它能够允许路由的参与者使用缓存机制，该机制是让目前的Web运转良好的关键因素之一。HTTP包含了许多方法来支持缓存，这些方法可以在通信过程中被所有的参与者使用。通过遵守HTTP的规则，我们可以很好地利用该能力。

为了创建一个预约，我们需要使用一个能够改变状态的HTTP动词POST或者PUT。这里使用一个和前面相同的POST请求：

```
POST /slots/1234 HTTP/1.1
[省略了其他头的信息...]

<appointmentRequest>
  <patient id = "jsmith"/>
</appointmentRequest>
```

如果一切顺利，服务会返回一个201响应来表明新增了一个资源。这是与第1级的POST响应完全不同的。第2级的操作响应都有统一的返回状态码。

```
HTTP/1.1 201 Created
Location: slots/1234/appointment
[省略了其他头的信息...]

<appointment>
  <slot id = "1234" doctor = "mjones" start = "1400" end = "1450"/>
  <patient id = "jsmith"/>
</appointment>
```

在201响应中包含了一个Location属性，它是一个URI。将来客户端可以通过GET请求获取到该资源的状态。以上的响应还包含了该资源的信息，从而省去了一个获取该资源的请求。

当出现问题时，还有一个不同之处，比如某人预约了该时段：

```
HTTP/1.1 409 Conflict
[various headers]

<openSlotList>
  <slot id = "5678" doctor = "mjones" start = "1600" end = "1650"/>
</openSlotList>
```

在上例中，409表明了该资源已经被更新了。相比于使用200作为响应码并附带一个错误信息，在第2级中会更明确地表述响应方式。

12.5.4 第3级：使用HATEOAS

在第3级中，Web服务使用HATEOAS（hypertext as the engine of application state，用超媒体驱动应用状态），在资源的表达中包含了链接信息，客户端可以根据链接来发现可以执行的动作。

从图12-2所示的REST成熟度模型中可以看到，使用HATEOAS的REST服务的成熟度是最高的，也是Roy Fielding所推荐的"超文本驱动"的做法。对于不使用HATEOAS的REST服务，客户端和服务器的实现之间是紧密耦合的。客户端需要根据服务器提供的相关文档来了解所暴露的资源和对应的操作。当服务器发生变化时，如修改了资源的URI，客户端也需要进行相应的修改。而在使用HATEOAS的REST服务中，客户端可以通过服务器提供的资源表达来智能地发现可以执行的操作。当服务器发生变化时，客户端并不需要做出修改，因为资源的URI和其他信息都是动态发现的。

下面是一个使用HATEOAS的例子：

```
{
  "id": 711,
  "manufacturer": "bmw",
  "model": "X5",
  "seats": 5,
  "drivers": [
   {
    "id": "23",
    "name": "Way Lau",
    "links": [
     {
      "rel": "self",
      "href": "/api/v1/drivers/23"
     }
    ]
   }
  ]
}
```

回到医院挂号系统案例中，还是使用在第2级中使用过的GET作为首个请求：

```
GET /doctors/mjones/slots?date=20100104&status=open HTTP/1.1
Host: royalhope.nhs.uk
```

但是响应中添加了一个新元素：

```
HTTP/1.1 200 OK
[省略了其他头的信息...]
<openSlotList>
  <slot id = "1234" doctor = "mjones" start = "1400" end = "1450">
<link rel = "/linkrels/slot/book"  uri = "/slots/1234"/>
 </slot>
  <slot id = "5678" doctor = "mjones" start = "1600" end = "1650">
    <link rel = "/linkrels/slot/book"
```

```
            uri = "/slots/5678"/>
  </slot>
</openSlotList>
```

每个时间窗口信息现在都包含了一个URI，用来告诉我们如何创建一个预约。

超媒体控制（hypermedia control）的关键在于它告诉我们下一步能够做什么，以及相应资源的URI。相比事先就知道去哪个地址发送预约请求，响应中的超媒体控制直接在响应体中告诉了我们如何做。

预约的POST请求和第2级中的类似：

```
POST /slots/1234 HTTP/1.1
[省略了其他头的信息...]

<appointmentRequest>
  <patient id = "jsmith"/>
</appointmentRequest>
```

然后在响应中包含了一系列的超媒体控制，用来告诉我们后面可以进行什么操作：

```
HTTP/1.1 201 Created
Location: http://royalhope.nhs.uk/slots/1234/appointment
[省略了其他头的信息...]

<appointment>
  <slot id = "1234" doctor = "mjones" start = "1400" end = "1450"/>
  <patient id = "jsmith"/>
  <link rel = "/linkrels/appointment/cancel"
      uri = "/slots/1234/appointment"/>
  <link rel = "/linkrels/appointment/addTest"
      uri = "/slots/1234/appointment/tests"/>
  <link rel = "self"
      uri = "/slots/1234/appointment"/>
  <link rel = "/linkrels/appointment/changeTime"
      uri = "/doctors/mjones/slots?date=20100104@status=open"/>
  <link rel = "/linkrels/appointment/updateContactInfo"
      uri = "/patients/jsmith/contactInfo"/>
  <link rel = "/linkrels/help"
      uri = "/help/appointment"/>
</appointment>
```

超媒体控制的一个显著优点在于它能够在保证客户端不受影响的条件下，改变服务器返回的URI方案。只要客户端查询"addTest"这一URI，后台开发团队就可以根据需要随意修改与之对应的URI（除了最初的入口URI不能被修改）。

另一个优点是它能够帮助客户端开发人员进行探索。其中的链接告诉客户端开发人员下面可能需要执行的操作。它并不会告诉所有的信息，但至少提供了一个思考的起点——当有需要时让开发人员去协议文档中查看相应的URI。

同样地，它也让服务器端的团队可以通过向响应中添加新的链接来增加功能。如果客户端开发人员留意到了以前未知的链接，就能够激起他们的探索欲望。

12.6 实战：构建 REST 服务

本节将基于Node.js来实现一个简单的用户管理应用。该应用能够通过REST API来实现用户的新增、修改和删除。

正如在前面几节所介绍的，REST API与HTTP操作之间有一定的映射关系。在本例中，我们将使用POST来新增用户，使用PUT来修改用户，使用DELETE来删除用户。

应用的主流程结构如下：

```
const http = require('node:http');

const hostname = '127.0.0.1';
const port = 8080;

const server = http.createServer((req, res) => {
  req.setEncoding('utf8');
  req.on('data', function (chunk) {
    console.log(req.method + user);

    // 判断不同的方法类型
    switch (req.method) {
      case 'POST':
        // ...
        break;
      case 'PUT':
        // ...
        break;
      case 'DELETE':
        // ...
        break;
    }
  });
});

server.listen(port, hostname, () => {
  console.log('服务器运行在 http://${hostname}:${port}/');
});
```

12.6.1 新增用户

为了保存新增的用户，在程序中使用Array()将用户存储在内存中。

```
let users = new Array();
```

当用户发送POST请求时，就在users数组中新增一个元素，代码如下：

```
let users = new Array();
let user;

const server = http.createServer((req, res) => {
```

```js
    req.setEncoding('utf8');
    req.on('data', function (chunk) {
      user = chunk;
      console.log(req.method + user);

      // 判断不同的方法类型
      switch (req.method) {
        case 'POST':
          users.push(user);
          console.log(users);
          break;
        case 'PUT':
          // ...
          break;
        case 'DELETE':
          // ...
          break;
      }
    });
});
```

在本例中，为求简单，用户的信息只有用户名称。

12.6.2 修改用户

修改用户是指将users中的用户替换为指定的用户。由于本例中只有用户名称一个信息，因此只是简单地将users的用户名称替换为传入的用户名称。代码如下：

```js
let users = new Array();
let user;

const server = http.createServer((req, res) => {
  req.setEncoding('utf8');
  req.on('data', function (chunk) {
    user = chunk;
    console.log(req.method + user);

    // 判断不同的方法类型
    switch (req.method) {
      case 'POST':
        users.push(user);
        console.log(users);
        break;
      case 'PUT':
        for (let i = 0; i < users.length; i++) {
          if (user == users[i]) {
            users.splice(i, 1, user);
            break;
          }
```

```
      }
      console.log(users);
      break;
    case 'DELETE':
      // ...
      break;
    }
  });
});
```

正如上面的代码所示，当用户发起PUT请求时，会用传入的user替换掉users中具有相同用户名称的元素。

12.6.3 删除用户

删除用户是指将指定的用户从users中删除。代码如下：

```
let users = new Array();
let user;
const server = http.createServer((req, res) => {
  req.setEncoding('utf8');
  req.on('data', function (chunk) {
    user = chunk;
    console.log(req.method + user);

    // 判断不同的方法类型
    switch (req.method) {
    case 'POST':
      users.push(user);
      console.log(users);
      break;
    case 'PUT':
      for (let i = 0; i < users.length; i++) {
        if (user == users[i]) {
          users.splice(i, 1, user);
          break;
        }
      }
      console.log(users);
      break;
    case 'DELETE':
      or (let i = 0; i < users.length; i++) {
        if (user == users[i]) {
          users.splice(i, 1);
          break;
        }
      }
```

```
      break;
    }
  });
});
```

12.6.4 响应请求

响应请求是指服务器处理完用户的请求之后,将信息返回给用户的过程。

在本例中,我们将内存中所有的用户信息作为响应请求的内容。代码如下:

```
let users = new Array();
let user;
const server = http.createServer((req, res) => {
  req.setEncoding('utf8');
  req.on('data', function (chunk) {
    user = chunk;
    console.log(req.method + user);

    // 判断不同的方法类型
    switch (req.method) {
      case 'POST':
        users.push(user);
        console.log(users);
        break;
      case 'PUT':
        for (let i = 0; i < users.length; i++) {
          if (user == users[i]) {
            users.splice(i, 1, user);
            break;
          }
        }
        console.log(users);
        break;
      case 'DELETE':
        or (let i = 0; i < users.length; i++) {
          if (user == users[i]) {
            users.splice(i, 1);
            break;
          }
        }
        break;
    }

    // 响应请求
    res.statusCode = 200;
    res.setHeader('Content-Type', 'text/plain');
    res.end(JSON.stringify(users));
  });
});
```

12.6.5 运行应用

通过下面的命令来启动服务器：

```
$ node rest-service
```

启动成功之后，就可以通过REST客户端来进行REST API的测试。在本例中，使用的是RESTClient，一款Firefox插件。

1. 测试创建用户 API

在RESTClient中，选择POST请求方法，输入"waylau"作为用户的请求内容，并单击"发送"按钮。发送成功后，可以看到如图12-3所示的响应内容。可以看到，已经将所添加的用户信息给返回来了。

图 12-3　POST 创建用户

可以添加多个用户以便测试，如图12-4所示。

图 12-4　POST 创建多个用户

2. 测试修改用户 API

在RESTClient中，选择PUT请求方法，输入"waylau"作为用户的请求内容，并单击"发送"按钮。发送成功后，可以看到如图12-5所示的响应内容。

图 12-5　PUT 修改用户

虽然最终的响应结果看上去并无变化，但实际上"waylau"的值已经做过替换了。

3. 测试删除用户API

在RESTClient中，选择DELETE请求方法，输入"waylau"作为用户的请求内容，并单击"发送"按钮。发送成功后，可以看到如图12-6所示的响应内容。

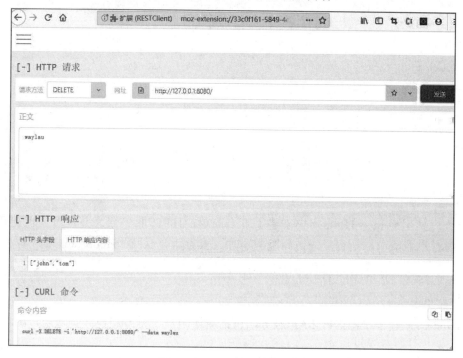

图12-6 DELETE 删除用户

从最终的响应结果中可以看到，"waylau"的信息被删除了。

本节例子可以在本书配套资源中的"http-demo/rest-service.js"文件中找到。

12.7 上机演练

练习一：创建一个简单的 HTTP 服务器

1）任务要求

使用Node.js创建一个HTTP服务器，监听8080端口，并在访问时返回"Hello, World!"。

2）参考操作步骤

（1）引入http模块。

（2）创建http.Server实例。

（3）设置监听事件处理函数。

（4）启动服务器并监听8080端口。

3）参考示例代码

```
// 引入http模块
const http = require('node:http');

// 创建http.Server实例
const server = http.createServer((req, res) => {
    // 设置响应头
    res.writeHead(200, {'Content-Type': 'text/plain'});
    // 发送响应内容
    res.end('Hello, World!');
});

// 启动服务器并监听8080端口
server.listen(8080, () => {
    console.log('Server running at http://localhost:8080/');
});
```

4）小结

这个练习使用Node.js的http模块创建了一个简单的HTTP服务器，并设置了监听事件处理函数来处理客户端请求。当客户端访问服务器时，服务器会返回"Hello, World!"。

练习二：实现一个简单的 RESTful API 服务

1）任务要求

使用Node.js创建一个RESTful API服务，包括新增用户、修改用户和删除用户的功能。

2）参考操作步骤

（1）引入http模块和url模块。
（2）创建数据存储对象（如数组）。
（3）定义路由处理函数。
（4）创建http.Server实例并设置路由处理函数。
（5）启动服务器并监听8080端口。

3）参考示例代码

```
// 引入http模块和url模块
const http = require('node:http');
const url = require('url');

// 创建数据存储对象（模拟数据库）
let users = [];

// 定义路由处理函数
const routes = {
    '/users': (req, res) => {
        const method = req.method;
        const queryObject = url.parse(req.url, true).query;
        switch (method) {
            case 'GET':
                res.end(JSON.stringify(users));
```

```
            break;
        case 'POST':
            users.push(queryObject);
            res.end(JSON.stringify(users));
            break;
        case 'DELETE':
            users = users.filter(user => user.id !== queryObject.id);
            res.end(JSON.stringify(users));
            break;
        default:
            res.end('Method not allowed');
        }
    }
};

// 创建http.Server实例并设置路由处理函数
const server = http.createServer((req, res) => {
    const path = url.parse(req.url).pathname;
    const handler = routes[path];
    if (handler) {
        handler(req, res);
    } else {
        res.end('Not found');
    }
});

// 启动服务器并监听8080端口
server.listen(8080, () => {
    console.log('Server running at http://localhost:8080/');
});
```

4）小结

在这个练习中，实现了一个简单的RESTful API服务，包括了新增用户、修改用户和删除用户的功能。我们使用了Node.js的http模块和url模块来处理HTTP请求和解析URL；通过定义不同的路由处理函数，可以根据不同的HTTP方法和路径来执行相应的操作。最后，启动服务器并监听8080端口，使其能够接收客户端的请求。

12.8　本章小结

本章首先介绍了如何在Node.js中使用http模块创建HTTP服务器，处理HTTP请求和响应；然后讨论了REST的定义、设计原则以及成熟度模型的各个级别；最后通过实战案例构建一个简单的REST服务，包括了新增用户、修改用户、删除用户等功能。这些知识将帮助我们更好地理解和使用Node.js中的HTTP功能，为开发Web应用提供支持。

第 13 章

WebSocket

虽然主流的互联网应用都采用HTTP来发布REST API，但HTTP有一个不足之处，就是每次请求响应完成之后，服务器与客户端之间的连接就断开了，如果客户端想要继续获取服务器的消息，必须再次向服务器发起请求。这显然无法适应对实时通信有高要求的场景。

为了改善HTTP的不足，Web通信领域出现了一些解决方案，比如轮询、长轮询、服务器推送事件、WebSocket等。本章将深入探讨Node.js中的WebSocket技术。WebSocket是一种在单个TCP连接上进行全双工通信的协议，它使得客户端和服务器之间可以进行实时双向通信。通过使用WebSocket，我们可以实现实时聊天、在线游戏等需要实时交互的应用。

13.1 创建 WebSocket 服务器

随着Web的发展，用户对于Web的实时要求也越来越高，比如工业运行监控、Web在线通信、即时报价系统、在线游戏等，都需要将后台发生的变化主动地、实时地传送到浏览器端，而不需要用户手动地刷新页面。

在标准的HTTP请求/响应模式下，客户端打开一个连接，发送一个HTTP请求到服务器，然后接收服务器的响应，一旦这个响应完全被发送或者接收，服务器就关闭连接。当客户端需要请求所有数据时，往往需要发起多次请求才能获取数据的总集。

相反，服务器推送就能让服务器异步地将数据从服务器推送到客户端。当连接由客户端建立完成时，服务器就提供数据，并在新数据"块"可用时将其发送到客户端。本节我们将对支持服务器到客户端推送的技术进行一个总览。

13.1.1 常见的Web推送技术

目前，市面上常见的Web推送技术有以下几种。

1. 以插件方式提供 socket

实现这类技术的有Flash XMLSocket、Java Applet套接口、Activex包装的socket等。

这种推送技术的优点是它们都得到原生socket的支持，与PC端的实现方式相似。其缺点是浏览器端需要安装相应的插件，并且与JavaScript进行交互时相对复杂。

相关的例子包括AS3页游、Flash聊天室等。

2. 轮询

轮询是重复发送新的请求到服务器。如果服务器没有新的数据，就发送适当的指示并关闭连接；然后客户端等待一段时间后（例如间隔一秒），发送另一个请求。

这种实现方式相对比较简单，无须做过多更改；缺点是轮询的间隔过长，会导致用户不能及时接收到更新的数据；轮询的间隔过短，会导致查询请求过多，增加服务器的负担。

3. 长轮询

客户端发送一个请求到服务器，如果服务器没有新的数据，就保持住这个连接直到有数据。一旦服务器有了数据（消息）给客户端，它就使用这个连接发送数据给客户端，然后关闭连接。

这种实现方式相对轮询来说有了进一步的优化，其优点是有较好的时效性；其缺点是需第三方库的支持，实现较为复杂，而且每次连接只能发送一个数据，多个数据发送时会耗费服务器性能。

相关的例子包括commet4j等。

4. 服务器推送事件

服务器推送事件（server-sent events，SSE）与长轮询机制类似，区别是每个连接不只发送一个消息。客户端发送一个请求，服务器就保持这个连接直到有一个新的消息已经准备好。一旦准备好了一个新消息，服务器就将消息发送回客户端，同时保持这个连接是打开的，这样这个连接就可以用于另一个可用消息的发送。客户端单独处理来自服务端传回的消息后，不关闭连接。因此，SSE通常重用一个连接处理多个消息（称为事件）。

SSE还定义了一个专门的媒体类型（text/event-stream），用于描述一个从服务器发送到客户端的简单格式。此外，SSE还提供了在大多数现代浏览器里都有的标准JavaScript客户端API实现。

该方案的优点是属于HTML5标准，实现较为简单，同时一个连接可以发送多个数据。缺点是某些浏览器（比如IE）不支持EventSource（可以使用第三方的js库来解决），服务器只能单向推送数据到客户端。

5. WebSocket

WebSocket与上述技术都不同，因为它提供了一个真正的全双工连接。发起者是一个客户端，它发送一个带特殊HTTP头的请求到服务端，通知服务器HTTP连接可能"升级"到一个全双工的WebSocket连接。如果服务端支持WebSocket，它可能会选择升级到WebSocket。一旦建立WebSocket连接，就可用于客户端和服务器之间的双向通信。客户端和服务器可以随意向对方发送数据。此时，新的WebSocket连接上的交互不再基于HTTP协议了。WebSocket可以用于需要快速在两个方向上交换小块数据的在线游戏或任何其他应用程序。

该方案的优点是属于HTML5标准，已经被大多数浏览器支持，而且是真正的全双工，性能比较好。缺点是实现起来相对复杂，需要对WebSocket协议专门进行处理。

13.1.2 使用ws创建WebSokcet服务器

Node.js原生API并未提供对WebSocket的支持，因此需要安装第三方包才能使用WebSocket功能。对于WebSocket的支持，在开源社区有非常多的选择，本例采用的是ws框架（项目主页为https://github.com/websockets/ws）。

ws顾名思义是一个用于支持WebSocket客户端和服务器的框架。它易于使用，功能强大，且不依赖于其他环境。

像其他Node.js应用一样，使用ws的首选方式是使用npm来管理。以下命令用于安装ws：

```
$ npm install ws
```

安装了ws之后，就可以创建WebSocket服务器了。以下是创建服务器的简单示例：

```
const WebSocket = require('ws');
const server = new WebSocket.Server({ port: 8080 });
```

在上述例子中，服务器在8080端口启动。

WebSocket.Server(options[, callback])方法中的options对象支持如下参数：

- host <String>：绑定服务器的主机名。
- port <Number>：绑定服务器的端口。
- backlog <Number>：挂起连接队列的最大长度。
- server：预先创建的Node.js HTTPS服务器。
- verifyClient <Function>：用于验证传入连接的函数。
- handleProtocols <Function>：用于处理WebSocket子协议的函数。
- path <String>：仅接收与此路径匹配的连接。
- noServer <Boolean>：不启用服务器模式。
- clientTracking <Boolean>：指定是否跟踪客户端。
- perMessageDeflate：启用/禁用消息压缩。
- maxPayload <Number>：允许的最大消息大小（以字节为单位）。

13.2 监听连接

ws通过connection事件来监听连接。示例如下：

```js
const WebSocket = require('ws');
const server = new WebSocket.Server({ port: 8080 });
server.on('connection', function connection(ws, req) {
  const ip = req.connection.remoteAddress;
  const port = req.connection.remotePort;
  const clientName = ip + port;
  console.log('%s is connected', clientName)
});
```

在上述例子中，只要有WebSocket连接到该服务器，就能触发connection事件。ws代表了服务器的WebSocket对象，可以通过该对象来向远端的WebSocket客户端发送消息。req对象可以用来获取客户端的信息，比如IP地址和端口号等。

如果想获知所有已连接的客户端信息，则可以使用server.clients数据集。该数据集存储了所有已连接的客户端。遍历所有客户端的示例如下：

```js
server.clients.forEach(function each(ws) {
    //...
});
```

13.3 发送和接收数据

ws通过websocket.send()方法来发送数据，通过message事件来接收数据。

13.3.1 发送数据

websocket.send(data[, options][, callback])方法可以用来发送数据。在该方法中，data参数就是用来发送的数据。options对象的属性可以有以下几种：

- compress：用于指定数据是否需要压缩。默认值是true。
- binary：用于指定数据是否通过二进制传送。默认是自动检测。Default is autodetected.
- mask：用于指定是否遮罩数据。当WebSocket不是服务器客户端时，默认值为true。
- fin：用于指定数据是不是消息的最后一个片段。默认值为true。

以下一个发送数据的示例：

```js
const WebSocket = require('ws');
const server = new WebSocket.Server({ port: 8080 });
server.on('connection', function connection(ws, req) {
  const ip = req.connection.remoteAddress;
  const port = req.connection.remotePort;
  const clientName = ip + port;
```

```
    console.log('%s is connected', clientName)
    // 发送欢迎信息给客户端
    ws.send("Welcome " + clientName);
});
```

13.3.2　发送ping和pong

在消息通信中，ping-pong是一种验证客户端和服务器是否正常连接的简单机制。当客户端给服务器发送ping消息时，如果服务器能够正常响应pong消息，则说明客户端和服务器之间的通信是正常的。反之亦然，如果服务器想验证客户端的连接是否正常，也可以给客户端发送ping消息。

ws提供了一种快捷的方式来发送ping消息和pong消息，方法如下：

```
websocket.ping([data[, mask]][, callback])
websocket.pong([data[, mask]][, callback])
```

13.3.3　接收数据

ws通过message事件来接收数据。当客户端有消息发送给服务器时，服务器就能够触发该事件。示例如下：

```
const WebSocket = require('ws');
const server = new WebSocket.Server({ port: 8080 });
server.on('open', function open() {
  console.log('connected');
});
server.on('close', function close() {
  console.log('disconnected');
});
server.on('connection', function connection(ws, req) {
  const ip = req.connection.remoteAddress;
  const port = req.connection.remotePort;
  const clientName = ip + port;

  console.log('%s is connected', clientName)
  // 发送欢迎信息给客户端
  ws.send("Welcome " + clientName);

  ws.on('message', function incoming(message) {
    console.log('received: %s from %s', message, clientName);
  });
});
```

13.4 准备的状态

ws中的WebSocket类具有以下4种准备状态：

- ONNECTING：值为0，表示连接还没有打开。
- OPEN：值为1，表示连接已打开，可以通信了。
- CLOSING：值为2，表示连接正在关闭。
- CLOSED：值为2，表示连接已关闭。

需要注意的是，当通过WebSocket对象进行通信时，状态必须是OPEN。示例如下：

```
ws.on('message', function incoming(message) {
  console.log('received: %s from %s', message, clientName);

  // 广播消息给所有客户端
  server.clients.forEach(function each(client) {
    if (client.readyState === WebSocket.OPEN) {
      client.send( clientName + " -> " + message);
    }
  });

});
```

在上述例子中，通过广播的方式给所有客户端发送消息，因此需要判断客户端的readyState是不是OPEN。

13.5 关闭 WebSocket 服务器

可以通过server.close()来关闭服务器，并通过close事件来监听服务器的关闭。
以下是一个监听close并关闭服务器的示例：

```
ws.on('close', function close() {
  console.log('disconnected');
});
```

13.6 实战：WebSocket 聊天服务器

本节将演示如何通过ws来实现一个WebSocket聊天服务器。

13.6.1 聊天服务器的需求

聊天服务器的业务需求比较简单,是一个群聊聊天室。换而言之,发送的消息所有人都可以见到。

当有新用户连接到服务器时,会以该用户的"IP+端口"作为用户的名称。

13.6.2 服务器的实现

实现一个聊天服务器比较简单,完整代码如下:

```javascript
const WebSocket = require('ws');

const server = new WebSocket.Server({ port: 8080 });

server.on('open', function open() {
  console.log('connected');
});

server.on('close', function close() {
  console.log('disconnected');
});

server.on('connection', function connection(ws, req) {
  const ip = req.connection.remoteAddress;
  const port = req.connection.remotePort;
  const clientName = ip + port;

  console.log('%s is connected', clientName)

  // 发送欢迎信息给客户端
  ws.send("Welcome " + clientName);

  ws.on('message', function incoming(message) {
    console.log('received: %s from %s', message, clientName);

    // 广播消息给所有客户端
    server.clients.forEach(function each(client) {
      if (client.readyState === WebSocket.OPEN) {
        client.send( clientName + " -> " + message);
      }
    });

  });

});
```

当客户端给服务器发送消息时,服务器会将该客户端的消息转发给所有客户端。

13.6.3 客户端的实现

客户端是通HTML+JavaScript的方式实现的。由于浏览器原生提供了WebSocket的API，因此不需要ws框架的支持。

客户端client.html文件的代码如下：

```html
<!DOCTYPE html>
<html>

<head>
    <meta charset="UTF-8">
    <title>WebSocket Chat</title>
</head>

<body>
    <script type="text/javascript">
        var socket;
        if (!window.WebSocket) {
            window.WebSocket = window.MozWebSocket;
        }
        if (window.WebSocket) {
            socket = new WebSocket("ws://localhost:8080/ws");
            socket.onmessage = function (event) {
                var ta = document.getElementById('responseText');
                ta.value = ta.value + '\n' + event.data
            };
            socket.onopen = function (event) {
                var ta = document.getElementById('responseText');
                ta.value = "连接开启!";
            };
            socket.onclose = function (event) {
                var ta = document.getElementById('responseText');
                ta.value = ta.value + "连接被关闭";
            };
        } else {
            alert("你的浏览器不支持 WebSocket! ");
        }

        function send(message) {
            if (!window.WebSocket) {
                return;
            }
            if (socket.readyState == WebSocket.OPEN) {
                socket.send(message);
            } else {
                alert("连接没有开启.");
            }
        }
```

```
        </script>
        <form onsubmit="return false;">
            <h3>WebSocket 聊天室: </h3>
            <textarea id="responseText" style="width: 500px; height: 300px;">
</textarea>
            <br>
            <input type="text" name="message" style="width: 300px" value="Welcome to waylau.com">
            <input type="button" value="发送消息" onclick="send(this.form.message.value)">
            <input type="button"
onclick="javascript:document.getElementById('responseText').value=''"
                value="清空聊天记录">
        </form>
        <br>
        <br>
        <a href="https://waylau.com/">更多例子请访问 waylau.com</a>
    </body>

    </html>
```

13.6.4 运行应用

首先执行下面的命令，启动服务器：

```
$ node index.js
```

接着用浏览器打开client.html文件，可以看到如图13-1所示的聊天界面。

图 13-1 聊天界面

打开多个聊天窗口，就能模拟多个用户之间的群聊了，如图13-2所示。

图 13-2　群聊界面

本节例子可以在本书配套资源中的"ws-demo"应用中找到。

13.7　上 机 演 练

练习一：创建一个简单的 WebSocket 服务器

1）任务要求

使用Node.js和ws库创建一个WebSocket服务器，监听8080端口。

2）参考操作步骤

（1）安装ws库：npm install ws。

（2）创建一个名为server.js的文件。

（3）在server.js中引入ws库并创建WebSocket服务器。

（4）设置服务器监听8080端口。

（5）运行服务器：node server.js。

3）参考示例代码

```
// 引入ws库
const WebSocket = require('ws');

// 创建WebSocket服务器实例
const server = new WebSocket.Server({ port: 8080 });
```

```javascript
// 监听连接事件
server.on('connection', (socket) => {
  console.log('Client connected');

  // 监听客户端发送的消息
  socket.on('message', (message) => {
    console.log('Received message: ${message}');
  });

  // 向客户端发送欢迎消息
  socket.send('Welcome to the WebSocket server!');
});

console.log('WebSocket server is running on port 8080');
```

4）小结

这个练习展示了如何使用Node.js和ws库快速创建一个WebSocket服务器。服务器能够监听8080端口，并接收客户端的连接。当客户端连接时，服务器会向其发送一条欢迎消息。这个基础的服务器可以作为实现更复杂WebSocket功能的起点。

练习二：实现一个简单的聊天室功能

1）任务要求

基于上述WebSocket服务器实现一个简单的聊天室功能，允许多个客户端连接并互相发送消息。

2）参考操作步骤

（1）修改server.js文件，添加一个用于存储所有连接的数组。

（2）当有新的客户端连接时，将其添加到连接数组中。

（3）当收到客户端的消息时，将消息广播给所有已连接的客户端。

（4）运行服务器：node server.js。

3）参考示例代码

```javascript
const WebSocket = require('ws');

const server = new WebSocket.Server({ port: 8080 });

// 存储所有连接的数组
const clients = [];

server.on('connection', (socket) => {
  console.log('Client connected');
  clients.push(socket);

  // 监听客户端发送的消息
  socket.on('message', (message) => {
    console.log('Received message: ${message}');
    // 广播消息给所有客户端
    clients.forEach((client) => {
      if (client !== socket && client.readyState === WebSocket.OPEN) {
        client.send(message);
```

```
    }
  });
});

// 向新连接的客户端发送欢迎消息
socket.send('Welcome to the chat room!');
});
console.log('WebSocket server is running on port 8080');
```

4）小结

在这个练习中,我们扩展了之前的WebSocket服务器,实现了一个简单的聊天室功能。服务器现在能够管理多个客户端连接,并将收到的消息广播给所有已连接的客户端。这个功能展示了WebSocket在实时通信方面的应用,例如在线聊天室或实时通知系统。

练习三:实现客户端与服务器的实时通信

1）任务要求

编写一个简单的HTML页面,包含一个文本输入框、一个按钮和一个显示消息的区域,通过JavaScript与WebSocket服务器进行通信。

2）参考操作步骤

(1) 创建一个名为index.html的文件。
(2) 在文件中添加HTML结构,包括一个文本输入框、一个按钮和一个显示消息的区域。
(3) 使用JavaScript连接到WebSocket服务器。
(4) 为按钮添加单击事件,发送用户输入的消息到服务器。
(5) 监听来自服务器的消息,并在页面上显示。
(6) 打开index.html文件,测试聊天功能。

3）参考示例代码

```
<!DOCTYPE html>
<html lang="en">
<head>
  <meta charset="UTF-8">
  <title>WebSocket Chat</title>
</head>
<body>
  <input type="text" id="messageInput" placeholder="Type your message...">
  <button id="sendButton">Send</button>
  <div id="chatArea"></div>

  <script>
    // 连接到WebSocket服务器
    const socket = new WebSocket('ws://localhost:8080');

    // 监听连接打开事件
    socket.addEventListener('open', () => {
      console.log('Connected to the server');
    });
```

```
  // 监听服务器发来的消息
  socket.addEventListener('message', (event) => {
    const message = event.data;
    displayMessage(message);
  });
  // 获取元素引用
  const messageInput = document.getElementById('messageInput');
  const sendButton = document.getElementById('sendButton');
  const chatArea = document.getElementById('chatArea');
  // 发送消息到服务器
  sendButton.addEventListener('click', () => {
    const message = messageInput.value;
    socket.send(message);
    messageInput.value = ''; // Clear the input field
  });
  // 显示消息到聊天区域
  function displayMessage(message) {
    const messageElement = document.createElement('p');
    messageElement.textContent = message;
    chatArea.appendChild(messageElement);
  }
</script>
</body>
</html>
```

4)小结

在这个练习中,我们创建了一个简单的HTML页面,用于与WebSocket服务器进行实时通信。页面包含一个文本输入框、一个按钮和一个显示消息的区域,用户可以输入消息,并通过单击按钮将消息发送到服务器。服务器收到消息后,会将其广播给所有连接的客户端,并在他们的页面上显示。这个练习演示了如何在客户端使用WebSocket API与服务器建立连接并交换消息,这是构建交互式Web应用的重要基础。

13.8 本章小结

本章着重介绍了如何在Node.js中实现WebSocket,内容涉及创建WebSocket服务器、监听连接、发送和接收数据、关闭WebSocket服务器等。最后,通过一个实战案例展示了如何使用WebSocket构建一个简单的聊天服务器。

通过本章的学习,读者将能够掌握WebSocket的基本概念和技术,为开发实时通信应用打下坚实的基础。

第 14 章

TLS/SSL

最初设计的在互联网上使用的HTTP是明文的，存在很多缺点，比如传输内容会被偷窥（嗅探）和篡改。为了加强网络安全，发明TLS/SSL（传输层安全/安全套接字层）协议。TLS/SSL是确保网络通信安全的关键协议，它通过加密数据来防止数据在传输过程中被窃取或篡改。本章将深入探讨TLS/SSL的概念以及如何在Node.js中实现它。

14.1 了解 TLS/SSL

计算机的安全性通常包括两个部分：认证和访问控制。认证包括对有效用户身份的确认和识别，而访问控制则致力于避免对数据文件和系统资源的有害篡改。举例来说，对于一个孤立、集中、单用户系统（例如一台计算机），通过锁上存放该计算机的房间并将磁盘锁起来，就能实现其安全性。因为只有拥有房间和磁盘钥匙的用户才能访问系统资源和文件。这就同时实现了认证和访问控制。因此，安全性实际上就相当于锁住计算机和房间的钥匙。

为了更好地了解TLS/SSL，本节首先介绍计算机中常用的加密算法，然后逐一介绍安全通道、TLS/SSL握手过程以及HTTPS的概念。

14.1.1 加密算法

评估一种加密算法的安全性，最常用的方法是判断该算法是不是计算安全的。如果利用可用资源进行系统分析后无法攻破系统，那么这种加密算法就是计算安全的。目前有两种常用的加密类型：私钥加密和公钥加密。除了加密整条消息之外，这两种加密类型都可以用来对文档进行数字签名。当使用足够长的密钥时，密码被破解的难度就会增加，系统也就越安全。当然，密钥越长，本身加解密的成本也就越高。

1. 对称加密

对称加密指的是加密和解密算法都使用相同密钥的算法。具体如下:

$E(p,k)=C$

$D(C,k)=p$

其中,E=加密算法;D=解密算法;p=明文(原始数据);k=加密密钥;C=密文。

由于在加密和解密数据时使用了同一个密钥,因此这个密钥必须保密。这样的加密也称为秘密密钥算法,或单密钥算法/常规加密。很显然,对称算法的安全性依赖于密钥,密钥泄露就意味着任何人都可以对发送或接收的消息解密,所以密钥的保密性对通信的安全性至关重要。

对称加密算法的特点是算法公开、计算量小、加密速度快、加密效率高。不足之处是交易双方都使用同样的钥匙,安全性得不到保证。此外,每次使用对称加密算法时,都需要使用其他人不知道的唯一钥匙,这会使得收发信的双方所拥有的钥匙数量呈几何级数增长,密钥管理成为用户的负担。对称加密算法在分布式网络系统上使用较为困难,因为密钥管理困难,使用成本较高。与公开密钥加密算法比起来,对称加密算法能够提供加密和认证,却缺乏了签名功能,因此使用范围有所缩小。

常见的对称加密算法有DES、3DES、TDEA、Blowfish、RC2、RC4、RC5、IDEA、SKIPJACK、AES等。

2. 使用对称密钥加密的数字签名

在通过网络发送数据的过程中,私钥加密和公钥加密都能对文档进行数字签名。在这里我们讨论私钥加密法。

数字签名也称为消息摘要(message digest)或数字摘要(digital digest),它是一个唯一对应于一个消息或文本的固定长度的值,由单向哈希加密函数对消息进行运算而生成。如果消息在传输过程中发生了改变,接收者可以通过对收到的消息生成新的摘要与原摘要进行比较,从而判断消息是否被改变。因此,消息摘要保证了消息的完整性。

消息摘要采用单向哈希函数将需加密的明文"摘要"成一串128位的密文,这一串密文也称为数字指纹(finger print)。它有固定的长度,且不同的明文摘要成密文,其结果总是不同的,而同样的明文其摘要必定一致。这样这串摘要便可成为验证明文是不是"真身"的"指纹"了。

有两种方法可以利用共享的私钥来计算摘要。最简单、快捷的方法是计算消息的哈希值,然后通过私钥对这个数值进行加密,再将消息和已加密的摘要一起发送。接收者可以再次计算消息摘要,对摘要进行加密,并与接收到的加密摘要进行比较。如果这两个加密摘要相同,就说明该文档没有被改动。

第二种方法将私钥应用到消息上,然后计算哈希值。这种方法的过程如下:

首先进行计算,公式为:

$D(M,K)$

其中,D是摘要函数,M是消息,K是共享的私钥。

然后发布或分发这个文档。由于第三方并不知道私钥，而要计算出正确的摘要值恰恰需要它，因此消息摘要能够避免对摘要值自身的伪造。

在这两种情况下，只有那些了解秘密密钥的用户才能验证其完整性，所有欺骗性的文档都可以很容易地被检验出来。

消息摘要算法有MD2、MD4、MD5、SHA-1、SHA-256、RIPEMD128、RIPEMD160等。

3. 非对称加密

非对称加密（也称为公钥加密）由两个密钥组成，包括公开密钥（public key，简称公钥）和私有密钥（private key，简称私钥）。如果信息使用公钥进行加密，那么通过使用对应的私钥可以解密这些信息，过程如下：

E(p,ku)=C

D(C,kr)=p

其中，E = 加密算法，D = 解密算法，p = 明文（原始数据），ku = 公钥，kr = 私钥，C = 密文。

如果信息使用私钥进行加密，那么通过使用对应的公钥可以解密这些信息，过程如下：

E(p,kr)=C

D(C,ku)=p

其中，E = 加密算法，D = 解密算法，p = 明文（原始数据），ku = 公钥，kr = 私钥，C = 密文。

不能使用加密所用的密钥来解密一个消息，而且由一个密钥计算出另一个密钥从数学上来说是很困难的。私钥只有用户本人知道，因此而得名。公钥并不保密，可以通过公共列表服务获得，通常公钥是使用X.509实现的。公钥加密的想法最早是由Diffie和Hellman于1976年提出的。

非对称加密与对称加密相比，其安全性更好。对称加密的通信双方使用相同的秘钥，如果一方的秘钥遭泄露，那么整个通信就会被破解。而非对称加密使用一对秘钥，一个用来加密，一个用来解密，而且公钥是公开的，秘钥是自己保存的，不需要像对称加密那样在通信之前先同步秘钥。

非对称加密的缺点是加密和解密花费时间长、速度慢，只适合对少量数据进行加密。

非对称加密的主要算法有RSA、Elgamal、背包算法、Rabin、D-H、ECC（椭圆曲线加密算法）等。

4. 使用公钥加密的数字签名

用于数字签名的公钥加密使用RSA算法。在这种方法中，首先发送者利用私钥通过摘要函数对整个数据文件（代价昂贵）或文件的签名进行加密。私钥匹配最主要的优点就是不存在密钥分发问题，这种方法假定我们信任发布公钥的来源。然后接收者可以利用公钥来解密签名或文件，并验证它的来源和/或内容。由于公钥密码学的复杂性，因此只有正确的公钥才能够解密信息或摘要。最后，如果要将消息发送给拥有已知公钥的用户，那么可以使用接收者的公钥来加密消息或摘要，这样只有接收者才能够通过他们自己的私钥来验证其中的内容。

14.1.2 安全通道

SSL（Secure Sockets Layer，安全套接字层）是网络上应用最广泛的加密协议实现。SSL结合加密过程来提供网络的安全通信。

SSL提供了一个安全的增强标准TCP/IP套接字，用于网络通信协议。在标准TCP/IP协议栈的传输层和应用层之间，添加了一个完整的套接字层。SSL的应用程序中最常用的是HTTP协议。其他应用程序，如Net News Transfer Protocol（NNTP，网络新闻传输协议）、Telnet、Lightweight Directory Access Protocol（LDAP，轻量级目录访问协议）、Interactive Message Access Protocol（IMAP，互动信息访问协议）和File Transfer Protocol（FTP，文件传输协议），也可以使用SSL。

SSL最初是由网景公司在1994年创立，现在已经演变成为一个标准。由国际标准组织Internet Engineering Task Force（IETF）进行管理。之后IETF将SSL更名为Transport Layer Security（TLS，传输层安全），并在1999年1月发布了第一个规范，版本为1.0。TLS 1.0对于SSL 3.0版本是一个小的升级。两者差异非常小。TLS 1.1在2006年4月发布，TLS 1.2在2008年8月发布。

> 提示：为了方便表述，在没有刻意提及版本号的前提下，TLS等同于SSL。

14.1.3 TLS/SSL握手过程

TLS/SSL通过握手过程在客户端和服务器之间协商会话参数，并建立会话。会话包含的主要参数有会话ID、对方的证书、加密套件（密钥交换算法、数据加密算法和MAC算法等）以及主密钥（master secret）。通过SSL会话传输的数据，都将采用该会话的主密钥和加密套件进行加密和MAC计算等处理。

不同情况下，SSL的握手过程存在差异。下面将分别描述以下3种情况下的握手过程：

- 只验证服务器的SSL握手过程。
- 验证服务器和客户端的SSL握手过程。
- 恢复原有会话的SSL握手过程。

1. 只验证服务器的 SSL 握手过程

只验证服务器的SSL握手过程如图14-1所示。

只需验证SSL服务器身份，不需要验证SSL客户端身份时，SSL的握手过程如下：

（1）SSL客户端通过Client Hello消息将它支持的SSL版本、加密算法、密钥交换算法、MAC算法等信息发送给SSL服务器。

（2）SSL服务器确定本次通信采用的SSL版本和加密套件，并通过Server Hello消息通知给SSL客户端。如果SSL服务器允许SSL客户端在以后的通信中重用本次会话，则SSL服务器会为本次会话分配ID，并通过Server Hello消息发送给SSL客户端。

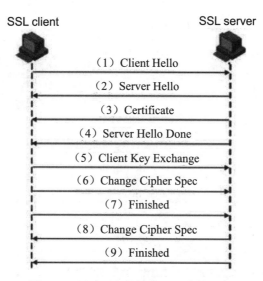

图 14-1 只验证服务器的 SSL 握手过程

（3）SSL服务器将携带自己公钥信息的数字证书通过Certificate消息发送给SSL客户端。

（4）SSL服务器发送Server Hello Done消息，通知SSL客户端，服务器所使用的TLS版本以及加密套件已协商完成，开始进行密钥交换。

（5）SSL客户端验证SSL服务器的证书合法后，利用证书中的公钥加密SSL客户端随机生成的premaster secret，并通过Client Key Exchange消息发送给SSL服务器。

（6）SSL客户端发送Change Cipher Spec消息，通知SSL服务器后续报文将采用协商好的密钥和加密套件进行加密和MAC计算。

（7）SSL客户端计算已交互的握手消息（除Change Cipher Spec消息外的所有已交互的消息）的哈希值，利用协商好的密钥和加密套件处理哈希值（计算并添加MAC值、加密等），并通过Finished消息发送给SSL服务器。SSL服务器利用同样的方法计算已交互的握手消息的哈希值，并与Finished消息的解密结果进行比较，如果二者相同，且MAC值验证成功，则证明密钥和加密套件协商成功。

（8）同样地，SSL服务器发送Change Cipher Spec消息，通知SSL客户端后续报文将采用协商好的密钥和加密套件进行加密和MAC计算。

（9）SSL服务器计算已交互的握手消息的哈希值，利用协商好的密钥和加密套件处理哈希值（计算并添加MAC值、加密等），并通过Finished消息发送给SSL客户端。SSL客户端利用同样的方法计算已交互的握手消息的哈希值，并与Finished消息的解密结果进行比较，如果二者相同，且MAC值验证成功，则证明密钥和加密套件协商成功。

SSL客户端接收到SSL服务器发送的Finished消息后，如果解密成功，则可以判断SSL服务器是数字证书的拥有者，即SSL服务器身份验证成功。因为只有拥有私钥的SSL服务器才能从Client Key Exchange消息中解密得到premaster secret，从而间接地实现了SSL客户端对SSL服务器的身份验证。

2. 验证服务器和客户端的 SSL 握手过程

验证服务器和客户端的SSL握手过程如图14-2所示。

图 14-2 验证服务器和客户端的 SSL 握手过程

SSL客户端的身份验证是可选的，由SSL服务器决定是否验证SSL客户端的身份。如图14-2中（4）、（6）、（8）部分所示，如果SSL服务器要验证SSL客户端身份，则SSL服务器和SSL客户端除了交互"只验证服务器的SSL握手过程"中的消息协商密钥和加密套件，还需要进行以下操作：

（1）SSL服务器发送Certificate Request消息，请求SSL客户端将其证书发送给SSL服务器。

（2）SSL客户端通过Certificate消息将携带自己公钥的证书发送给SSL服务器。SSL服务器验证该证书的合法性。

（3）SSL客户端计算已交互的握手消息、主密钥的哈希值，利用自己的私钥对其进行加密，并通过Certificate Verify消息发送给SSL服务器。

（4）SSL服务器计算已交互的握手消息、主密钥的哈希值，利用SSL客户端证书中的公钥解密Certificate Verify消息，并将解密结果与计算出的哈希值进行比较。如果二者相同，则SSL客户端身份验证成功。

3. 恢复原有会话的 SSL 握手过程

恢复原有会话的SSL握手过程如图14-3所示。

协商会话参数、建立会话的过程中，需要使用非对称密钥算法来加密密钥、验证通信对端的身份，计算量较大，占用了大量的系统资源。为了简化SSL握手过程，SSL允许重用已经协商过的会话，具体过程为：

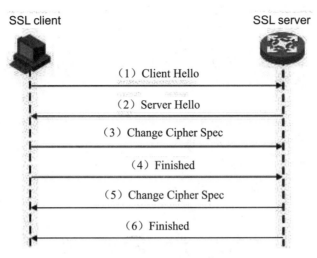

图 14-3　恢复原有会话的 SSL 握手过程

（1）SSL客户端发送Client Hello消息，消息中的会话ID设置为计划重用的会话的ID。

（2）SSL服务器如果允许重用该会话，则通过在Server Hello消息中设置相同的会话ID来应答。这样，SSL客户端和SSL服务器就可以利用原有会话的密钥和加密套件，而不必重新协商。

（3）SSL客户端发送Change Cipher Spec消息，通知SSL服务器后续报文将采用原有会话的密钥和加密套件进行加密和MAC计算。

（4）SSL客户端计算已交互的握手消息的哈希值，利用原有会话的密钥和加密套件处理哈希值，并通过Finished消息发送给SSL服务器，以便SSL服务器判断密钥和加密套件是否正确。

（5）同样地，SSL服务器发送Change Cipher Spec消息，通知SSL客户端后续报文将采用原有会话的密钥和加密套件进行加密和MAC计算。

（6）SSL服务器计算已交互的握手消息的哈希值，利用原有会话的密钥和加密套件处理哈希值，并通过Finished消息发送给SSL客户端，以便SSL客户端判断密钥和加密套件是否正确。

14.1.4　HTTPS

HTTPS（Hyper Text Transfer Protocol over Secure Socket Layer）是基于SSL安全连接的HTTP协议。HTTPS通过SSL提供的数据加密、身份验证和消息完整性验证等安全机制，为Web访问提供了安全性保证，因而广泛应用于网上银行、电子商务等领域。近年来，在互联网公司和浏览器开发商的推动之下，HTTPS在加速普及，而HTTP正在被加速淘汰。不加密的HTTP连接是不安全的，我们和目标服务器之间的任何中间人都能读取和操纵传输的数据，比如ISP可以在网页上插入广告，我们很可能根本不知道看到的广告不是网站发布的。中间人能够注入的代码不仅仅是看起来无害的广告，他们还可能注入具有恶意目的的代码。2015年，百度联盟广告的脚本被中间人修改，对两个网站发动了DDoS攻击。这次攻击被称为"网络大炮"，网络大炮让普通的网民在不知情的情况下变成了DDoS攻击者。而唯一能阻止网络大炮的方法就是加密流量。

14.2 Node.js 中的 TLS/SSL

在Node.js中，对于TLS/SSL的支持是在node:tls模块中。该模块建立在OpenSSL的基础上，因此需要先下载和安装OpenSSL，之后才能使用。

要使用TLS/SSL功能，请按如下方式引用node:tls模块：

```
const tls = require('node:tls');
```

14.3 产生私钥

TLS/SSL是非对称加密的，大部分情况下，每个服务器和客户端都有一个私钥。

私钥有多种生成方式，下面是一个例子，采用OpenSSL的命令行来生成一个2048位的RSA私钥：

```
$ openssl genrsa -out ryans-key.pem 2048

Generating RSA private key, 2048 bit long modulus (2 primes)
.................................................+++++
........................+++++
e is 65537 (0x010001)
```

通过TLS/SSL，所有的服务器（以及一些客户端）必须拥有一个证书。证书是类似于私钥的公钥，由证书颁发机构（CA）或私钥拥有者进行数字签名。特别地，由私钥拥有者签名的证书被称为自签名证书。

获取证书的第一步是生成一个证书签名请求文件（CSR）。用OpenSSL能生成一个私钥的CSR文件：

```
$ openssl req -new -sha256 -key ryans-key.pem -out ryans-csr.pem

You are about to be asked to enter information that will be incorporated
into your certificate request.
What you are about to enter is what is called a Distinguished Name or a DN.
There are quite a few fields but you can leave some blank
For some fields there will be a default value,
If you enter '.', the field will be left blank.
-----
Country Name (2 letter code) [AU]:CH
State or Province Name (full name) [Some-State]:GUANGDONG
Locality Name (eg, city) []:SHENZHEN
Organization Name (eg, company) [Internet Widgits Pty Ltd]:HUAWEI
Organizational Unit Name (eg, section) []:HW
Common Name (e.g. server FQDN or YOUR name) []:WAYLAU
```

```
Email Address []:778907484@QQ.COM

Please enter the following 'extra' attributes
to be sent with your certificate request
A challenge password []:123456
An optional company name []:HUAWEI
```

CSR文件被生成以后,它既能被CA签名,也能被用户自签名。用OpenSSL生成一个自签名证书的命令如下:

```
$ openssl x509 -req -in ryans-csr.pem -signkey ryans-key.pem -out ryans-cert.pem

Signature ok
subject=C = CH, ST = GUANGDONG, L = SHENZHEN, O = HUAWEI, OU = HW, CN = WAYLAU, emailAddress = 778907484@QQ.COM
Getting Private key
```

证书被生成以后,它又能用来生成一个.pfx或者.p12文件:

```
$ openssl pkcs12 -export -in ryans-cert.pem -inkey ryans-key.pem -certfile ca-cert.pem -out ryans.pfx
```

上述命令行参数的含义如下:

- in:被签名的证书。
- inkey:有关的私钥。
- certfile:签入文件的证书串,比如"cat ca1-cert.pem ca2-cert.pem > ca-cert.pem"。

14.4 实战:构建 TLS 服务器和客户端

本节实战将演示构建TLS服务器和客户端的过程。

14.4.1 构建TLS服务器

用OpenSSL的命令行来生成一个2048位的RSA私钥:

```
& openssl genrsa -out server-key.pem 2048
```

用OpenSSL生成一个私钥的CSR文件:

```
& openssl req -new -sha256 -key server-key.pem -out server-csr.pem
```

用OpenSSL生成一个自签名证书:

```
& openssl x509 -req -in server-csr.pem -signkey server-key.pem -out server-cert.pem
```

构建TLS服务器的代码如下:

```js
const tls = require('node:tls');
const fs = require('node:fs');

const options = {
    key: fs.readFileSync('server-key.pem'),
    cert: fs.readFileSync('server-cert.pem'),

    // 仅当使用客户端证书进行身份验证时才需要这样做
    requestCert: true,

    // 仅当客户端使用自签名证书时才需要这样做
    ca: [fs.readFileSync('client-cert.pem')]
};

const server = tls.createServer(options, (socket) => {
    console.log('server connected',
        socket.authorized ? 'authorized' : 'unauthorized');
    socket.write('welcome!\n');
    socket.setEncoding('utf8');
    socket.pipe(socket);
});

server.listen(8000, () => {
    console.log('server bound');
});
```

当客户端成功连接到服务器时,服务器会发送"welcome!"字样给客户端。

14.4.2　构建TLS客户端

用OpenSSL的命令行来生成一个2048位的RSA私钥:

```
$ openssl genrsa -out client-key.pem 2048
```

用OpenSSL生成一个私钥的CSR文件:

```
$ openssl req -new -sha256 -key client-key.pem -out client-csr.pem
```

用OpenSSL生成一个自签名证书:

```
$ openssl x509 -req -in client-csr.pem -signkey client-key.pem -out client-cert.pem
```

构建TLS客户端的代码如下:

```js
// Assumes an echo server that is listening on port 8000.
const tls = require('node:tls');
const fs = require('node:fs');

const options = {
    // 仅在服务器需要客户端证书进行身份验证时才需要
    key: fs.readFileSync('client-key.pem'),
```

```
    cert: fs.readFileSync('client-cert.pem'),

    // 仅在服务器使用自签名证书时才需要
    ca: [fs.readFileSync('server-cert.pem')],

    // 仅当服务器的证书不是localhost时才需要
    checkServerIdentity: () => { return null; },
};

const socket = tls.connect(8000, options, () => {
    console.log('client connected',
        socket.authorized ? 'authorized' : 'unauthorized');
    process.stdin.pipe(socket);
    process.stdin.resume();
});

socket.setEncoding('utf8');
socket.on('data', (data) => {
    console.log(data);
});
socket.on('end', () => {
    console.log('server ends connection');
});
```

当客户端连接成功之后，会将服务器发送过来的消息打印到控制台。

14.4.3 运行应用

首先启动服务器，命令如下：

```
$ node tls-server.js
```

接着启动客户端：

```
$ node tls-client.js
```

上述程序启动后，如果客户端连接认证通过，则会在服务器控制台显示如下内容：

```
$ node tls-server

server bound
server connected authorized
```

同时，在会在客户端控制台显示如下内容：

```
$ node tls-client

client connected authorized
welcome!
```

本节例子可以在本书配套资源中的"tls-demo/tls-server.js"和"tls-demo/tls-client.js"文件中找到。

14.5 上机演练

练习一：生成自签名 SSL 证书和私钥

1）任务要求

使用Node.js的crypto模块生成一个自签名SSL证书和私钥。

2）参考操作步骤

（1）创建一个Node.js文件，例如generateCertificate.js。
（2）引入crypto模块。
（3）使用crypto.createDiffieHellman()方法创建Diffie-Hellman密钥交换对象。
（4）使用crypto.createSign()方法创建一个签名对象，并调用sign()方法来签名DH密钥。
（5）将签名的密钥和公钥写入SSL证书。
（6）创建一个HTTPS服务器，使用生成的SSL证书和私钥。

3）参考示例代码

```
const crypto = require('node:crypto');
const fs = require('node:fs');

// 创建Diffie-Hellman密钥交换对象
const dh = crypto.createDiffieHellman(2048);

// 生成私钥和公钥
const privateKey = dh.generateKeys();
const privateKeyPEM = privateKey.export({ type: 'pkcs8', format: 'pem' });

// 创建证书的详细信息
const csrConfig = {
  country: 'US',
  state: 'California',
  locality: 'San Francisco',
  organization: 'My Company',
  unit: 'My Unit',
  commonName: 'localhost'
};

// 创建自签名证书
const certificate = crypto.createCertificate({
  selfSigned: true,
  serialNumber: crypto.randomBytes(20),
  hash: crypto.getHashes().SHA256,
  ...csrConfig,
  privateKey: privateKeyPEM
});
```

```js
// 将私钥和证书保存到文件
fs.writeFileSync('privateKey.pem', privateKeyPEM);
fs.writeFileSync('certificate.pem', certificate.toString());

console.log('自签名SSL证书和私钥已生成。');
```

4)小结

这个练习展示了如何使用Node.js的crypto模块来生成自签名SSL证书和私钥。这是为TLS/SSL通信配置HTTPS服务器的第一步。生成的私钥和证书可用于建立一个安全的HTTPS服务器，从而保证数据传输过程中的安全性。

练习二：构建 TLS 服务器和客户端

1)任务要求

使用Node.js和tls模块构建一个简单的TLS服务器和客户端。

2)参考操作步骤

（1）创建一个TLS服务器，监听指定端口（例如8443）。
（2）服务器需要读取之前生成的私钥和证书。
（3）创建一个TLS客户端，连接到服务器。
（4）客户端向服务器发送加密消息，并接收服务器的响应。

3)参考示例代码

```js
// TLS服务器
const tls = require('node:tls');
const fs = require('node:fs');

const options = {
  key: fs.readFileSync('privateKey.pem'),
  cert: fs.readFileSync('certificate.pem')
};

const server = tls.createServer(options, (socket) => {
  console.log('Client connected: ', socket.authorized);
  socket.write('Hello from secure server!
');
  socket.setEncoding('utf8');
  socket.on('data', (data) => {
    console.log(data);
    socket.write('Server received: ' + data);
  });

  socket.on('end', () => {
    console.log('Client disconnected');
  });
});

server.listen(8443, () => {
```

```
    console.log('TLS server listening on port 8443');
});

// TLS客户端
const clientOptions = {
  ca: [fs.readFileSync('certificate.pem')],
  rejectUnauthorized: false
};

const client = tls.connect(8443, 'localhost', clientOptions, () => {
  console.log('Client connected');
  client.write('Hello from client!
');
});

client.setEncoding('utf8');
client.on('data', (data) => {
  console.log(data);
  client.end();
});

client.on('end', () => {
  console.log('Client disconnected');
});
```

4）小结

在这个练习中，我们成功地构建了一个TLS服务器和客户端。服务器使用之前生成的自签名SSL证书和私钥，而客户端使用相同的证书作为信任锚。通过这个练习，我们知道了如何设置和配置TLS服务器和客户端，以及它们如何进行安全的通信。这有助于我们理解TLS/SSL在保护网络通信方面的应用。

14.6　本章小结

本章详细介绍了如何在Node.js中启用TLS/SSL协议。首先介绍了TLS/SSL的基本知识，包括加密算法、安全通道的建立以及TLS/SSL握手过程。接着，讲解了HTTPS（基于TLS/SSL的HTTP）的工作原理。然后，详细介绍了如何在Node.js中配置和使用TLS/SSL，包括生成私钥和证书。最后，通过一个实战案例展示如何构建TLS服务器和客户端，并运行一个安全的应用程序，为读者在实际开发中实现安全通信提供了实践指导。掌握这些知识对于开发需要保护敏感信息和提供用户安全体验的Web应用至关重要。

第 15 章 常用Web中间件

通过前面几章的学习,相信读者已经基本会使用Node.js来构建一些简单的Web应用。但这些应用距离真实的项目还很远,归根结底是因为这些应用都基于原生的Node.js的API。这些API都太偏向底层,要实现真实的项目,还有很多的工作要做。

中间件则是为了简化真实项目的开发而准备的,其应用非常广泛,比如有Web服务器中间件、消息中间件、ESB中间件、日志中间件、数据库中间件等。借助中间件,我们可以快速实现项目中的业务功能,而无须关心中间件底层的技术细节。

本章将介绍Node.js项目中常用的两个Web中间件:Express和Socket.IO。Express是一个简洁、灵活的Node.js Web应用框架,极大地简化了Web应用和API的开发过程。Socket.IO是一个实时通信库,它让在浏览器和服务器之间实现实时、双向和基于事件的通信变得简单。

15.1 Express

Express是一个简洁而灵活的Node.js Web应用框架,提供了一系列强大特性帮助我们创建各种Web应用。同时,Express也是一款功能非常强大的HTTP工具。

使用Express可以快速搭建一个功能完整的网站,其核心特性包括:

- 可以设置中间件来响应HTTP请求。
- 定义了路由表用于执行不同的HTTP请求动作。
- 可以通过向模板传递参数来动态渲染HTML页面。

接下来介绍如何基于Express来开发Node.js应用。

15.1.1 安装Express

首先,初始化一个名为"express-demo"的应用:

```
$ mkdir express-demo
$ cd express-demo
```

然后，通过npm init来初始化该应用：

```
$ npm init

This utility will walk you through creating a package.json file.
It only covers the most common items, and tries to guess sensible defaults.

See 'npm help init' for definitive documentation on these fields
and exactly what they do.

Use 'npm install <pkg>' afterwards to install a package and
save it as a dependency in the package.json file.

Press ^C at any time to quit.
package name: (express-demo) express-demo
version: (1.0.0) 1.0.0
description: Express demo.
entry point: (index.js) index.js
test command:
git repository:
keywords:
author: waylau.com
license: (ISC)
About to write to D:\workspace\gitee\progressive-nodejs-enterprise-level-
application-practice-book\samples\express-demo\package.json:

{
  "name": "express-demo",
  "version": "1.0.0",
  "description": "Express demo.",
  "main": "index.js",
  "scripts": {
    "test": "echo \"Error: no test specified\" && exit 1"
  },
  "author": "waylau.com",
  "license": "ISC"
}


Is this OK? (yes) yes
```

最后，通过npm install命令来安装Express：

```
$ npm install express --save

added 64 packages in 2s

12 packages are looking for funding
  run 'npm fund' for details
```

15.1.2 实战：编写"Hello World"应用

在安装完Express之后，就可以通过Express来编写Web应用了。在应用根目录下，创建一个index.js文件，该文件的内容是一个简单版本的"Hello World"应用代码：

```
const express = require('express');
const app = express();
const port = 8080;

app.get('/', (req, res) => res.send('Hello World!'));

app.listen(port, () => console.log('Server listening on port ${port}!'));
```

该示例非常简单，服务器启动之后会占用8080端口。当用户访问应用的"/"路径时，会响应"Hello World!"字样的内容给客户端。

15.1.3 运行"Hello World"应用

执行下面的命令，以启动服务器：

```
$ node index.js

Server listening on port 8080!
```

服务器启动之后，通过浏览器访问http://localhost:8080/，可以看到如图15-1所示的界面效果。

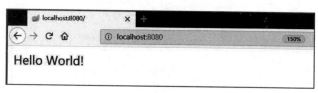

图 15-1　Hello World!

本节例子可以在本书配套资源中的"express-demo"目录下找到。

15.1.4 实战：使用Express构建REST API

在"12.6 实战：构建REST服务"一节中，我们通过Node.js的node:http模块实现了一个简单的"用户管理"应用。本节将演示如何基于Express来更加简捷地实现REST API。

首先，初始化一个名为"express-rest"的应用：

```
$ mkdir express-rest
$ cd express-rest
```

然后，通过npm init来初始化该应用：

```
$ npm init

This utility will walk you through creating a package.json file.
It only covers the most common items, and tries to guess sensible defaults.

See 'npm help init' for definitive documentation on these fields
and exactly what they do.

Use `npm install <pkg>` afterwards to install a package and
save it as a dependency in the package.json file.

Press ^C at any time to quit.
package name: (express-rest) express-rest
version: (1.0.0) 1.0.0
description: Express REST demo.
entry point: (index.js) index.js
test command:
git repository:
keywords:
author: waylau.com
license: (ISC)
About to write to D:\workspace\gitee\progressive-nodejs-enterprise-level-
application-practice-book\samples\express-rest\package.json:

{
  "name": "express-rest",
  "version": "1.0.0",
  "description": "Express REST demo.",
  "main": "index.js",
  "scripts": {
    "test": "echo \"Error: no test specified\" && exit 1"
  },
  "author": "waylau.com",
  "license": "ISC"
}


Is this OK? (yes) yes
```

最后，通过npm install命令来安装Express：

```
$ npm install express --save

added 64 packages in 2s

12 packages are looking for funding
  run `npm fund` for details
```

在应用根目录下，创建一个index.js文件。为了能顺利解析JSON格式的数据，需要引入下面的模块：

```
const express = require('express');
const app = express();
```

```
const port = 8080;
const bodyParser = require('body-parser');//用于req.body获取值的
app.use(bodyParser.json());
```

同时，我们在内存中定义了一个Array来模拟用户信息的存储：

```
// 存储用户信息
let users = new Array();
```

通过不同的HTTP操作来识别不同的对于用户的操作：使用POST来新增用户，使用PUT来修改用户，使用DELETE来删除用户，使用GET来获取所有用户的信息。代码如下：

```
// 存储用户信息
let users = new Array();

app.get('/', (req, res) => res.json(users).end());

app.post('/', (req, res) => {
    let user = req.body.name;
    users.push(user);
    res.json(users).end();
});

app.put('/', (req, res) => {
    let user = req.body.name;
    for (let i = 0; i < users.length; i++) {
        if (user == users[i]) {
            users.splice(i, 1, user);
            break;
        }
    }
    res.json(users).end();
});
app.delete('/', (req, res) => {
    let user = req.body.name;
    for (let i = 0; i < users.length; i++) {
        if (user == users[i]) {
            users.splice(i, 1);
            break;
        }
    }
    res.json(users).end();
});
```

本应用的完整代码如下：

```
const express = require('express');
const app = express();
const port = 8080;
const bodyParser = require('body-parser');//用于req.body获取值的
```

```javascript
app.use(bodyParser.json());


// 存储用户信息
let users = new Array();

app.get('/', (req, res) => res.json(users).end());

app.post('/', (req, res) => {
   let user = req.body.name;

   users.push(user);

   res.json(users).end();
});

app.put('/', (req, res) => {
   let user = req.body.name;

   for (let i = 0; i < users.length; i++) {
      if (user == users[i]) {
         users.splice(i, 1, user);
         break;
      }
   }

   res.json(users).end();
});

app.delete('/', (req, res) => {
   let user = req.body.name;

   for (let i = 0; i < users.length; i++) {
      if (user == users[i]) {
         users.splice(i, 1);
         break;
      }
   }

   res.json(users).end();
});

app.listen(port, () => console.log('Server listening on port ${port}!'));
```

15.1.5 测试Express的REST API

运行上述应用,并在REST客户端中进行REST API的调试。

1. 测试创建用户 API

在RESTClient中，选择POST请求方法，输入"{"name":"waylau"}"作为用户的请求内容，并单击"发送"按钮。发送成功后，可以看到已经返回了所添加的用户信息（见图15-2）。也可以添加多个用户以便测试。

图 15-2　POST 创建用户

2. 测试删除用户 API

在RESTClient中，选择DELETE请求方法，输入"{"name":"tom"}"作为用户的请求内容，并单击"发送"按钮。发送成功后，可以看到如图15-3所示的响应内容。

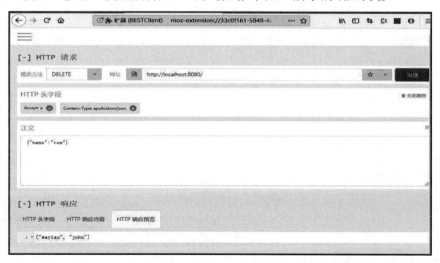

图 15-3　DELETE 删除用户

从最终的响应结果中可以看到"tom"的信息被删除了。

3. 测试修改用户 API

在RESTClient中，选择PUT请求方法，输入"{"name":"john"}"作为用户的请求内容，并单击"发送"按钮。发送成功后，可以看到如图15-4所示的响应内容。

图15-4　PUT 修改用户

虽然最终的响应结果看上去并无变化，但实际上john的值已经被替换了。

4. 测试查询用户 API

在RESTClient中，选择GET请求方法，并单击"发送"按钮。发送成功后，可以看到如图15-5所示的响应内容。

图15-5　查询用户

最终，将内存中的所有用户信息都返回给了客户端。

本节例子可以在本书配套资源中的"express-rest"目录下找到。

15.2 Socket.IO

Socket.IO是另外一款流行的Node.js领域的Web中间件，用于支持实时、双向、基于事件的通信。Socket.IO是一个基于WebSocket的实时库，它封装了WebSocket的细节，并提供了自动的跨浏览器兼容性。它还支持自动重连、自动检测网络状况以及其他一些实用的功能。

Socket.IO提供的功能主要分为两部分：

- Node.js服务器。项目主页见https://github.com/socketio/socket.io。
- 浏览器端的JavaScript客户端。项目主页见https://github.com/socketio/socket.io-client。

15.2.1 Socket.IO的主要特点

Socket.IO主要包括以下特点。

1. 可靠性

即使存在以下情况，Socket.IO也能建立连接：

- 代理和负载均衡器。
- 个人防火墙和防病毒软件。

为了实现连接，首先，它依赖于Engine.IO（另外一个实时引擎，项目主页见https://github.com/socketio/engine.io），以便建立起一个长轮询连接；然后，尝试升级到更好的传输，比如WebSocket。

2. 支持自动重连

除非另有说明，否则断开连接的客户端将尝试永久重新连接，直到服务器再次可用。

3. 断线检测

Socket.IO在Engine.IO级别实现心跳机制，允许服务器和客户端知道另一个机制何时不响应。

Socket.IO通过在服务器和客户端上设置定时器来实现该功能，在连接握手期间共享超时值（pingInterval和pingTimeout参数）。这些计时器需要将任何后续客户端调用定向到同一服务器，因此在使用多个节点时会出现黏性会话要求。

4. 支持二进制

Socket.IO可以发出任何可序列化的数据结构，包括：

- 浏览器中的ArrayBuffer和Blob。
- Node.js中的ArrayBuffer和Buffer。

5．简单易用的API

关于Socket.IO API的使用，会在后面继续介绍。

6．跨浏览器

Socket.IO支持所有的主流浏览器。具体支持情况如图15-6所示。

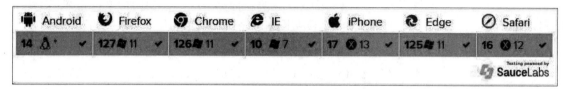

图15-6　浏览器支持情况

7．支持多路复用

为了在应用程序中创建关注点分离，Socket.IO允许创建多个命名空间（namespace），这些命名空间将充当单独的通信通道，但共享相同的底层连接。

8．支持房间

在每个命名空间中，可以定义套接字加入和离开的任意通道，称之为房间（room）。然后，可以广播到任何给定的房间，到达已加入它的每个套接字。

这是一个非常有用的功能，可以将通知发送给一组用户，或者发送给连接在多个设备上的给定用户。

> 提示　Socket.IO不是WebSocket的实现。尽管Socket.IO确实在可能的情况下使用WebSocket作为传输，但它会为每个数据包添加一些元数据，包括数据包类型、命名空间和需要确认消息时的确认ID。这就是WebSocket客户端无法成功连接到Socket.IO服务器，并且Socket.IO客户端也无法连接到WebSocket服务器的原因。有关Socket.IO的协议规范见 https://github.com/socketio/socket.io-protocol。

15.2.2　安装Socket.IO

首先，初始化一个名为"socket-io-demo"的应用：

```
$ mkdir socket-io-demo
$ cd socket-io-demo
```

然后，通过npm init来初始化该应用：

```
$ npm init

This utility will walk you through creating a package.json file.
It only covers the most common items, and tries to guess sensible defaults.

See 'npm help init' for definitive documentation on these fields
```

```
and exactly what they do.

Use 'npm install <pkg>' afterwards to install a package and
save it as a dependency in the package.json file.

Press ^C at any time to quit.
package name: (socket-io-demo) socket-io-demo
version: (1.0.0) 1.0.0
description: Socket.IO demo.
entry point: (index.js) index.js
test command:
git repository:
keywords:
author: waylau.com
license: (ISC)
About to write to D:\workspace\gitee\progressive-nodejs-enterprise-level-
application-practice-book\samples\socket-io-demo\package.json:

{
  "name": "socket-io-demo",
  "version": "1.0.0",
  "description": "Socket.IO demo.",
  "main": "index.js",
  "scripts": {
    "test": "echo \"Error: no test specified\" && exit 1"
  },
  "author": "waylau.com",
  "license": "ISC"
}


Is this OK? (yes) yes
```

最后,通过npm install命令来安装Socket.IO:

```
$ npm install socket.io

added 22 packages in 2s
```

15.2.3 实战:编写Socket.IO服务器

在安装完Socket.IO之后,就可以通过Socket.IO来编写服务器了。此时,需要引入Express:

```
$ npm install express --save
```

以下是一个简单版本的Socket.IO服务器代码:

```
const express = require('express');
const { createServer } = require('node:http');
const { join } = require('node:path');
const { Server } = require('socket.io');
```

```js
const app = express();
const server = createServer(app);
const io = new Server(server);

app.get('/', (req, res) => {
    res.sendFile(join(__dirname, 'client.html'));
});

// 监听客户端连接
io.on('connection', (socket) => {
    console.log('client connected');

    // 监听断开连接状态
    socket.on('disconnect', () => {
        console.log('connect disconnect');
    });

    // 与客户端对应的接收指定的消息
    socket.on('client message', (msg) => {
        // 输出服务端接收到的客户端数据
        console.log('receive client message: ' + msg);

        // 发送消息
        io.emit('server message', 'Welcome!');
    });
});

server.listen(8080, () => {
    console.log('listening on 8080');
});
```

该示例非常简单，当服务器启动之后会占用8080端口。当用户访问应用的"/"路径时，会响应client.html的内容给客户端。lient.html就是接下来要定义的客户端代码。

服务器会监听来自client message事件的数据，并会通过server message事件将数据发送给客户端。

15.2.4 实战：编写Socket.IO客户端

要使用Socket.IO客户端的功能，需要引入socket.io.js文件，代码如下：

```html
<script src="/socket.io/socket.io.js"></script>
```

接着就可以创建客户端的socket了，代码如下：

```js
// 创建socket
var socket = io();

// 接收服务端server message事件发出的数据
socket.on('server message', function (data) {
    //输出服务端响应的数据
    console.log('receive server message: ' + data);
});
```

```
//向服务端的自定义事件client message发出数据
socket.emit('client message', 'Hi!');
```

socket可以通过server message事件来接收服务器的数据，同时，可以通过emit来发送client message事件及数据。服务器可以通过client message事件来接收客户端的数据。

客户端client.html的完整代码如下：

```html
<!DOCTYPE html>
<html>
<head>
    <meta charset="UTF-8">
    <title>Socket.IO demo</title>
</head>
<body>
    <script src="/socket.io/socket.io.js"></script>
    <script>
        // 创建socket
        var socket = io();
        // 接收服务端server message事件发出的数据
        socket.on('server message', function (data) {
            //输出服务端响应的数据
            console.log('receive server message: ' + data);
        });
        //向服务端的自定义事件client message发出数据
        socket.emit('client message', 'Hi!');
    </script>
</body>
</html>
```

15.2.5 运行应用

首先，启动服务器：

```
$ node index.js
listening on 8080
```

接着，通过浏览器来访问http://localhost:8080/，此时，服务器控制台输出内容如下：

```
client connected
receive client message: Hi!
```

同时，浏览器控制台输出内容如下：

```
receive server message: Welcome!
```

本节例子可以在本书配套资源中的"socket-io-demo"目录下找到。

15.3 上机演练

练习一：使用 Express 构建 REST 服务

1）任务要求

创建一个基于Express的RESTful API，包括创建、读取、更新和删除操作。

2）参考操作步骤

（1）安装Express和body-parser（用于解析请求体）：

```
npm install express body-parser
```

（2）创建一个新的JavaScript文件，例如app.js。
（3）在app.js中引入Express和body-parser模块，并初始化一个Express应用。
（4）配置中间件以解析JSON请求体。
（5）定义一个简单的数据存储结构，例如一个数组或对象，用于模拟数据库。
（6）创建路由处理程序来处理不同的HTTP请求方法，并实现CRUD操作。
（7）启动服务器监听特定端口。
（8）运行应用：

```
node app.js
```

（9）使用浏览器或Postman等工具测试API端点。

3）参考示例代码

```javascript
// 引入Express和body-parser模块
const express = require('express');
const bodyParser = require('body-parser');

// 初始化Express应用
const app = express();

// 配置中间件以解析JSON请求体
app.use(bodyParser.json());

// 模拟的数据存储结构
let data = [];

// GET请求 - 获取所有数据
app.get('/items', (req, res) => {
  res.json(data);
});

// POST请求 - 添加新数据
app.post('/items', (req, res) => {
  const newItem = req.body;
  data.push(newItem);
```

```
    res.status(201).json(newItem);
});

// PUT请求 - 更新数据
app.put('/items/:id', (req, res) => {
  const id = parseInt(req.params.id);
  const updatedItem = req.body;
  const index = data.findIndex(item => item.id === id);
  if (index !== -1) {
    data[index] = updatedItem;
    res.json(updatedItem);
  } else {
    res.status(404).send('Item not found');
  }
});

// DELETE请求 - 删除数据
app.delete('/items/:id', (req, res) => {
  const id = parseInt(req.params.id);
  const index = data.findIndex(item => item.id === id);
  if (index !== -1) {
    data.splice(index, 1);
    res.status(204).end();
  } else {
    res.status(404).send('Item not found');
  }
});

// 启动服务器监听3000端口
const port = 3000;
app.listen(port, () => {
  console.log('Server is running on port ${port}');
});
```

4）小结

这个练习展示了如何使用Express框架构建一个简单的RESTful API，包括创建、读取、更新和删除操作，如何配置中间件来解析JSON请求体，以及如何处理不同类型的HTTP请求。这些知识对于开发Web应用程序至关重要。

练习二：使用 Socket.IO 实现一个简单的实时聊天应用

1）任务要求

（1）创建一个基于Node.js的Socket.IO服务器。
（2）创建一个基于浏览器的Socket.IO客户端，能够发送和接收消息。
（3）在服务器端，当收到来自客户端的消息时，将其广播给所有连接的客户端。
（4）在客户端，用户可以输入消息并发送，同时可以接收来自其他用户的消息。

2）参考操作步骤

（1）安装必要的依赖项：

```
npm install express socket.io
```

（2）创建服务器端代码（server.js）：

```
// 引入依赖模块
const express = require('express');
const http = require('http');
const socketIo = require('socket.io');

// 初始化Express应用
const app = express();
const server = http.createServer(app);

// 创建Socket.IO实例
const io = socketIo(server);

// 监听连接事件
io.on('connection', (socket) => {
    console.log('New client connected:', socket.id);

    // 监听客户端发送的消息
    socket.on('message', (data) => {
        // 将消息广播给所有客户端
        io.emit('message', data);
    });

    // 监听断开连接事件
    socket.on('disconnect', () => {
        console.log('Client disconnected:', socket.id);
    });
});

// 启动服务器
const port = 3000;
server.listen(port, () => {
    console.log('Server is running on port ${port}');
});
```

（3）创建客户端代码（index.html）：

```
<!DOCTYPE html>
<html lang="en">
<head>
    <meta charset="UTF-8">
    <title>Chat App</title>
    <script src="/socket.io/socket.io.js"></script>
</head>
<body>
    <div id="messages"></div>
    <input type="text" id="inputMessage" placeholder="Type your message...">
    <button onclick="sendMessage()">Send</button>
    <script>
```

```
        const socket = io(); // 连接到服务器
        const messagesDiv = document.getElementById('messages');
        const inputMessage = document.getElementById('inputMessage');

        // 监听服务器发来的消息
        socket.on('message', (data) => {
            const messageElement = document.createElement('p');
            messageElement.textContent = data;
            messagesDiv.appendChild(messageElement);
        });

        function sendMessage() {
            const message = inputMessage.value;
            socket.emit('message', message); // 发送消息到服务器
            inputMessage.value = ''; // 清空输入框
        }
    </script>
</body>
</html>
```

（4）运行服务器：

```
node server.js
```

（5）打开浏览器，访问http://localhost:3000，即可看到聊天界面。可以在多个浏览器窗口中打开该页面进行测试。

3）小结

这个练习展示了如何使用Socket.IO构建一个实时聊天应用。我们创建了一个服务器端和一个客户端，实现了消息的实时传输和广播功能。这为进一步开发更复杂的实时通信应用提供了基础。

15.4 本章小结

本章主要介绍了Node.js项目中常用的两个Web中间件，即Express和Socket.IO。对于Express，首先指导读者安装Express并进行基本的设置，接着通过创建一个"Hello World"应用来引导读者快速上手Express，然后介绍了如何使用Express构建REST API，并提供测试这些API的方法。对于Socket.IO，首先介绍了它的主要特点，然后介绍了如何安装和使用Socket.IO来构建一个实时通信的服务器和客户端，并运行这个应用。

通过本章的学习，读者将获得使用Express框架创建Web应用和REST API的实战经验，同时也能掌握使用Socket.IO来实现实时通信的能力。这些知识对于开发现代化、交互性强的Web应用至关重要。

第 16 章

Vue.js与响应式编程

本章将介绍UI框架Vue.js及其在响应式编程领域的应用。通过了解Vue.js框架的基本概念、安装过程以及简单使用，我们将掌握Vue.js的使用，并将其与jQuery等传统DOM操作库进行比较，以理解Vue.js在现代前端开发中的独特优势。此外，本章还将通过实战案例，演示如何使用create-vue工具快速创建和启动Vue.js应用，从而让读者对Vue.js的开发流程有一个直观的认识。

本章还将进一步探讨响应式编程中的Observable机制和RxJS技术，包括它们的基本概念、观察者的定义、订阅执行、Observable对象的创建、多播实现以及错误处理。这些内容是理解和使用Vue.js中reactive系统的基石，为开发复杂的响应式应用提供了坚实的理论基础和实践指导。

16.1 常见 UI 框架 Vue.js

前端组件化开发是目前主流的开发方式，Vue.js是支持这种方式的流行框架之一。与其他框架比如React相比，Vue.js因其轻量级和易用性，在前端框架中占有重要地位，尤其适合中小型应用的开发。

16.1.1 Vue.js与jQuery的不同

传统的Web前端开发主要以jQuery为核心技术栈。jQuery主要用来操作DOM（Document Object Model，文档对象模型），其最大的作用就是消除各浏览器之间的差异，简化和丰富DOM的API，比如，DOM文档的转换、事件处理、动画和AJAX交互等。

Vue.js和jQuery是两个不同的JavaScript库，它们之间有一些显著的区别：

1）设计目的不同

Vue.js是一个用于构建用户界面的渐进式框架，其目标是通过数据驱动的方式，实现视图与数据的双向绑定，简化前端开发。

jQuery是一个快速、小型且功能丰富的JavaScript库，主要用于简化HTML文档遍历和操作、事件处理、动画效果以及Ajax交互等。

2）数据绑定方式不同

Vue.js支持双向数据绑定，即当数据发生变化时，视图会自动更新；当视图发生变化时，数据也会自动更新。这使得开发者可以更专注于数据层的操作，而不需要关心DOM的操作。

jQuery主要通过操作DOM来实现视图的更新，需要手动将数据与视图进行同步。

3）组件化开发

Vue.js支持组件化开发，可以将复杂的UI分解为可重用的组件，每个组件都有自己的状态和逻辑。这有助于提高代码的可维护性和可读性。

jQuery没有内置的组件化机制，开发者需要自己实现组件化的逻辑。

4）模板语法

Vue.js使用基于HTML的模板语法，可以通过简单的指令（如v-bind、v-model等）来实现数据与视图的绑定。

jQuery主要使用JavaScript和CSS来实现视图的渲染和交互效果。

5）生态系统

Vue.js有一个庞大的生态系统，包括官方支持的路由器、状态管理库、构建工具等，可以帮助开发者快速搭建完整的前端项目。

jQuery主要依赖于插件和扩展来实现更多的功能，生态系统相对较小。

总之，Vue.js和jQuery在设计理念、数据绑定方式、组件化开发、模板语法和生态系统等方面有很大的不同。Vue.js更适用于构建现代化的Web应用，而jQuery更适用于快速实现一些简单的交互效果。

下面通过一个简单的例子来比较Vue.js与jQuery的不同。

假设我们需要实现如下的菜单列表：

```
<!-- 创建一个包含菜单列表的无序列表 -->
<ul class="menus">
  <!-- 使用v-for指令遍历menus数组，生成每个菜单项 -->
  <li v-for="(menu, index) in menus" :key="index">
    <!-- 使用v-bind指令绑定href属性，使其等于当前菜单项的url -->
    <a :href="menu.url">{{ menu.name }}</a>
  </li>
</ul>
```

使用jQuery，我们会这样实现：

```
$(".menus").each(function (index, menu) {
 $(".menus").append('<li><a href="'+ menu.url+'">'+ menu.name +'</a></li>');
});
```

可以看到，在上述遍历过程中需要操作DOM元素。其实，在JavaScript里面写HTML代码是一件困难的事，因为HTML中包含尖括号、属性、双引号、单引号、方法等，在JavaScript中需要对这些特殊符号进行转义，代码将会变得冗长、易出错，且难以识别。

下面是一个极端的例子，代码极难阅读和理解。

```
    var str = "<a href=# name=link5 class='menu1 id=link1' + 'MM_showMenu
(window.mm_menu_0604091621_0,-10,20,null,\'link5\');'+ 'sel1.style.display=\'none
\';sel2.style.display=\'none\';sel3.style.display=\'none\';'+
'MM_startTimeout();>Free Services</a>";
    document.write(str);
```

如果使用Vue.js，则整段代码将会变得非常简洁，且利于理解。

```
<!-- 定义一个名为menus的Vue组件 -->
<template>
  <!-- 创建一个无序列表，用于显示菜单项 -->
  <ul class="menus">
    <!-- 使用v-for指令遍历menus数组中的每个元素，同时获取元素的索引 -->
    <li v-for="(menu, index) in menus" :key="index">
      <!-- 创建一个链接，将链接地址绑定到menu.url，链接文本绑定到menu.name -->
      <a :href="menu.url">{{ menu.name }}</a>
    </li>
  </ul>
</template>

<!-- 导出默认的Vue组件对象 -->
export default {
  data() {
    // 返回一个包含menus数组的对象
    return {
      menus: [
        { url: "#/sm1", name: "Submenu 1" }, // 子菜单1
        { url: "#/sm2", name: "Submenu 2" }, // 子菜单2
        { url: "#/sm3", name: "Submenu 3" }  // 子菜单3
      ]
    };
  }
};
</script>
```

16.1.2 Vue.js的下载和安装

Vue.js 3.x的下载和安装可以通过多种方式进行，包括通过CDN引入、独立版本下载以及通过npm进行安装。具体如下：

1. 通过 CDN 引入 Vue.js 3.x

Vue.js 3.x提供了不同的CDN链接，国内外用户可以选择最适合自己的链接。例如，国内用户可以选择字节跳动CDN：https://lf3-cdn-tos.bytecdntp.com/cdn/expire-1-M/vue/3.2.31/vue.global.min.js。这种方式适用于快速原型设计或者简单项目的快速启动。

使用方法：在HTML文件中添加<script>标签，并设置src为上述CDN链接，即可在浏览器中直接引入Vue.js 3。例如：

```
<script src="https://lf3-cdn-tos.bytecdntp.com/cdn/expire-1-M/vue/3.2.31/
vue.global.min.js"></script>
```

2. 下载 Vue.js 3.x 的独立版本

可以直接访问Vue.js的官网获取最新版本的Vue.js，并下载对应的独立版本文件。这种方法适合那些需要离线使用或者希望对Vue.js库有完全控制的场景。

下载后，可以将文件保存到项目的相应目录中，并在HTML文件中通过相对路径引入。例如：

```
<script src="/path/to/vue.global.js"></script>
```

3. 使用 npm 安装 Vue.js 3.x

（1）准备Node.js环境：首先确保安装了Node.js和npm。可以使用node -v和npm -v命令检查版本号。如果npm版本低于3.0，则需要升级它。使用淘宝镜像可以加快下载速度。

（2）通过npm安装：在命令行中运行以下命令来全局安装Vue.js 3：

```
npm install vue@next -g
```

这里的@next标记是为了获取Vue.js 3的最新版本。

（3）使用cnpm：由于npm的安装速度可能较慢，推荐使用cnpm（淘宝镜像加速器）进行安装。首先安装cnpm：

```
npm install cnpm -g
```

然后使用cnpm安装Vue.js 3：

```
cnpm install vue@next -g
```

4. 创建和管理 Vue 3 项目

（1）使用Vue CLI：Vue.js官方提供了CLI工具，用于快速搭建项目脚手架。通过以下步骤安装和创建项目：

01 安装或升级 Vue CLI 至支持 Vue.js 3 的版本：

```
npm uninstall vue-cli -g || yarn global remove vue-cli
npm install -g @vue/cli || yarn global add @vue/cli
```

确保Vue CLI版本是5.x以上。

02 创建项目并进行配置选择，例如启用 TypeScript、Vue Router 等：

```
vue create my-project
```

在创建过程中，选择"Manually select features"以手动选择需要的库和配置。

03 进入项目目录并运行开发服务器：

```
cd my-project
npm install
npm run serve
```

（2）使用Vite：Vite是一个现代化的开发服务器，它利用原生ES模块实现快速冷启动。可以通过以下命令使用Vite快速创建Vue.js 3项目：

```
npm init vite-app my-project --template vue
cd my-project
npm install
npm run dev
```

此命令会创建一个名为"my-project"的新项目，并自动安装所需的依赖。

5. 配置环境和权限

（1）配置npm路径：首先在Node.js的安装目录下创建node_cache和node_global文件夹，分别存放缓存和全局模块；然后使用以下命令将npm的全局模块目录和缓存目录配置到这两个文件夹：

```
npm config set prefix "你的安装目录/node_global"
npm config set cache "你的安装目录/node_cache"
npm config set registry https://registry.npm.taobao.org
```

（2）管理员权限：为了避免权限问题，建议以管理员身份运行命令提示符或终端。可以在搜索结果中找到命令提示符或终端，右击并以管理员身份运行，然后执行相关npm命令。这样可以避免因权限不足而导致的安装错误。

总之，下载与安装Vue.js 3.x有多种方式，包括通过CDN引入、独立版本下载和使用npm进行全局安装。每种方式都有其适用场景，例如通过CDN引入适合快速测试和小规模项目，而npm安装则更适合大型应用和项目管理。

16.1.3 实战：创建Vue.js应用

开发Vue.js应用，需要准备必要的环境。我们已经具备了Node.js和npm，只需要使用create-vue来创建Vue.js应用。

1. 使用 create-vue 来创建 Vue.js 应用

使用create-vue来创建Vue.js应用，具体命令如下：

```
$ npm create vue@latest
```

如果看到控制台上输出如下内容，则说明Vue.js应用初始化成功。

```
$ npm create vue@latest

Need to install the following packages:
create-vue@3.10.4
Ok to proceed? (y) y


> npx
> create-vue
```

```
Vue.js - The Progressive JavaScript Framework

√ 请输入项目名称：... vue-demo
√ 是否使用 TypeScript 语法？... 否 / 是
√ 是否启用 JSX 支持？... 否 / 是
√ 是否引入 Vue Router 进行单页面应用开发？... 否 / 是
√ 是否引入 Pinia 用于状态管理？... 否 / 是
√ 是否引入 Vitest 用于单元测试？... 否 / 是
√ 是否要引入一款端到端（End to End）测试工具？» 不需要
√ 是否引入 ESLint 用于代码质量检测？... 否 / 是
√ 是否引入 Prettier 用于代码格式化？... 否 / 是
√ 是否引入 Vue DevTools 7 扩展用于调试？(试验阶段) ... 否 / 是
```

正在初始化项目 D:\workspace\gitee\progressive-nodejs-enterprise-level-application-practice-book\samples\vue-demo...

项目初始化完成，可执行以下命令：

```
cd vue-demo
npm install
npm run format
npm run dev
```

上述命令初始化完成了一个名为"vue-demo"的Vue.js应用。

2. 启动 Vue.js 应用

可执行以下命令启动vue-demo应用：

```
$ cd vue-demo
$ npm install
$ npm run format
$ npm run dev
```

执行上述命令，控制台输出如下：

```
>cd vue-demo

D:\workspace\gitee\progressive-nodejs-enterprise-level-application-practice-book\samples\vue-demo> npm install
npm warn deprecated inflight@1.0.6: This module is not supported, and leaks memory. Do not use it. Check out lru-cache if you want a good and tested way to coalesce async requests by a key value, which is much more comprehensive and powerful.
npm warn deprecated rimraf@3.0.2: Rimraf versions prior to v4 are no longer supported
npm warn deprecated glob@7.2.3: Glob versions prior to v9 are no longer supported
npm warn deprecated @humanwhocodes/object-schema@2.0.3: Use @eslint/object-schema instead
npm warn deprecated @humanwhocodes/config-array@0.11.14: Use @eslint/config-array instead
```

```
added 458 packages in 1m

103 packages are looking for funding
  run 'npm fund' for details

D:\workspace\gitee\progressive-nodejs-enterprise-level-application-practice-book\samples\vue-demo> npm run format

> vue-demo@0.0.0 format
> prettier --write src/

src/App.vue 293ms (unchanged)
src/assets/base.css 8ms (unchanged)
src/assets/main.css 3ms (unchanged)
src/components/__tests__/HelloWorld.spec.ts 12ms (unchanged)
src/components/HelloWorld.vue 70ms (unchanged)
src/components/icons/IconCommunity.vue 4ms (unchanged)
src/components/icons/IconDocumentation.vue 3ms (unchanged)
src/components/icons/IconEcosystem.vue 2ms (unchanged)
src/components/icons/IconSupport.vue 2ms (unchanged)
src/components/icons/IconTooling.vue 3ms (unchanged)
src/components/TheWelcome.vue 8ms (unchanged)
src/components/WelcomeItem.vue 6ms (unchanged)
src/main.ts 3ms (unchanged)
src/router/index.ts 7ms (unchanged)
src/stores/counter.ts 7ms (unchanged)
src/views/AboutView.vue 2ms (unchanged)
src/views/HomeView.vue 3ms (unchanged)

D:\workspace\gitee\progressive-nodejs-enterprise-level-application-practice-book\samples\vue-demo> npm run dev

> vue-demo@0.0.0 dev
> vite


  VITE v5.3.1  ready in 3550 ms

  ➜  Local:   http://localhost:5173/
  ➜  Network: use --host to expose
  ➜  Vue DevTools: Open http://localhost:5173/__devtools__/ as a separate window
  ➜  Vue DevTools: Press Alt(⌥)+Shift(⇧)+D in App to toggle the Vue DevTools

  ➜  press h + enter to show help
```

打开浏览器并访问http://localhost:5173，vue-demo应用的运行效果如图16-1所示。

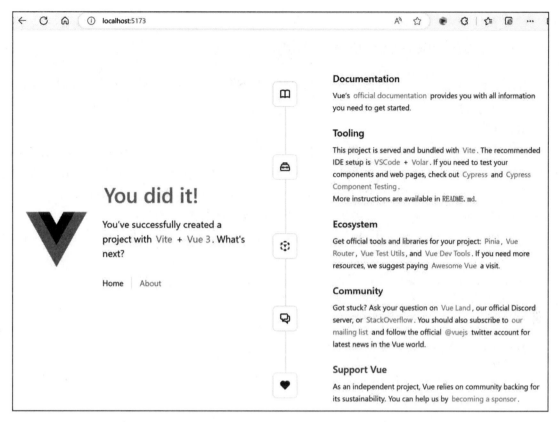

图 16-1 运行效果

16.2 了解 Observable 机制

  响应式编程往往是基于事件且异步的，因此，基于响应式编程开发的应用有着良好的并发性。响应式编程采用"订阅—发布"模式，只要订阅了感兴趣的主题，一旦有消息发布，订阅者就能收到。常用的消息中间件一般都支持该模式。

  Observable 机制与"订阅—发布"模式类似。Observable 对象支持在应用中的发布者和订阅者之间传递消息。Observable 对象是声明式的，也就是说，虽然定义了一个用于发布值的函数，但是，除非有消费者订阅它，否则这个函数并不会实际执行。在订阅之后，当这个函数执行完成或取消订阅时，订阅者就会收到通知。

  Observable 对象可以发送多个任意类型的值，包括字面量、消息、事件等。无论这些值是同步还是异步发送的，接收这些值的 API 都是一样的。无论数据流是 HTTP 响应流还是定时器，对这些值进行监听和停止监听的接口也都是一样的。

16.2.1 了解Observable的基本概念

当发布者创建一个Observable对象的实例时，就会定义一个订阅者函数。当有消费者调用subscribe()方法时，这个函数就会被执行。订阅者函数用于定义"如何获取或生成那些要发布的值或消息"。

要执行所创建的Observable对象，并开始从中接收消息通知，就需要调用它的subscribe()方法来执行订阅，并传入一个观察者。这是一个JavaScript对象，它定义了所收到的这些消息的处理器。subscribe()方法调用会返回一个Subscription对象，该对象拥有一个unsubscribe()方法。当调用unsubscribe()方法时，就会停止订阅，不再接收消息通知。

下面这个例子演示了这种基本用法，展示了如何使用Observable对象来对当前的地理位置进行更新。

```javascript
// 当有消费者订阅时，就创建一个 Observable 对象，来监听地理位置的更新
const locations = new Observable((observer) => {
 // 获取 next 和 error 的回调
 const {next, error} = observer;
 let watchId;
 // 检查要发布的值
 if ('geolocation' in navigator) {
 watchId = navigator.geolocation.watchPosition(next, error);
 } else {
 error('Geolocation not available');
 }
 // 当消费者取消订阅时，清除数据，为下次订阅做准备
 return {unsubscribe() { navigator.geolocation.clearWatch(watchId); }};
});
// 调用 subscribe()方法来监听变化
const locationsSubscription = locations.subscribe({
 next(position) { console.log('Current Position: ', position); },
 error(msg) { console.log('Error Getting Location: ', msg); }
});
// 10s 之后，停止监听位置信息
setTimeout(() => { locationsSubscription.unsubscribe(); }, 10000);
```

16.2.2 定义观察者

观察者用于接收Observable对象的处理器，这些处理器都实现了Observer接口。观察者对象定义了一些回调函数，用来处理Observable对象可能会发来的3种通知。

- next：必需的。用来处理每个送达值。在开始执行后，可能执行0次或多次。
- error：可选的。用来处理错误的通知。错误会中断Observable对象实例的执行过程。
- complete：可选的。用来处理执行完成的通知。当执行完毕后，这些值就会继续传给下一个处理器。

如果没有为通知类型提供处理器，这个观察者就会忽略相应类型的通知。

16.2.3 执行订阅

当消费者订阅了Observable对象的实例时，就会开始发布值。订阅时要先调用该实例的subscribe()方法，并把一个观察者对象传给它，以便用来接收通知。

在Observable上定义的一些静态方法用来创建一些常用的简单Observable对象。

- Observable.of(...items)：用于返回一个Observable对象实例，它用同步的方式把参数中提供的值发送出去。
- Observable.from(iterable)：该方法通常用于把一个数组转换成一个（发送多个值的）Observable对象。

下面的例子会创建并订阅一个简单的Observable对象，它的观察者会把接收到的消息记录到控制台中。

```
// 创建发出 3 个值的 Observable 对象
const myObservable = Observable.of(1, 2, 3);
// 创建观察者对象
const myObserver = {
 next: x => console.log('Observer got a next value: ' + x),
 error: err => console.error('Observer got an error: ' + err),
 complete: () => console.log('Observer got a complete notification'),
};
// 执行订阅
myObservable.subscribe(myObserver);
```

控制台上输出的内容如下：

```
Observer got a next value: 1
Observer got a next value: 2
Observer got a next value: 3
Observer got a complete notification
```

subscribe()方法还可以接收定义在同一行中的回调函数。在上述例子中，创建观察者对象的代码等同于下面的代码：

```
myObservable.subscribe(
 x => console.log('Observer got a next value: ' + x),
 err => console.error('Observer got an error: ' + err),
 () => console.log('Observer got a complete notification')
);
```

> **注意** next处理器是必需的，而error和complete处理器是可选的。

16.2.4 创建Observable对象

使用Observable构造函数可以创建任何类型的Observable流。当执行Observable对象的subscribe()方法时,这个构造函数就会把它接收到的参数作为订阅函数来执行。订阅函数会接收一个Observer对象,并把值发布给观察者的next()方法。

比如,要创建一个与前面的Observable.of(1, 2, 3)等价的可观察对象,可以像下面这样做:

```
// 当调用 subscribe()方法时,执行下面的函数
function sequenceSubscriber(observer) {
 // 同步传递 1、2 和 3,然后完成
 observer.next(1);
 observer.next(2);
 observer.next(3);
 observer.complete();
 // 由于是同步的,因此unsubscribe()函数不需要执行具体内容
 return {unsubscribe() {}};
}
// 创建一个新的 Observable 对象来执行上面定义的顺序
const sequence = new Observable(sequenceSubscriber);
// 执行订阅
sequence.subscribe({
 next(num) { console.log(num); },
 complete() { console.log('Finished sequence'); }
});
```

控制台上输出的内容如下:

```
1
2
3
Finished sequence
```

还可以创建一个用来发布事件的Observable对象。在下面这个例子中,订阅函数是用内联方式定义的。

```
function fromEvent(target, eventName) {
    return new Observable((observer) => {
 const handler = (e) => observer.next(e);
 // 在目标中添加事件处理器
 target.addEventListener(eventName, handler);
 return () => {
 // 从目标中移除事件处理器
 target.removeEventListener(eventName, handler);
 };
 });
}
```

现在就可以使用fromEvent()函数来创建和发布带有keydown事件的Observable对象了,代码如下:

```
const ESC_KEY = 27;
const nameInput = document.getElementById('name') as HTMLInputElement;
const subscription = fromEvent(nameInput, 'keydown')
 .subscribe((e: KeyboardEvent) => {
 if (e.keyCode === ESC_KEY) {
 nameInput.value = '';
 }
 });
```

16.2.5 实现多播

多播是指让Observable对象在一次执行中同时广播给多个订阅者。借助支持多播的Observable对象，可以不必注册多个监听器，而是复用第一个监听器（next），并把值发送给各个订阅者。

观察下面这个从1到3进行计数的例子，它每发出一个数字就会等待1s。

```
function sequenceSubscriber(observer) {
 const seq = [1, 2, 3];
 let timeoutId;
 // 每发出一个数字就会等待 1s
 function doSequence(arr, idx) {
 timeoutId = setTimeout(() => {
 observer.next(arr[idx]);
 if (idx === arr.length - 1) {
 observer.complete();
 } else {
 doSequence(arr, ++idx);
 }
 }, 1000);
 }
 doSequence(seq, 0);
 // 当取消订阅时，会清理定时器，暂停执行
 return {unsubscribe() {
 clearTimeout(timeoutId);
 }};
}
// 创建一个新的 Observable 对象来支持上面定义的顺序
const sequence = new Observable(sequenceSubscriber);
sequence.subscribe({
 next(num) { console.log(num); },
 complete() { console.log('Finished sequence'); }
});
```

控制台上输出的内容如下：

```
(at 1 second): 1
(at 2 seconds): 2
(at 3 seconds): 3
(at 3 seconds): Finished sequence
```

如果订阅了两次,就会有两个独立的流,每个流每秒都会发出一个数字,代码如下:

```
sequence.subscribe({
 next(num) { console.log('1st subscribe: ' + num); },
 complete() { console.log('1st sequence finished.'); }
});
// 0.5s 后再次订阅
setTimeout(() => {
 sequence.subscribe({
  next(num) { console.log('2nd subscribe: ' + num); },
  complete() { console.log('2nd sequence finished.'); }
 });
}, 500);
```

控制台上输出的内容如下:

```
(at 1 second): 1st subscribe: 1
(at 1.5 seconds): 2nd subscribe: 1
(at 2 seconds): 1st subscribe: 2
(at 2.5 seconds): 2nd subscribe: 2
(at 3 seconds): 1st subscribe: 3
(at 3 seconds): 1st sequence finished
(at 3.5 seconds): 2nd subscribe: 3
(at 3.5 seconds): 2nd sequence finished
```

修改这个Observable对象以支持多播,代码如下:

```
function multicastSequenceSubscriber() {
 const seq = [1, 2, 3];
 const observers = [];
 let timeoutId;
 return (observer) => {
  observers.push(observer);
  // 如果是第一次订阅,则启动定义好的顺序
  if (observers.length === 1) {
   timeoutId = doSequence({
    next(val) {
     // 遍历观察者,通知所有的订阅者
     observers.forEach(obs => obs.next(val));
    },
    complete() {
     // 通知所有的 complete 回调
     observers.slice(0).forEach(obs => obs.complete());
    }
   }, seq, 0);
  }
  return {
   unsubscribe() {
    // 移除观察者
    observers.splice(observers.indexOf(observer), 1);
    // 如果没有监听者,就清理定时器
    if (observers.length === 0) {
```

```
    clearTimeout(timeoutId);
   }
  }
 };
};
}
function doSequence(observer, arr, idx) {
 return setTimeout(() => {
  observer.next(arr[idx]);
  if (idx === arr.length - 1) {
   observer.complete();
  } else {
   doSequence(observer, arr, ++idx);
  }
 }, 1000);
}
const multicastSequence = new Observable(multicastSequenceSubscriber());
multicastSequence.subscribe({
 next(num) { console.log('1st subscribe: ' + num); },
 complete() { console.log('1st sequence finished.'); }
});
setTimeout(() => {
 multicastSequence.subscribe({
  next(num) { console.log('2nd subscribe: ' + num); },
  complete() { console.log('2nd sequence finished.'); }
 });
}, 1500);
```

控制台上输出的内容如下：

```
(at 1 second): 1st subscribe: 1
(at 2 seconds): 1st subscribe: 2
(at 2 seconds): 2nd subscribe: 2
(at 3 seconds): 1st subscribe: 3
(at 3 seconds): 1st sequence finished
(at 3 seconds): 2nd subscribe: 3
(at 3 seconds): 2nd sequence finished
```

16.2.6　处理错误

由于Observable对象会异步生成值，因此用try-catch是无法捕获错误的。应该在观察者中指定一个error回调来处理错误。当发生错误时，还会让Observable对象清理现有的订阅，并且停止生成值。Observable对象可以生成值（调用next回调），也可以调用complete或error回调来主动结束。

错误处理的示例代码如下：

```
myObservable.subscribe({
 next(num) { console.log('Next num: ' + num)},
```

```
  error(err) { console.log('Received an error: ' + err)}
});
```

后面还会对错误处理做更详细的讲解。

16.3 了解 RxJS 技术

响应式编程是一种面向数据流和变化传播的异步编程范式,在现代应用中非常流行,Java、JavaScript等编程语言都支持响应式编程。RxJS是一个流行的响应式编程的JavaScript库,它让编写异步代码和基于回调的代码变得更简单。

RxJS提供了一种对Observable类型的实现。此外,RxJS还提供了一些工具函数,用于创建和使用Observable对象。这些工具函数可用于:

- 把现有的异步代码转换成Observable对象。
- 迭代流中的各个值。
- 把这些值映射成其他类型。
- 对流进行过滤。
- 组合多个流。

16.3.1 创建Observable对象的函数

RxJS提供了一些用来创建Observable对象的函数,这些函数可以简化根据事件、定时器、承诺、AJAX等来创建Observable对象的过程。以下是各种创建方式的示例。

(1)根据事件创建Observable对象:

```
import { fromEvent } from 'rxjs';
const el = document.getElementById('my-element');
// 根据鼠标指针移动事件创建 Observable 对象
const mouseMoves = fromEvent(el, 'mousemove');
// 订阅监听鼠标指针移动事件
const subscription = mouseMoves.subscribe((evt: MouseEvent) => {
  // 记录鼠标指针移动
  console.log('Coords: ${evt.clientX} X ${evt.clientY}');
   // 当鼠标指针位于屏幕的左上方时
  // 取消订阅以监听鼠标指针移动
  if (evt.clientX < 40 && evt.clientY < 40) {
  subscription.unsubscribe();
  }
});
```

(2)根据定时器创建Observable对象:

```
import { interval } from 'rxjs';
// 根据定时器创建 Observable 对象
```

```
const secondsCounter = interval(1000);
// 订阅开始发布值
secondsCounter.subscribe(n =>
 console.log('It's been ${n} seconds since subscribing!'));
```

(3) 根据承诺创建Observable对象：

```
import { fromPromise } from 'rxjs';
// 根据承诺创建 Observable 对象
const data = fromPromise(fetch('/api/endpoint'));
// 订阅监听异步返回
data.subscribe({
next(response) { console.log(response); },
error(err) { console.error('Error: ' + err); },
complete() { console.log('Completed'); }
});
```

(4) 根据AJAX创建Observable对象：

```
import { ajax } from 'rxjs/ajax';
// 根据 AJAX 创建 Observable 对象
const apiData = ajax('/api/data');
// 订阅创建请求
apiData.subscribe(res => console.log(res.status, res.response));
```

16.3.2 了解操作符

操作符是基于Observable对象构建的一些对集合进行复杂操作的函数。表16-1列出了RxJS的常用操作符。

表 16-1 RxJS 的常用操作符

类 别	操 作 符
创建	from、fromPromise、fromEvent、of
组合	combineLatest、concat、merge、startWith、withLatestFrom、zip
过滤	debounceTime、distinctUntilChanged、filter、take、takeUntil
转换	bufferTime、concatMap、map、mergeMap、scan、switchMap
工具	tap
多播	share

操作符接收一些配置项，然后返回一个以来源Observable对象为参数的函数。当执行这个返回的函数时，操作符会观察来源Observable对象中发出的值，然后转换它们，并返回由转换后的值组成的新的Observable对象。下面是一个使用map操作符的例子。

```
import { map } from 'rxjs/operators';
const nums = of(1, 2, 3);
const squareValues = map((val: number) => val * val); //进行转换
const squaredNums = squareValues(nums);
squaredNums.subscribe(x => console.log(x));
```

可以看到控制台上输出如下内容：

```
// 1
// 4
// 9
```

管道可以把多个由操作符返回的函数组合成一个。pipe()函数以要组合的函数为参数，并返回一个新的函数。当执行这个新的函数时，就会顺序执行那些被组合进去的函数。示例代码如下：

```
import { filter, map } from 'rxjs/operators';
const nums = of(1, 2, 3, 4, 5);
// 创建一个函数，用于接收 Observable 对象
const squareOddVals = pipe(
 filter((n: number) => n % 2 !== 0),
 map(n => n * n)
);
// 创建 Observable 对象来执行 filter 和 map 函数
const squareOdd = squareOddVals(nums);
// 订阅执行合并函数
squareOdd.subscribe(x => console.log(x));
```

pipe()函数同时是RxJS的Observable对象上的一个方法，因此，可以用下面的简写形式来实现与上面例子同样的效果。

```
import { filter, map } from 'rxjs/operators';
const squareOdd = of(1, 2, 3, 4, 5)
 .pipe(
 filter(n => n % 2 !== 0),
 map(n => n * n)
 );
// 订阅获取值
squareOdd.subscribe(x => console.log(x));
```

16.3.3 处理错误

在订阅时，除error()处理器外，RxJS还提供了catchError操作符，它允许在管道中处理已知的错误。

假设有一个Observable对象，它先发起API请求，然后对服务器返回的响应进行映射。如果服务器返回了错误或不存在的值，就会生成一个错误。但是，如果捕获了这个错误并提供了一个默认值，流就会继续进行处理，而不会报错。

下面是一个使用catchError操作符的例子。

```
import { ajax } from 'rxjs/ajax';
import { map, catchError } from 'rxjs/operators';
// 如果捕获到错误就返回空数组
const apiData = ajax('/api/data').pipe(
 map(res => {
 if (!res.response) {
```

```
    throw new Error('Value expected!');
  }
  return res.response;
 }),
 catchError(err => of([]))
);
apiData.subscribe({
 next(x) { console.log('data: ', x); },
 error(err) { console.log('errors already caught... will not run'); }
});
```

在遇到错误时,还可以使用retry操作符来尝试失败的请求。

可以在catchError之前使用retry操作符,它会订阅到原始的来源Observable对象,可以重新运行导致出错的动作序列。如果其中包含HTTP请求,它就会重新发起那个HTTP请求。

下面的代码演示了retry操作符的使用。

```
import { ajax } from 'rxjs/ajax';
import { map, retry, catchError } from 'rxjs/operators';
const apiData = ajax('/api/data').pipe(
 retry(3), // 遇到错误尝试 3 次
 map(res => {
  if (!res.response) {
   throw new Error('Value expected!');
  }
  return res.response;
 }),
 catchError(err => of([]))
);

apiData.subscribe({
 next(x) { console.log('data: ', x); },
 error(err) { console.log('errors already caught... will not run'); }
});
```

> **注意** 不要在登录认证请求中进行重试。我们肯定不会希望自动重复发送登录请求,从而导致账号被锁定。

16.4　了解 Vue.js 中的 reactive

Vue.js 3中的reactive是指接收一个普通对象然后返回该普通对象的响应式代理,等同于Vue.js 2的Vue.observable()。reactive用法如下:

```
const obj = reactive({ count: 0 })
```

响应式转换是"深层的",会影响对象内部所有嵌套的属性。基于ES2015的Proxy实现,返回的代理对象不等于原始对象。建议仅使用代理对象而避免依赖原始对象。

Vue.js 3中的reactive是由Proxy加effect组合实现的。下面来看一下reactive方法的定义:

```
export function reactive<T extends object>(target: T): UnwrapNestedRefs<T>
export function reactive(target: object) {
  // if trying to observe a readonly proxy, return the readonly version.
  // 如果目标对象是一个只读的响应数据,则直接返回目标对象
  if (target && (target as Target).__v_isReadonly) {
    return target
  }
  // 否则调用createReactiveObject 创建 observe
  return createReactiveObject(
    target,
    false,
    mutableHandlers,
    mutableCollectionHandlers
  )
}
// createReactiveObject创建observe:
// Target 目标对象
// isReadonly 是否只读
// baseHandlers 基本类型的 handlers
// collectionHandlers 主要针对(set、map、weakSet、weakMap)的 handlers
function createReactiveObject(
  target: Target,
  isReadonly: boolean,
  baseHandlers: ProxyHandler<any>,
  collectionHandlers: ProxyHandler<any>
) {
  // 如果不是对象
  if (!isObject(target)) {
    // 在开发模式抛出警告,生产环境直接返回目标对象
    if (__DEV__) {
      console.warn(`value cannot be made reactive: ${String(target)}`)
    }
    return target
  }
  // target is already a Proxy, return it.
  // exception: calling readonly() on a reactive object
  // 如果目标对象已经是个proxy,就直接返回
  if (target.__v_raw && !(isReadonly && target.__v_isReactive)) {
    return target
  }
  // target already has corresponding Proxy
  if (
    hasOwn(target, isReadonly ? ReactiveFlags.readonly : ReactiveFlags.reactive)
  ) {
    return isReadonly ? target.__v_readonly : target.__v_reactive
  }
  // only a whitelist of value types can be observed.
  // 检查目标对象是否能被观察,不能直接返回
```

```
  if (!canObserve(target)) {
    return target
  }
  // 使用 Proxy 创建 observe
  const observed = new Proxy(
    target,
    collectionTypes.has(target.constructor) ? collectionHandlers : baseHandlers
  )
  // 打上相应标记
  def(
    target,
    isReadonly ? ReactiveFlags.readonly : ReactiveFlags.reactive,
    observed
  )
  return observed
}

// 同时满足3个条即为可以观察的目标对象
// 1. 没有打上__v_skip标记
// 2. 是可以观察的值类型
// 3. 没有被frozen
const canObserve = (value: Target): boolean => {
  return (
    !value.__v_skip &&
    isObservableType(toRawType(value)) &&
    !Object.isFrozen(value)
  )
}

// 可以被观察的值类型
const isObservableType = /*#__PURE__*/ makeMap(
  'Object,Array,Map,Set,WeakMap,WeakSet'
)
```

综上所述，reactive作为整个响应式的入口，负责处理目标对象是否可观察以及是否已被观察的逻辑，最后使用Proxy进行目标对象的代理。

16.5 上机演练

练习一：探索 Vue.js 与 jQuery 的不同

1）任务要求

比较Vue.js和jQuery的基本用法和理念差异，通过创建两个简单的网页来实现相同的功能。例如，动态更新网页元素的内容，一个使用jQuery，另一个使用Vue.js。

2)参考操作步骤

(1)创建一个使用jQuery的HTML文件,添加一个按钮和一个用于显示文本的<div>元素。使用jQuery实现单击按钮时,<div>中的内容更新为当前时间的功能。

(2)创建一个使用Vue.js的HTML文件,同样添加一个按钮和一个<div>元素。使用Vue.js实现单击按钮时,<div>中的内容更新为当前时间的功能。

(3)对比两种实现方式的代码量、易读性和维护难度。

3)参考示例代码

jQuery示例:

```html
<!DOCTYPE html>
<html>
<head>
    <script src="https://code.jquery.com/jquery-3.6.0.min.js"></script>
</head>
<body>
    <button id="timeBtn">显示当前时间</button>
    <div id="displayTime"></div>
    <script>
        $("#timeBtn").on("click", function() {
            $("#displayTime").text(new Date().toLocaleString());
        });
    </script>
</body>
</html>
```

Vue.js示例:

```html
<!DOCTYPE html>
<html>
<head>
    <script src="https://cdn.jsdelivr.net/npm/vue@2.7.10/dist/vue.js"></script>
</head>
<body>
    <div id="app">
        <button @click="updateTime">显示当前时间</button>
        <div>{{ currentTime }}</div>
    </div>
    <script>
        new Vue({
            el: '#app',
            data: {
                currentTime: ''
            },
            methods: {
                updateTime: function() {
                    this.currentTime = new Date().toLocaleString();
                }
            }
```

```
        });
    </script>
</body>
</html>
```

4）小结

本练习旨在体验Vue.js与jQuery在DOM操作和事件处理上的不同。Vue.js提供了一种声明式的交互方式，使得状态管理和界面更新更加直观和简洁；而jQuery则侧重于提供强大的DOM操作功能，但通常需要手动维护状态和界面的一致性。

练习二：使用 create-vue 创建并运行 Vue.js 应用

1）任务要求

使用create-vue工具创建一个Vue.js项目，并通过命令行运行该应用。

2）参考操作步骤

（1）确保已安装Node.js和npm。
（2）全局安装create-vue脚手架工具：npm install -g create-vue。
（3）使用create-vue创建一个Vue.js项目：create-vue my-vue-app。
（4）进入项目目录：cd my-vue-app。
（5）运行项目：npm run serve。
（6）打开浏览器，访问http://localhost:8080查看运行的应用。

3）小结

通过使用create-vue工具，可以快速搭建Vue.js的开发环境，无须手动配置复杂的构建工具和插件。这有助于开发人员专注于应用逻辑的实现，而不是环境配置。

练习三：理解 Vue.js 中的响应式和 Observable 机制

1）任务要求

深入理解Vue.js中的响应式系统，通过创建一个简单的Vue.js应用，展示如何使用reactive和ObservableAPI来创建和管理状态。

2）参考操作步骤

（1）创建一个简单的Vue.js应用，可以使用create-vue或直接在HTML文件中引入Vue.js脚本。
（2）在Vue实例或设置中定义一个reactive对象，该对象包含一些状态，如计数器值。
（3）在模板中使用这个reactive对象，并展示其如何自动与视图同步。
（4）尝试修改reactive对象的属性，并观察视图的更新。

3）参考示例代码

```
<!DOCTYPE html>
<html>
```

```html
<head>
    <script src="https://cdn.jsdelivr.net/npm/vue@2.7.10/dist/vue.js"></script>
</head>
<body>
    <div id="app">
        <div>{{ count }}</div>
        <button @click="increment">增加计数</button>
    </div>
    <script>
        const { reactive } = Vue;
        new Vue({
            el: '#app',
            setup() {
                const state = reactive({ count: 0 });
                function increment() {
                    state.count++;
                }
                return { state, increment };
            }
        });
    </script>
</body>
</html>
```

4）小结

通过这个练习,可以清楚地看到Vue.js中响应式系统的工作方式。当reactive对象的状态发生改变时,Vue.js自动更新视图以反映这些变化,无须手动干预。这是Vue.js响应式系统的核心特性,使得状态管理更加简单和高效。

16.6 本章小结

响应式编程是一种面向数据流和变化传播的编程范式。这意味着可以在编程语言中很方便地表达静态或动态的数据流,而相关的计算模型会自动将变化的值通过数据流进行传播。

在Node.js中,主要是基于Observable与RxJS来实现响应式编程的。本章也介绍了Vue.js和Vue.js中响应式编程的实现。我们介绍了Vue.js中的reactive系统,这是Vue.js响应式能力的基础,使我们能够以声明式的方式管理和更新状态,从而实现用户界面与数据状态的自动同步。通过对这些概念的学习和实践,我们不仅能够更好地利用Vue.js进行日常开发,还能深入理解现代前端开发中的响应式编程范式。

第 17 章

操作MySQL

本章中，我们将带领读者学习如何在Node.js环境中操作MySQL数据库。首先，我们将介绍如何下载、安装和配置MySQL服务器，然后我们将学习如何使用MySQL客户端进行基本的操作，如显示已有的数据库、创建新的数据库、使用数据库、建表、查看表、插入数据和查询数据。接下来，我们将通过实战项目来演示如何使用Node.js中的mysql模块与MySQL数据库进行交互，包括安装mysql模块、实现简单的查询以及运行应用。最后，我们将深入理解mysql模块的使用，包括建立连接、连接选项、关闭连接以及执行CURD操作等。

17.1 下载安装 MySQL

MySQL在当前软件开发中占有重要地位。本节将简单介绍MySQL在Windows下的安装及基本使用。其他环境的安装，比如Linux、macOS等系统都与之类似，也可以参照本节的安装步骤。

17.1.1 下载安装包

可以从https://dev.mysql.com/downloads/mysql/地址免费下载最新的MySQL 9版本的安装包。MySQL 8带来了全新的体验，比如支持NoSQL、JSON等，拥有比MySQL 5.7两倍以上的性能提升。

本例下载的安装包为mysql-8.4.0-winx64.zip。

17.1.2 解压安装包

将安装包解压至任意安装目录，比如D盘某个目录下。

本例为D:\dev\database\mysql-8.4.0-winx64。

17.1.3 创建my.ini

my.ini是MySQL安装的配置文件。配置内容如下：

```
[mysqld]
# 安装目录
basedir=D:\\dev\\database\\mysql-8.4.0-winx64
# 数据存放目录
datadir=D:\\data\\mysql\\data
```

其中，basedir指定了MySQL的安装目录，datadir指定了数据目录。

将my.ini放置在MySQL安装目录的根目录下。需要注意的是，要先创建D:\data\mysql目录。data目录是由MySQL来创建的。

17.1.4 初始化安装

执行以下命令行来进行安装：

```
$ mysqld --defaults-file=D:\dev\database\mysql-8.4.0-winx64\my.ini --initialize --console
```

看到控制台输出如下内容，说明安装成功。

```
D:\dev\database\mysql-8.4.0-winx64\bin>mysqld --defaults-file=D:\dev\database\mysql-8.4.0-winx64\my.ini --initialize --console
    2024-06-21T01:43:41.532406Z 0 [System] [MY-015017] [Server] MySQL Server Initialization - start.
    2024-06-21T01:43:41.540640Z 0 [System] [MY-013169] [Server] D:\dev\database\mysql-8.4.0-winx64\bin\mysqld.exe (mysqld 8.4.0) initializing of server in progress as process 26192
    2024-06-21T01:43:41.561969Z 1 [System] [MY-013576] [InnoDB] InnoDB initialization has started.
    2024-06-21T01:43:41.795490Z 1 [System] [MY-013577] [InnoDB] InnoDB initialization has ended.
    2024-06-21T01:43:42.777914Z 6 [Note] [MY-010454] [Server] A temporary password is generated for root@localhost: :Oy39/fO6ufM
    2024-06-21T01:43:44.141027Z 0 [System] [MY-015018] [Server] MySQL Server Initialization - end.
```

上述内容中的":Oy39/fO6ufM"就是root用户的初始化密码。先记住该密码，稍后将会对该密码做更改。

17.1.5 启动MySQL Server

执行mysqld就能启动MySQL Server，或者执行mysqld --console来查看完整的启动信息：

```
D:\dev\database\mysql-8.4.0-winx64\bin>mysqld --console
```

```
    2024-06-21T01:47:37.038811Z 0 [System] [MY-015015] [Server] MySQL Server - start.
    2024-06-21T01:47:37.127871Z 0 [System] [MY-010116] [Server] D:\dev\database\
mysql-8.4.0-winx64\bin\mysqld.exe (mysqld 8.4.0) starting as process 4216
    2024-06-21T01:47:37.160343Z 1 [System] [MY-013576] [InnoDB] InnoDB
initialization has started.
    2024-06-21T01:47:37.347327Z 1 [System] [MY-013577] [InnoDB] InnoDB
initialization has ended.
    2024-06-21T01:47:37.613985Z 0 [Warning] [MY-010068] [Server] CA certificate
ca.pem is self signed.
    2024-06-21T01:47:37.614087Z 0 [System] [MY-013602] [Server] Channel mysql_main
configured to support TLS. Encrypted connections are now supported for this channel.
    2024-06-21T01:47:37.645289Z 0 [System] [MY-010931] [Server]
D:\dev\database\mysql-8.4.0-winx64\bin\mysqld.exe: ready for connections. Version:
'8.4.0'  socket: ''  port: 3306  MySQL Community Server - GPL.
    2024-06-21T01:47:37.900993Z 0 [System] [MY-011323] [Server] X Plugin ready for
connections. Bind-address: '::' port: 33060
```

17.1.6　使用MySQL客户端

使用MySQL客户端mysql来登录，账号为"root"，密码为":Oy39/fO6ufM"：

```
D:\dev\database\mysql-8.4.0-winx64\bin>mysql -uroot -p:Oy39/fO6ufM
mysql: [Warning] Using a password on the command line interface can be insecure.
Welcome to the MySQL monitor.  Commands end with ; or \g.
Your MySQL connection id is 14
Server version: 8.4.0

Copyright (c) 2000, 2024, Oracle and/or its affiliates.

Oracle is a registered trademark of Oracle Corporation and/or its
affiliates. Other names may be trademarks of their respective
owners.

Type 'help;' or '\h' for help. Type '\c' to clear the current input statement.

mysql>
```

执行下面的语句来改密码，其中"123456"即为新密码：

```
mysql> ALTER USER 'root'@'localhost' IDENTIFIED BY '123456';
Query OK, 0 rows affected (0.01 sec)
```

17.1.7　关闭MySQL Server

可以通过按Ctrl+C快捷键或者执行"mysqladmin -uroot -p123456 shutdown"来关闭MySQL Server。MySQL Server关闭后，控制台输出如下内容：

```
    2024-06-21T02:49:24.354015Z 9 [System] [MY-013172] [Server] Received SHUTDOWN
from user root. Shutting down mysqld (Version: 8.4.0).
    2024-06-21T02:49:24.354253Z 0 [System] [MY-013105] [Server] D:\dev\database\
mysql-8.4.0-winx64\bin\mysqld.exe: Normal shutdown.
```

```
2024-06-21T02:49:25.034960Z 0 [System] [MY-010910] [Server]
D:\dev\database\mysql-8.4.0-winx64\bin\mysqld.exe: Shutdown complete (mysqld 8.4.0)
MySQL Community Server - GPL.
2024-06-21T02:49:25.035424Z 0 [System] [MY-015016] [Server] MySQL Server - end.
```

17.2　MySQL 的基本操作

本节介绍MySQL的常用基本操作指令。

1. 显示已有的数据库

要显示已有的数据库，则执行下面指令：

```
mysql> show databases;
+--------------------+
| Database           |
+--------------------+
| information_schema |
| mysql              |
| performance_schema |
| sys                |
+--------------------+
4 rows in set (0.00 sec)
```

2. 创建新的数据库

要创建新的数据库，则执行下面指令：

```
mysql> CREATE DATABASE nodejs_book;
Query OK, 1 row affected (0.01 sec)
```

其中，"nodejs_book"就是我们要新建的数据库的名称。

3. 使用数据库

要使用数据库，则执行下面指令：

```
mysql> USE nodejs_book;
Database changed
```

4. 建表

要建表，则执行下面指令：

```
mysql> CREATE TABLE t_user (user_id BIGINT NOT NULL, username VARCHAR(20));
Query OK, 0 rows affected (0.03 sec)
```

5. 查看表

要查看数据库中的所有表，则执行下面指令：

```
mysql> SHOW TABLES;
+----------------------+
| Tables_in_nodejs_book |
+----------------------+
| t_user               |
+----------------------+
1 row in set (0.00 sec)
```

如果想要查看表的详情，则执行下面指令：

```
mysql> DESCRIBE t_user;
+----------+-------------+------+-----+---------+-------+
| Field    | Type        | Null | Key | Default | Extra |
+----------+-------------+------+-----+---------+-------+
| user_id  | bigint      | NO   |     | NULL    |       |
| username | varchar(20) | YES  |     | NULL    |       |
+----------+-------------+------+-----+---------+-------+
2 rows in set (0.01 sec)
```

6. 插入数据

要插入数据，则执行下面指令：

```
mysql> INSERT INTO t_user(user_id, username) VALUES(1, '老卫');
Query OK, 1 row affected (0.01 sec)
```

7. 查询数据

要查询数据，则执行下面指令：

```
mysql> SELECT * FROM t_user;
+---------+----------+
| user_id | username |
+---------+----------+
|       1 | 老卫     |
+---------+----------+
1 row in set (0.00 sec)
```

17.3 实战：使用 Node.js 操作 MySQL

操作MySQL需要安装MySQL数据库的驱动。在Node.js领域，比较流行的是使用mysql模块（项目地址为https://github.com/mysqljs/mysql）。本节主要介绍如何通过mysql模块来操作MySQL。

17.3.1 安装mysql模块

首先，初始化一个名为"mysql-demo"的应用，命令如下：

```
$ mkdir mysql-demo
$ cd mysql-demo
```

接着,通过npm init来初始化该应用:

```
$ npm init

This utility will walk you through creating a package.json file.
It only covers the most common items, and tries to guess sensible defaults.

See 'npm help init' for definitive documentation on these fields
and exactly what they do.

Use 'npm install <pkg>' afterwards to install a package and
save it as a dependency in the package.json file.

Press ^C at any time to quit.
package name: (mysql-demo) mysql-demo
version: (1.0.0) 1.0.0
description: MySQL demo.
entry point: (index.js) index.js
test command:
git repository:
keywords:
author: waylau.com
license: (ISC)
About to write to D:\workspace\gitee\progressive-nodejs-enterprise-level-
application-practice-book\samples\mysql-demo\package.json:

{
  "name": "mysql-demo",
  "version": "1.0.0",
  "description": "MySQL demo.",
  "main": "index.js",
  "scripts": {
    "test": "echo \"Error: no test specified\" && exit 1"
  },
  "author": "waylau.com",
  "license": "ISC"
}


Is this OK? (yes) yes
```

最后,安装mysql模块。mysql模块是一个开源的、JavaScript编写的MySQL驱动,用来操作MySQL。可以像安装其他模块一样来安装mysql模块,命令如下:

```
$ npm install mysql

added 11 packages in 1s
```

17.3.2 实现简单的查询

安装mysql模块完成之后，就可以通过mysql模块来访问MySQL数据库。不过首先需要在应用根目录下创建index.js文件。

以下是一个简单的操作MySQL数据库的示例，用来访问数据库中t_user表的数据：

```
const mysql = require('mysql');
// 连接信息
const connection = mysql.createConnection({
  host     : 'localhost',
  user     : 'root',
  password : '123456',
  database : 'nodejs_book'
});
// 建立连接
connection.connect();
// 执行查询
connection.query('SELECT * FROM t_user',
    function (error, results, fields) {
        if (error) {
            throw error;
        }
        // 打印查询结果
        console.log('SELECT result is: ', results);
    });
// 关闭连接
connection.end();
```

其中，mysql.createConnection()用于创建一个连接；connection.connect()用于建立连接；connection.query()用于执行查询，第一个参数就是待执行的SQL语句；connection.end()用于关闭连接。

17.3.3 运行应用

执行下面的命令来运行应用。注意，在运行应用之前，请确保已经将MySQL服务器启动起来了。

```
$ node index.js
```

应用启动之后，会看到如下错误信息：

```
D:\workspace\gitee\progressive-nodejs-enterprise-level-application-practice-book\samples\mysql-demo>node index
error connecting: Error: ER_NOT_SUPPORTED_AUTH_MODE: Client does not support authentication protocol requested by server; consider upgrading MySQL client
```

```
    at Sequence._packetToError (D:\workspace\gitee\progressive-nodejs-enterprise-
level-application-practice-book\samples\mysql-demo\node_modules\
mysql\lib\protocol\sequences\Sequence.js:47:14)
    at Handshake.ErrorPacket (D:\workspace\gitee\progressive-nodejs-enterprise-
level-application-practice-book\samples\mysql-demo\node_modules\mysql\lib\protocol\
sequences\Handshake.js:123:18)
    at Protocol._parsePacket (D:\workspace\gitee\progressive-nodejs-enterprise-
level-application-practice-book\samples\mysql-demo\node_modules\mysql\lib\protocol\
Protocol.js:291:23)
    at Parser._parsePacket (D:\workspace\gitee\progressive-nodejs-enterprise-
level-application-practice-book\samples\mysql-demo\node_modules\mysql\lib\protocol\
Parser.js:433:10)
    at Parser.write (D:\workspace\gitee\progressive-nodejs-enterprise-level-
application-practice-book\samples\mysql-demo\node_modules\mysql\lib\protocol\
Parser.js:43:10)
    at Protocol.write (D:\workspace\gitee\progressive-nodejs-enterprise-level-
application-practice-book\samples\mysql-demo\node_modules\mysql\lib\protocol\
Protocol.js:38:16)
    at Socket.<anonymous> (D:\workspace\gitee\progressive-nodejs-enterprise-
level-application-practice-book\samples\mysql-demo\node_modules\mysql\lib\
Connection.js:88:28)
    at Socket.<anonymous> (D:\workspace\gitee\progressive-nodejs-enterprise-
level-application-practice-book\samples\mysql-demo\node_modules\mysql\lib\
Connection.js:526:10)
    at Socket.emit (node:events:520:28)
    at addChunk (node:internal/streams/readable:559:12)
    --------------------
    at Protocol._enqueue (D:\workspace\gitee\progressive-nodejs-enterprise-level-
application-practice-book\samples\mysql-demo\node_modules\mysql\lib\protocol\
Protocol.js:144:48)
    at Protocol.handshake (D:\workspace\gitee\progressive-nodejs-enterprise-
level-application-practice-book\samples\mysql-demo\node_modules\mysql\lib\protocol\
Protocol.js:51:23)
    at Connection.connect (D:\workspace\gitee\progressive-nodejs-enterprise-
level-application-practice-book\samples\mysql-demo\node_modules\mysql\lib\
Connection.js:116:18)
    at Object.<anonymous> (D:\workspace\gitee\progressive-nodejs-enterprise-
level-application-practice-book\samples\mysql-demo\index.js:13:12)
    at Module._compile (node:internal/modules/cjs/loader:1460:14)
    at Module._extensions..js (node:internal/modules/cjs/loader:1544:10)
    at Module.load (node:internal/modules/cjs/loader:1275:32)
    at Module._load (node:internal/modules/cjs/loader:1091:12)
    at wrapModuleLoad (node:internal/modules/cjs/loader:212:19)
    at Function.executeUserEntryPoint [as runMain] (node:internal/modules/
run_main:158:5)
  D:\workspace\gitee\progressive-nodejs-enterprise-level-application-practice-
book\samples\mysql-demo\index.js:26
            throw error;
            ^

  Error: ER_NOT_SUPPORTED_AUTH_MODE: Client does not support authentication
```

```
protocol requested by server; consider upgrading MySQL client
    at Sequence._packetToError (D:\workspace\gitee\progressive-nodejs-enterprise-
level-application-practice-book\samples\mysql-
demo\node_modules\mysql\lib\protocol\sequences\Sequence.js:47:14)
    at Handshake.ErrorPacket (D:\workspace\gitee\progressive-nodejs-enterprise-
level-application-practice-book\samples\mysql-
demo\node_modules\mysql\lib\protocol\sequences\Handshake.js:123:18)
    at Protocol._parsePacket (D:\workspace\gitee\progressive-nodejs-enterprise-
level-application-practice-book\samples\mysql-
demo\node_modules\mysql\lib\protocol\Protocol.js:291:23)
    at Parser._parsePacket (D:\workspace\gitee\progressive-nodejs-enterprise-
level-application-practice-book\samples\mysql-
demo\node_modules\mysql\lib\protocol\Parser.js:433:10)
    at Parser.write (D:\workspace\gitee\progressive-nodejs-enterprise-level-
application-practice-book\samples\mysql-
demo\node_modules\mysql\lib\protocol\Parser.js:43:10)
    at Protocol.write (D:\workspace\gitee\progressive-nodejs-enterprise-level-
application-practice-book\samples\mysql-
demo\node_modules\mysql\lib\protocol\Protocol.js:38:16)
    at Socket.<anonymous> (D:\workspace\gitee\progressive-nodejs-enterprise-
level-application-practice-book\samples\mysql-
demo\node_modules\mysql\lib\Connection.js:88:28)
    at Socket.<anonymous> (D:\workspace\gitee\progressive-nodejs-enterprise-
level-application-practice-book\samples\mysql-
demo\node_modules\mysql\lib\Connection.js:526:10)
    at Socket.emit (node:events:520:28)
    at addChunk (node:internal/streams/readable:559:12)
    --------------------
    at Protocol._enqueue (D:\workspace\gitee\progressive-nodejs-enterprise-level-
application-practice-book\samples\mysql-
demo\node_modules\mysql\lib\protocol\Protocol.js:144:48)
    at Protocol.handshake (D:\workspace\gitee\progressive-nodejs-enterprise-
level-application-practice-book\samples\mysql-
demo\node_modules\mysql\lib\protocol\Protocol.js:51:23)
    at Connection.connect (D:\workspace\gitee\progressive-nodejs-enterprise-
level-application-practice-book\samples\mysql-
demo\node_modules\mysql\lib\Connection.js:116:18)
    at Object.<anonymous> (D:\workspace\gitee\progressive-nodejs-enterprise-
level-application-practice-book\samples\mysql-demo\index.js:13:12)
    at Module._compile (node:internal/modules/cjs/loader:1460:14)
    at Module._extensions..js (node:internal/modules/cjs/loader:1544:10)
    at Module.load (node:internal/modules/cjs/loader:1275:32)
    at Module._load (node:internal/modules/cjs/loader:1091:12)
    at wrapModuleLoad (node:internal/modules/cjs/loader:212:19)
    at Function.executeUserEntryPoint [as runMain]
(node:internal/modules/run_main:158:5) {
  code: 'ER_NOT_SUPPORTED_AUTH_MODE',
  errno: 1251,
  sqlMessage: 'Client does not support authentication protocol requested by
server; consider upgrading MySQL client',
  sqlState: '08004',
```

```
    fatal: true
}
Node.js v22.3.0
```

导致这个错误的原因是，目前最新的mysql模块并未完全支持MySQL 8的caching_sha2_password加密方式，而caching_sha2_password在MySQL 8中是默认的加密方式。下面的命令默认已经使用了caching_sha2_password加密方式，因此该账号、密码无法在mysql模块中使用。

```
mysql> ALTER USER 'root'@'localhost' IDENTIFIED BY '123456';
Query OK, 0 rows affected (0.12 sec)
```

解决方法是，首先，启用mysql_native_password加密方式，即修改my.ini文件，增加如下配置：

```
# 启用mysql_native_password加密方式
mysql_native_password=ON
```

其次，重新修改用户root的密码，并指定mysql模块能够支持的加密方式：

```
mysql> ALTER USER 'root'@'localhost' IDENTIFIED WITH mysql_native_password BY '123456';
Query OK, 0 rows affected (0.00 sec)
```

上述语句显示指定了使用mysql_native_password的加密方式。这种方式在mysql模块中得到了支持。

再次运行应用，可以看到如下的控制台输出信息：

```
$ node index.js
SELECT result is: [ RowDataPacket { user_id: 1, username: '老卫' } ]
```

其中，"RowDataPacket { user_id: 1, username: '老卫' }"就是数据库查询的结果。

17.4 深入理解 mysql 模块

本节介绍mysql模块的常用操作。

17.4.1 建立连接

前面我们已经初步了解了创建数据库连接的方式：

```
const mysql = require('mysql');
// 连接信息
const connection = mysql.createConnection({
  host     : 'localhost',
  user     : 'root',
```

```
    password : '123456',
    database : 'nodejs_book'
});

// 建立连接
connection.connect();
```

其中，connection.connect()方法用来建立连接。

比较推荐的方式是在执行connection.connect()方法时监听状态：

```
connection.connect(function(err) {
  if (err) {
    console.error('error connecting: ' + err.stack);
    return;
  }

  console.log('connected as id ' + connection.threadId);
});
```

当连接过程出现异常时，上述方法就会打印错误信息。如果连接一切正常，则会将连接线程ID打印出来。

还有一种连接方式，是通过调用查询来隐式建立连接。观察下面的示例：

```
const mysql = require('mysql');
// 连接信息
const connection = mysql.createConnection({
    host: 'localhost',
    user: 'root',
    password: '123456',
    database: 'nodejs_book'
});
// 执行查询
connection.query('SELECT * FROM t_user',
    function (error, results, fields) {
        if (error) {
            throw error;
        }

        // 打印查询结果
        console.log('SELECT result is: ', results);
    });
```

17.4.2 连接选项

在mysql.createConnection()方法中，可以指定众多的连接选项。表17-1罗列了常用的连接选项。

表 17-1 常用的连接选项

参　数	描　述
host	主机地址，默认是localhost
user	用户名
password	密码
port	端口号，默认是3306
database	数据库名
charset	连接字符集，默认是UTF8_GENERAL_CI，注意字符集的字母都要大写
localAddress	此IP地址用于TCP连接（可选）
socketPath	连接到unix域路径，当使用host和port时会被忽略
timezone	时区，默认是local
connectTimeout	连接超时，单位是毫秒。默认是不限制
stringifyObjects	是否序列化对象
typeCast	是否将列值转换为本地JavaScript类型值。默认是true
queryFormat	自定义query语句格式化方法
supportBigNumbers	数据库支持bigint或decimal类型列时，需要设此选项为true。默认是false
bigNumberStrings	supportBigNumbers和bigNumberStrings启用，强制bigint或decimal列以JavaScript字符串类型返回。默认是false
dateStrings	强制timestamp、datetime、data类型以字符串类型返回，而不是JavaScript Date类型。默认是false
debug	开启调试。默认是false
multipleStatements	是否许一个query中有多个MySQL语句。默认是false
flags	用于修改连接标志
ssl	使用ssl参数或一个包含ssl配置文件名称的字符串

除了将这些选项作为对象传递之外，还可以使用url字符串。例如：

```
const connection = mysql.createConnection('mysql://user:pass@host/db?debug=true&charset=BIG5_CHINESE_CI&timezone=-0700');
```

> **注意** 在mysql模块中，首先会尝试将查询值解析为JSON，如果失败则假定为纯文本字符串。

17.4.3 关闭连接

为了释放连接资源，在使用完数据库之后，要及时关闭连接。

有两种方法可以关闭连接。第一种是前面提到的通过调用end()方法来正常终止连接。示例代码如下：

```
connection.end(function (err) {
   if (err) {
      console.error('error end: ' + err.stack);
      return;
   }
   console.log('end connection');
});
```

这将确保在将COM_QUIT数据包发送到MySQL服务器之前，所有先前排队的查询仍然存在。如果在发送COM_QUIT数据包之前发生致命错误，则会向回调提供错误参数，但无论如何都将终止连接。

关闭连接的另一种方法是调用destroy()方法。这将导致立即终止底层套接字。另外，destroy()方法可以保证不会为连接触发更多事件或回调。示例代码如下：

```
connection.destroy();
```

与end()不同，destroy()方法不接收回调参数。

17.4.4 执行CURD

connection.query()方法除了支持查询数据外，还支持其他常见的数据操作，比如插入、更新、删除等CURD操作。

1. 插入数据

以下示例展示的是插入数据的操作：

```
// 插入数据
var data = { user_id: 2, username: 'waylau' };
connection.query('INSERT INTO t_user SET ?', data,
   function (error, results, fields) {
      if (error) {
         throw error;
      }

      // 打印查询结果
      console.log('INSERT result is: ', results);
});
```

在SQL语句中，通过"?"占位符的方式来传入参数对象data。执行成功后，控制台上输出如下内容：

```
INSERT result is:  OkPacket {
  fieldCount: 0,
  affectedRows: 1,
  insertId: 0,
  serverStatus: 2,
  warningCount: 0,
  message: '',
  protocol41: true,
```

```
  changedRows: 0
}
```

2. 更新数据

以下示例展示的是更新数据的操作:

```
// 更新数据
connection.query('UPDATE t_user SET username = ? WHERE user_id = ?', ['Way Lau',
 2],
    function (error, results, fields) {
        if (error) {
            throw error;
        }

        // 打印查询结果
        console.log('UPDATE result is: ', results);
    });
```

在上述SQL语句中,同样是通过"?"占位符的方式来传入参数对象。不同的是,参数对象是一个数组。执行成功后,控制台上输出如下内容:

```
UPDATE result is:  OkPacket {
  fieldCount: 0,
  affectedRows: 1,
  insertId: 0,
  serverStatus: 34,
  warningCount: 0,
  message: '(Rows matched: 1  Changed: 1  Warnings: 0',
  protocol41: true,
  changedRows: 1
}
```

3. 删除数据

以下示例展示的是删除数据的操作:

```
// 删除数据
connection.query('DELETE FROM t_user WHERE user_id = ?', 2,
    function (error, results, fields) {
        if (error) {
            throw error;
        }

        // 打印查询结果
        console.log('DELETE result is: ', results);
    });
```

在上述SQL语句中,同样是通过"?"占位符的方式来传入参数对象。不同的是,参数对象是一个数值(用户ID)。执行成功后,控制台上输出如下内容:

```
DELETE result is:  OkPacket {
  fieldCount: 0,
  affectedRows: 1,
```

```
    insertId: 0,
    serverStatus: 34,
    warningCount: 0,
    message: '',
    protocol41: true,
    changedRows: 0
}
```

本节例子可以在本书配套资源中的"mysql-demo"目录下找到。

17.5 上机演练

练习一：安装并配置 MySQL

1）任务要求

（1）下载 MySQL 安装包。
（2）解压安装包。
（3）创建 my.ini 配置文件。
（4）初始化安装。
（5）启动 MySQL Server。
（6）使用 MySQL 客户端。
（7）关闭 MySQL Server。

2）参考操作步骤

（1）下载 MySQL 安装包，根据操作系统选择对应的版本。
（2）解压安装包到合适的位置。
（3）在解压后的文件夹中创建一个名为"my.ini"的文件，并添加适当的配置信息。
（4）运行初始化安装脚本。
（5）启动 MySQL Server。
（6）打开 MySQL 客户端并连接到服务器。
（7）执行一些基本的数据库操作，如显示已有的数据库、创建新的数据库等。
（8）关闭 MySQL Server。

3）参考示例代码

```
// 假设已经安装了mysql模块，如果没有，请运行npm install mysql
const mysql = require('mysql');

// 创建连接对象
const connection = mysql.createConnection({
  host: 'localhost',           // 数据库地址
  user: 'root',                // 数据库用户名
  password: 'password',        // 数据库密码
```

```
});

// 连接到数据库
connection.connect((err) => {
  if (err) throw err;
  console.log('Connected to the database!');
});

// 关闭连接
connection.end();
```

4）小结

这个练习的主要目的是让读者熟悉如何获取、安装并配置MySQL数据库。通过解压安装包、创建配置文件my.ini、初始化安装和启动MySQL服务，读者将获得实际操作MySQL数据库的第一步经验。这个过程中可能会遇到的问题包括路径设置、权限配置等，解决这些问题能够增进对MySQL运作机制的理解。

练习二：使用 Node.js 操作 MySQL 进行基本数据库操作

1）任务要求

（1）显示已有的数据库。
（2）创建新的数据库。
（3）使用数据库。
（4）建表。
（5）查看表。
（6）插入数据。
（7）查询数据。

2）参考操作步骤

（1）连接到MySQL服务器。
（2）显示已有的数据库。
（3）创建一个数据库。
（4）使用新创建的数据库。
（5）在新数据库中创建一张表。
（6）向表中插入一些数据。
（7）查询表中的数据。
（8）关闭与数据库的连接。

3）参考示例代码

```
// 连接到数据库
connection.connect((err) => {
  if (err) throw err;
  console.log('Connected to the database!');
```

```javascript
// 显示已有的数据库
connection.query('SHOW DATABASES', (err, result) => {
  if (err) throw err;
  console.log('Databases:', result);
});

// 创建数据库
connection.query('CREATE DATABASE mydb', (err, result) => {
  if (err) throw err;
  console.log('Database created:', result);
});

// 使用新创建的数据库
connection.query('USE mydb', (err, result) => {
  if (err) throw err;
  console.log('Using database:', result);
});

// 创建表
connection.query('CREATE TABLE users (id INT AUTO_INCREMENT PRIMARY KEY, name VARCHAR(255), age INT)', (err, result) => {
  if (err) throw err;
  console.log('Table created:', result);
});

// 插入数据
connection.query('INSERT INTO users (name, age) VALUES ("Alice", 25)', (err, result) => {
  if (err) throw err;
  console.log('Data inserted:', result);
});

// 查询数据
connection.query('SELECT * FROM users', (err, result) => {
  if (err) throw err;
  console.log('Users:', result);
});

// 关闭连接
connection.end();
});
```

4）小结

在此练习中，读者将学会如何使用Node.js和mysql模块来连接MySQL数据库，并进行一系列的基本数据库操作，如显示已有数据库、创建新数据库、建表、插入数据和查询数据。这些操作是任何数据库相关开发工作的基础。通过实际编码和执行，读者可以更加深入地理解SQL指令和Node.js对数据库操作的支持。

练习三：深入理解 mysql 模块的使用

1）任务要求

（1）建立连接。
（2）连接选项。
（3）关闭连接。
（4）执行CURD操作（创建、更新、读取、删除）。

2）参考操作步骤

（1）使用不同的连接选项连接到MySQL服务器。
（2）执行CRUD操作，包括创建表、插入数据、查询数据、更新数据和删除数据。
（3）关闭与数据库的连接。

3）参考示例代码

```javascript
// 使用不同的连接选项连接到MySQL服务器
const connection = mysql.createConnection({
  host: 'localhost',
  user: 'root',
  password: 'password',
  database: 'mydb',
  multipleStatements: true // 这个选项允许在一个查询中执行多个语句
});

connection.connect((err) => {
  if (err) throw err;
  console.log('Connected to the database!');

  // 创建表
  connection.query('CREATE TABLE products (id INT AUTO_INCREMENT PRIMARY KEY, name VARCHAR(255), price DECIMAL(10,2))', (err, result) => {
    if (err) throw err;
    console.log('Table created:', result);
  });

  // 插入数据
  connection.query('INSERT INTO products (name, price) VALUES ("Laptop", 999.99), ("Phone", 499.99)', (err, result) => {
    if (err) throw err;
    console.log('Data inserted:', result);
  });

  // 查询数据
  connection.query('SELECT * FROM products', (err, result) => {
    if (err) throw err;
    console.log('Products:', result);
  });
```

```
    // 更新数据
    connection.query('UPDATE products SET price = price * 1.1', (err, result) => {
      if (err) throw err;
      console.log('Products updated:', result);
    });

    // 删除数据
    connection.query('DELETE FROM products WHERE price > 1000', (err, result) => {
      if (err) throw err;
      console.log('Products deleted:', result);
    });

    // 关闭连接
    connection.end();
});
```

4）小结

本练习引导读者探索mysql模块的高级特性，例如通过不同的连接选项来自定义数据库连接，以及执行CRUD操作。这个练习不仅提升了读者使用Node.js操作MySQL的技巧，而且通过关闭数据库连接的操作，强调了资源管理的重要性。完成此练习后，读者应能熟练地使用Node.js进行复杂的数据库操作，并理解如何在应用程序中有效地管理数据库连接。

17.6 本章小结

MySQL是最流行的开源的关系型数据库。本章讲解如何通过Node.js来操作MySQL，内容涉及下载安装MySQL、创建新的数据库、建表、插入数据、使用mysql模块建立连接、使用mysql模块关闭连接、使用mysql模块执行CURD等。

通过本章的学习，读者将能够熟练地在Node.js环境中操作MySQL数据库，为后续的项目开发打下坚实的基础。

第 18 章

操作MongoDB

MongoDB是一个流行的非关系数据库（NoSQL），它以文档的形式存储数据，非常适合处理大量的非结构化数据。本章将介绍如何使用Node.js操作MongoDB数据库。

18.1 安装 MongoDB

与Redis或者HBase等不同，MongoDB是一个介于关系数据库和非关系数据库之间的产品，是非关系数据库当中功能最丰富、最像关系数据库的，旨在为Web应用提供可扩展的高性能数据存储解决方案。它支持的数据结构非常松散，是类似JSON的BSON格式，因此可以存储比较复杂的数据类型。MongoDB最大的特点是支持的查询语言非常强大，其语法有点类似于面向对象的查询语言，几乎可以实现类似关系数据库单表查询的大部分功能，而且还支持对数据建立索引。自MongoDB 4.0开始，MongoDB开始支持事务管理。

18.1.1 MongoDB简介

MongoDB Server是用C++编写的、开源的、面向文档的数据库，其主要功能特性如下：

- MongoDB将数据存储为一个文档，数据结构由field-value（字段–值）对组成。
- MongoDB文档类似于JSON对象，字段的值可以包含其他文档、数组及文档数组。

MongoDB的文档结构如图18-1所示。

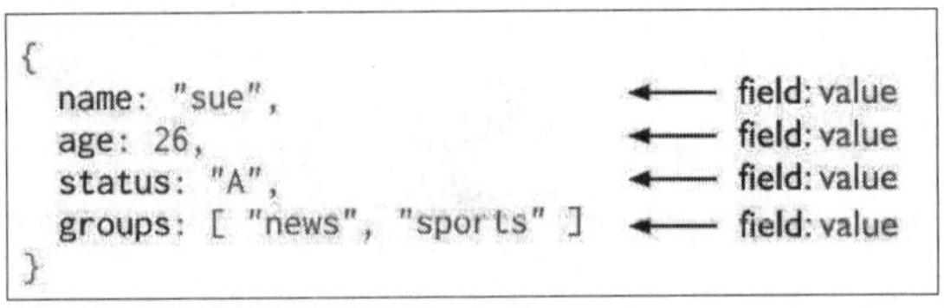

```
{
    name: "sue",           ← field: value
    age: 26,               ← field: value
    status: "A",           ← field: value
    groups: [ "news", "sports" ]  ← field: value
}
```

图 18-1　MongoDB 的文档结构

使用文档的优点如下：

- 文档（即对象）在许多编程语言里，可以对应于原生数据类型。
- 嵌入式文档和数组可以减少昂贵的连接操作。
- 动态模式支持流畅的多态性。

MongoDB的特点是高性能、高可用性，以及可以实现自动化扩展，存储数据非常方便。具体介绍如下：

1）高性能

MongoDB中提供了高性能的数据持久化，尤其是：

- 对于嵌入式数据模型的支持，减少了数据库系统的I/O活动。
- 支持索引，用于快速查询。其索引对象可以是嵌入文档或数组的key。

2）丰富的查询语言

MongoDB支持丰富的查询语言，包括：

- 读取和写入操作（CRUD）。
- 数据聚合。
- 文本搜索和地理空间查询。

3）高可用

MongoDB的复制设备被称为replica set，提供了如下功能：

- 自动故障转移。
- 数据冗余。

4）横向扩展

MongoDB提供水平横向扩展，并将其作为核心功能部分：

- 将数据分片到一组计算机集群上。
- 标签意识分片（tag aware sharding）允许将数据传递到特定的碎片，比如在分片时考虑碎片的地理分布。

5）支持多个存储引擎

MongoDB支持多个存储引擎，例如：

- WiredTiger Storage Engine。
- MMAPv1 Storage Engine。

此外，MongoDB中提供插件式存储引擎的API，允许第三方来开发MongoDB的存储引擎。

18.1.2 下载和安装MongoDB

在MongoDB官网可以免费下载MongoDB服务器，网址是https://www.mongodb.com/try/download/community。

下面以Windows系统为例进行演示。

首先，根据操作系统下载32位或64位的zip文件，本例为mongodb-windows-x86_64-7.0.11.zip。解压时，可以指定任意安装目录。本例安装在"D:-win32-x86_64-windows-7.0.11"目录。

接着是配置服务。新建两个目录：

- D:\data\mongodb\data目录用于MongoDB数据存储。
- D:\data\mongodb\logs目录用于MongoDB日志存储。同时，在该目录下创建一个空的日志文件mongodb.log。

18.1.3 启动MongoDB服务

通过mongod可以启动MongoDB服务，命令如下：

```
$ mongod --dbpath="D:\data\mongodb\data" --logpath="D:\data\mongodb\logs\mongodb.log"
```

如果控制台输出以下内容，则说明MongoDB服务启动成功。

```
D:\dev\database\mongodb-win32-x86_64-windows-7.0.11\bin>mongod --dbpath="D:\data\mongodb\data" --logpath="D:\data\mongodb\logs\mongodb.log"
  {"t":{"$date":"2024-06-21T05:59:38.997Z"},"s":"I",  "c":"CONTROL",  "id":20697, "ctx":"thread1","msg":"Renamed existing log file","attr":{"oldLogPath":"D:\\data\\mongodb\\logs\\mongodb.log","newLogPath":"D:\\data\\mongodb\\logs\\mongodb.log.2024-06-21T05-59-38"}}
```

18.1.4 连接到MongoDB服务器

MongoDB服务成功启动之后，就可以通过MongoDB客户端MongoDB Shell来连接MongoDB服务器了。在MongoDB官网可以免费下载MongoDB Shell，网址是https://www.mongodb.com/try/download/shell。

首先，根据操作系统下载32位或64位的zip文件，本例为mongosh-2.2.9-win32-x64.zip。解压时，可以指定任意安装目录。本例安装在"D:.9-win32-x64"目录。

然后，切换到MongoDB Shell的安装目录的bin目录下，执行mongosh.exe文件：

```
D:\dev\database\mongosh-2.2.9-win32-x64\bin>mongosh
Current Mongosh Log ID: 667519c3cf8f02518c90defd
Connecting to:          mongodb://127.0.0.1:27017/?directConnection=true&serverSelectionTimeoutMS=2000&appName=mongosh+2.2.9
Using MongoDB:          7.0.11
Using Mongosh:          2.2.9

For mongosh info see: https://docs.mongodb.com/mongodb-shell/
```

```
  To help improve our products, anonymous usage data is collected and sent to
MongoDB periodically (https://www.mongodb.com/legal/privacy-policy).
  You can opt-out by running the disableTelemetry() command.

------
   The server generated these startup warnings when booting
   2024-06-21T13:59:40.057+08:00: Access control is not enabled for the database.
Read and write access to data and configuration is unrestricted
   2024-06-21T13:59:40.057+08:00: This server is bound to localhost. Remote
systems will be unable to connect to this server. Start the server with --bind_ip
<address> to specify which IP addresses it should serve responses from, or with --
bind_ip_all to bind to all interfaces. If this behavior is desired, start the server
with --bind_ip 127.0.0.1 to disable this warning
------

test>
```

mongosh.exe文件就是MongoDB的客户端工具，可以连接到本地的MongoDB服务器，并可以对MongoDB进行增、删、改、查操作。

18.2　MongoDB 的基本操作

本节演示如何通过mongo.exe来对MongoDB进行基本的操作。

18.2.1　显示已有的数据库

使用db命令，可以显示已有的数据库：

```
test> db
test
```

MongoDB在新建时，默认会有一个test数据库。

18.2.2　创建和使用数据库

use命令有两个作用：

- 切换到指定的数据库。
- 在数据库不存在时，创建数据库。

因此，可以通过下面的命令来创建并使用数据库：

```
test> use nodejsBook
switched to db nodejsBook
```

18.2.3 插入文档

插入文档可以分为两种：一种是插入单个文档；另一种是插入多个文档。在MongoDB的概念中，文档类似于MySQL中表中的数据。

1. 插入单个文档

db.collection.insertOne()方法用于插入单个文档到集合中。集合在MongoDB中的概念，类似于MySQL中表的概念。

以下是插入一本书的信息的例子：

```
db.book.insertOne(
    { title: "分布式系统常用技术及案例分析", price: 99, press: "电子工业出版社", author: { age: 32, name: "柳伟卫" } }
)
```

在上述例子中，book就是一个集合。在该集合不存在的情况下，会自动创建名为"book"的集合。

执行插入命令之后，控制台的输出内容如下：

```
nodejsBook> db.book.insertOne(
...     { title: "分布式系统常用技术及案例分析", price: 99, press: "电子工业出版社", author: { age: 32, name: "柳伟卫" } }
... )
{
  acknowledged: true,
  insertedId: ObjectId('66751acbcf8f02518c90defe')
}
```

其中，如果文档中的"_id"字段没有指定，MongoDB会自动给该字段赋值，其类型是ObjectId。

要查询上述插入的文档信息，可以使用db.collection.find()方法。命令如下：

```
nodejsBook> db.book.find( { title: "分布式系统常用技术及案例分析" } )
[
  {
    _id: ObjectId('66751acbcf8f02518c90defe'),
    title: '分布式系统常用技术及案例分析',
    price: 99,
    press: '电子工业出版社',
    author: { age: 32, name: '柳伟卫' }
  }
]
```

2. 插入多个文档

db.collection.insertMany()方法用于插入多个文档到集合中。

以下是插入多本书的信息的例子：

```
    db.book.insertMany([
        { title: "Spring Boot 企业级应用开发实战", price: 98, press: "北京大学出版社",
author: { age: 32, name: "柳伟卫" } },
        { title: "Spring Cloud 微服务架构开发实战", price: 79, press: "北京大学出版社",
author: { age: 32, name: "柳伟卫" } },
        { title: "Spring 5 案例大全", price: 119, press: "北京大学出版社", author: { age:
32, name: "柳伟卫" } },
        { title: "分布式系统开发实战", price: 69.8, press: "人民邮电出版社", author: { age:
32, name: "柳伟卫" } },
        { title: "Java核心编程", price: 89, press: "清华大学出版社", author: { age: 32,
name: "柳伟卫" } },
        { title: "轻量级Java EE企业应用开发实战", price: 139, press: "清华大学出版社",
author: { age: 32, name: "柳伟卫" } },
        { title: "鸿蒙HarmonyOS应用开发入门", price: 89, press: "清华大学出版社", author:
{ age: 32, name: "柳伟卫" } }]
    )
```

执行插入命令之后，控制台的输出内容如下：

```
nodejsBook> db.book.insertMany([
...     { title: "Spring Boot 企业级应用开发实战", price: 98, press: "北京大学出版社",
author: { age: 32, name: "柳伟卫" } },
...     { title: "Spring Cloud 微服务架构开发实战", price: 79, press: "北京大学出版社",
author: { age: 32, name: "柳伟卫" } },
...     { title: "Spring 5 案例大全", price: 119, press: "北京大学出版社", author:
{ age: 32, name: "柳伟卫" } },
...     { title: "分布式系统开发实战", price: 69.8, press: "人民邮电出版社", author:
{ age: 32, name: "柳伟卫" } },
...     { title: "Java核心编程", price: 89, press: "清华大学出版社", author: { age:
32, name: "柳伟卫" } },
...     { title: "轻量级Java EE企业应用开发实战", price: 139, press: "清华大学出版社",
author: { age: 32, name: "柳伟卫" } },
...     { title: "鸿蒙HarmonyOS应用开发入门", price: 89, press: "清华大学出版社",
author: { age: 32, name: "柳伟卫" } }]
... )
{
  acknowledged: true,
  insertedIds: {
    '0': ObjectId('66751ceecf8f02518c90deff'),
    '1': ObjectId('66751ceecf8f02518c90df00'),
    '2': ObjectId('66751ceecf8f02518c90df01'),
    '3': ObjectId('66751ceecf8f02518c90df02'),
    '4': ObjectId('66751ceecf8f02518c90df03'),
    '5': ObjectId('66751ceecf8f02518c90df04'),
    '6': ObjectId('66751ceecf8f02518c90df05')
  }
}
```

其中，如果没有指定文档中的"_id"字段，MongoDB会自动给该字段赋值，其类型是ObjectId。

要查询上述插入的文档信息，可以使用db.collection.find()方法。命令如下：

```
nodejsBook> db.book.find( {} )
[
  {
    _id: ObjectId('66751acbcf8f02518c90defe'),
    title: '分布式系统常用技术及案例分析',
    price: 99,
    press: '电子工业出版社',
    author: { age: 32, name: '柳伟卫' }
  },
  {
    _id: ObjectId('66751ceecf8f02518c90deff'),
    title: 'Spring Boot 企业级应用开发实战',
    price: 98,
    press: '北京大学出版社',
    author: { age: 32, name: '柳伟卫' }
  },
  {
    _id: ObjectId('66751ceecf8f02518c90df00'),
    title: 'Spring Cloud 微服务架构开发实战',
    price: 79,
    press: '北京大学出版社',
    author: { age: 32, name: '柳伟卫' }
  },
  {
    _id: ObjectId('66751ceecf8f02518c90df01'),
    title: 'Spring 5 案例大全',
    price: 119,
    press: '北京大学出版社',
    author: { age: 32, name: '柳伟卫' }
  },
  {
    _id: ObjectId('66751ceecf8f02518c90df02'),
    title: '分布式系统开发实战',
    price: 69.8,
    press: '人民邮电出版社',
    author: { age: 32, name: '柳伟卫' }
  },
  {
    _id: ObjectId('66751ceecf8f02518c90df03'),
    title: 'Java核心编程',
    price: 89,
    press: '清华大学出版社',
    author: { age: 32, name: '柳伟卫' }
  },
  {
    _id: ObjectId('66751ceecf8f02518c90df04'),
    title: '轻量级Java EE企业应用开发实战',
    price: 139,
    press: '清华大学出版社',
```

```
    author: { age: 32, name: '柳伟卫' }
  },
  {
    _id: ObjectId('66751ceecf8f02518c90df05'),
    title: '鸿蒙HarmonyOS应用开发入门',
    price: 89,
    press: '清华大学出版社',
    author: { age: 32, name: '柳伟卫' }
  }
]
```

18.2.4 查询文档

上一节已经演示了如何使用db.collection.find()方法来查询文档。除此之外，还有更多查询方式。

1. 嵌套文档查询

以下是一个嵌套文档的查询示例，用于查询指定作者的图书：

```
nodejsBook> db.book.find( {author: { age: 32, name: "柳伟卫" }} )
[
  {
    _id: ObjectId('66751acbcf8f02518c90defe'),
    title: '分布式系统常用技术及案例分析',
    price: 99,
    press: '电子工业出版社',
    author: { age: 32, name: '柳伟卫' }
  },
  {
    _id: ObjectId('66751ceecf8f02518c90deff'),
    title: 'Spring Boot 企业级应用开发实战',
    price: 98,
    press: '北京大学出版社',
    author: { age: 32, name: '柳伟卫' }
  },
  {
    _id: ObjectId('66751ceecf8f02518c90df00'),
    title: 'Spring Cloud 微服务架构开发实战',
    price: 79,
    press: '北京大学出版社',
    author: { age: 32, name: '柳伟卫' }
  },
  {
    _id: ObjectId('66751ceecf8f02518c90df01'),
    title: 'Spring 5 案例大全',
    price: 119,
    press: '北京大学出版社',
    author: { age: 32, name: '柳伟卫' }
  },
```

```
{
    _id: ObjectId('66751ceecf8f02518c90df02'),
    title: '分布式系统开发实战',
    price: 69.8,
    press: '人民邮电出版社',
    author: { age: 32, name: '柳伟卫' }
},
{
    _id: ObjectId('66751ceecf8f02518c90df03'),
    title: 'Java核心编程',
    price: 89,
    press: '清华大学出版社',
    author: { age: 32, name: '柳伟卫' }
},
{
    _id: ObjectId('66751ceecf8f02518c90df04'),
    title: '轻量级Java EE企业应用开发实战',
    price: 139,
    press: '清华大学出版社',
    author: { age: 32, name: '柳伟卫' }
},
{
    _id: ObjectId('66751ceecf8f02518c90df05'),
    title: '鸿蒙HarmonyOS应用开发入门',
    price: 89,
    press: '清华大学出版社',
    author: { age: 32, name: '柳伟卫' }
}
]
```

上述查询表示，从所有的文档中查询出author字段等于"{ age: 32, name: '柳伟卫' }"的文档。

需要注意的是，整个嵌入式文档的等式匹配需要指定的文档的完全匹配，包括字段顺序。例如，以下查询将与集合中的任何文档都不匹配：

```
nodejsBook> db.book.find( {author: {name: "柳伟卫", age: 32}} )
```

2. 嵌套字段查询

要在嵌入/嵌套文档中的字段上指定查询条件，需使用点表示法。以下示例是查询作者姓名是"柳伟卫"的所有文档。

```
nodejsBook> db.book.find( {"author.name": "柳伟卫"} )
[
    {
        _id: ObjectId('66751acbcf8f02518c90defe'),
        title: '分布式系统常用技术及案例分析',
        price: 99,
        press: '电子工业出版社',
        author: { age: 32, name: '柳伟卫' }
    },
```

```
{
    _id: ObjectId('66751ceecf8f02518c90deff'),
    title: 'Spring Boot 企业级应用开发实战',
    price: 98,
    press: '北京大学出版社',
    author: { age: 32, name: '柳伟卫' }
  },
  {
    _id: ObjectId('66751ceecf8f02518c90df00'),
    title: 'Spring Cloud 微服务架构开发实战',
    price: 79,
    press: '北京大学出版社',
    author: { age: 32, name: '柳伟卫' }
  },
  {
    _id: ObjectId('66751ceecf8f02518c90df01'),
    title: 'Spring 5 案例大全',
    price: 119,
    press: '北京大学出版社',
    author: { age: 32, name: '柳伟卫' }
  },
  {
    _id: ObjectId('66751ceecf8f02518c90df02'),
    title: '分布式系统开发实战',
    price: 69.8,
    press: '人民邮电出版社',
    author: { age: 32, name: '柳伟卫' }
  },
  {
    _id: ObjectId('66751ceecf8f02518c90df03'),
    title: 'Java核心编程',
    price: 89,
    press: '清华大学出版社',
    author: { age: 32, name: '柳伟卫' }
  },
  {
    _id: ObjectId('66751ceecf8f02518c90df04'),
    title: '轻量级Java EE企业应用开发实战',
    price: 139,
    press: '清华大学出版社',
    author: { age: 32, name: '柳伟卫' }
  },
  {
    _id: ObjectId('66751ceecf8f02518c90df05'),
    title: '鸿蒙HarmonyOS应用开发入门',
    price: 89,
    press: '清华大学出版社',
    author: { age: 32, name: '柳伟卫' }
  }
]
```

3. 使用查询运算符

查询过滤器文档可以使用查询运算符。以下示例是在price字段上使用小于运算符（$lt）查询单价小于100元的图书。

```
nodejsBook> db.book.find( {"price": {$lt: 100} })
[
  {
    _id: ObjectId('66751acbcf8f02518c90defe'),
    title: '分布式系统常用技术及案例分析',
    price: 99,
    press: '电子工业出版社',
    author: { age: 32, name: '柳伟卫' }
  },
  {
    _id: ObjectId('66751ceecf8f02518c90deff'),
    title: 'Spring Boot 企业级应用开发实战',
    price: 98,
    press: '北京大学出版社',
    author: { age: 32, name: '柳伟卫' }
  },
  {
    _id: ObjectId('66751ceecf8f02518c90df00'),
    title: 'Spring Cloud 微服务架构开发实战',
    price: 79,
    press: '北京大学出版社',
    author: { age: 32, name: '柳伟卫' }
  },
  {
    _id: ObjectId('66751ceecf8f02518c90df02'),
    title: '分布式系统开发实战',
    price: 69.8,
    press: '人民邮电出版社',
    author: { age: 32, name: '柳伟卫' }
  },
  {
    _id: ObjectId('66751ceecf8f02518c90df03'),
    title: 'Java核心编程',
    price: 89,
    press: '清华大学出版社',
    author: { age: 32, name: '柳伟卫' }
  },
  {
    _id: ObjectId('66751ceecf8f02518c90df05'),
    title: '鸿蒙HarmonyOS应用开发入门',
    price: 89,
    press: '清华大学出版社',
    author: { age: 32, name: '柳伟卫' }
  }
]
```

上述示例查询出来了单价小于100元的所有图书。

4. 多条件查询

多个查询条件可以结合使用。以下示例查询出来了单价小于100元且作者是"柳伟卫"的所有图书。

```
nodejsBook> db.book.find( {"price": {$lt: 100}, "author.name": "柳伟卫"} )
[
  {
    _id: ObjectId('66751acbcf8f02518c90defe'),
    title: '分布式系统常用技术及案例分析',
    price: 99,
    press: '电子工业出版社',
    author: { age: 32, name: '柳伟卫' }
  },
  {
    _id: ObjectId('66751ceecf8f02518c90deff'),
    title: 'Spring Boot 企业级应用开发实战',
    price: 98,
    press: '北京大学出版社',
    author: { age: 32, name: '柳伟卫' }
  },
  {
    _id: ObjectId('66751ceecf8f02518c90df00'),
    title: 'Spring Cloud 微服务架构开发实战',
    price: 79,
    press: '北京大学出版社',
    author: { age: 32, name: '柳伟卫' }
  },
  {
    _id: ObjectId('66751ceecf8f02518c90df02'),
    title: '分布式系统开发实战',
    price: 69.8,
    press: '人民邮电出版社',
    author: { age: 32, name: '柳伟卫' }
  },
  {
    _id: ObjectId('66751ceecf8f02518c90df03'),
    title: 'Java核心编程',
    price: 89,
    press: '清华大学出版社',
    author: { age: 32, name: '柳伟卫' }
  },
  {
    _id: ObjectId('66751ceecf8f02518c90df05'),
    title: '鸿蒙HarmonyOS应用开发入门',
    price: 89,
    press: '清华大学出版社',
```

```
    author: { age: 32, name: '柳伟卫' }
  }
]
```

上述示例查询出来了单价小于100元且作者是"柳伟卫"的所有图书。

18.2.5 修改文档

修改文档主要有以下3种方式：

```
db.collection.updateOne()
db.collection.updateMany()
db.collection.replaceOne()
```

下面演示这3种修改文档的方式。

1. 修改单个文档

db.collection.updateOne()可以用来修改单个文档。同时，提供了"$set"操作符来修改字段值。示例如下：

```
nodejsBook> db.book.updateOne( {"author.name": "柳伟卫"}, {$set: {"author.name": "Way Lau" } } )
{
  acknowledged: true,
  insertedId: null,
  matchedCount: 1,
  modifiedCount: 1,
  upsertedCount: 0
}
```

上述命令会将作者姓名从"柳伟卫"改为"Way Lau"。由于是修改单个文档，因此即便作者为"柳伟卫"的图书可能有多种，也只会修改查询到的第一种。

通过下面命令来验证修改的内容：

```
nodejsBook> db.book.find( {} )
[
  {
    _id: ObjectId('66751acbcf8f02518c90defe'),
    title: '分布式系统常用技术及案例分析',
    price: 99,
    press: '电子工业出版社',
    author: { age: 32, name: 'Way Lau' }
  },
  {
    _id: ObjectId('66751ceecf8f02518c90deff'),
    title: 'Spring Boot 企业级应用开发实战',
    price: 98,
    press: '北京大学出版社',
    author: { age: 32, name: '柳伟卫' }
  },
```

```
  {
    _id: ObjectId('66751ceecf8f02518c90df00'),
    title: 'Spring Cloud 微服务架构开发实战',
    price: 79,
    press: '北京大学出版社',
    author: { age: 32, name: '柳伟卫' }
  },
  {
    _id: ObjectId('66751ceecf8f02518c90df01'),
    title: 'Spring 5 案例大全',
    price: 119,
    press: '北京大学出版社',
    author: { age: 32, name: '柳伟卫' }
  },
  {
    _id: ObjectId('66751ceecf8f02518c90df02'),
    title: '分布式系统开发实战',
    price: 69.8,
    press: '人民邮电出版社',
    author: { age: 32, name: '柳伟卫' }
  },
  {
    _id: ObjectId('66751ceecf8f02518c90df03'),
    title: 'Java核心编程',
    price: 89,
    press: '清华大学出版社',
    author: { age: 32, name: '柳伟卫' }
  },
  {
    _id: ObjectId('66751ceecf8f02518c90df04'),
    title: '轻量级Java EE企业应用开发实战',
    price: 139,
    press: '清华大学出版社',
    author: { age: 32, name: '柳伟卫' }
  },
  {
    _id: ObjectId('66751ceecf8f02518c90df05'),
    title: '鸿蒙HarmonyOS应用开发入门',
    price: 89,
    press: '清华大学出版社',
    author: { age: 32, name: '柳伟卫' }
  }
]
```

2. 修改多个文档

db.collection.updateMany()可以用来修改多个文档。示例如下：

```
nodejsBook> db.book.updateMany( {"author.name": "柳伟卫"}, {$set: {"author.name": "Way Lau" } } )
{
```

```
  acknowledged: true,
  insertedId: null,
  matchedCount: 7,
  modifiedCount: 7,
  upsertedCount: 0
}
```

上述命令会将所有作者为"柳伟卫"的改为"Way Lau"。

通过下面命令来验证修改的内容：

```
nodejsBook> db.book.find( {} )
[
  {
    _id: ObjectId('66751acbcf8f02518c90defe'),
    title: '分布式系统常用技术及案例分析',
    price: 99,
    press: '电子工业出版社',
    author: { age: 32, name: 'Way Lau' }
  },
  {
    _id: ObjectId('66751ceecf8f02518c90deff'),
    title: 'Spring Boot 企业级应用开发实战',
    price: 98,
    press: '北京大学出版社',
    author: { age: 32, name: 'Way Lau' }
  },
  {
    _id: ObjectId('66751ceecf8f02518c90df00'),
    title: 'Spring Cloud 微服务架构开发实战',
    price: 79,
    press: '北京大学出版社',
    author: { age: 32, name: 'Way Lau' }
  },
  {
    _id: ObjectId('66751ceecf8f02518c90df01'),
    title: 'Spring 5 案例大全',
    price: 119,
    press: '北京大学出版社',
    author: { age: 32, name: 'Way Lau' }
  },
  {
    _id: ObjectId('66751ceecf8f02518c90df02'),
    title: '分布式系统开发实战',
    price: 69.8,
    press: '人民邮电出版社',
    author: { age: 32, name: 'Way Lau' }
  },
  {
    _id: ObjectId('66751ceecf8f02518c90df03'),
    title: 'Java核心编程',
    price: 89,
```

```
    press: '清华大学出版社',
    author: { age: 32, name: 'Way Lau' }
  },
  {
    _id: ObjectId('66751ceecf8f02518c90df04'),
    title: '轻量级Java EE企业应用开发实战',
    price: 139,
    press: '清华大学出版社',
    author: { age: 32, name: 'Way Lau' }
  },
  {
    _id: ObjectId('66751ceecf8f02518c90df05'),
    title: '鸿蒙HarmonyOS应用开发入门',
    price: 89,
    press: '清华大学出版社',
    author: { age: 32, name: 'Way Lau' }
  }
]
```

3. 替换单个文档

db.collection.replaceOne()方法可以用来替换除了"_id"字段之外的整个文档。

```
nodejsBook> db.book.replaceOne( {"author.name": "Way Lau"}, { title: "Cloud
Native分布式架构原理与实践", price: 79, prepress: "北京大学出版社", author: { age: 32,
name: "柳伟卫" } } )
{
  acknowledged: true,
  insertedId: null,
  matchedCount: 1,
  modifiedCount: 1,
  upsertedCount: 0
}
```

上述命令会将作者为"Way Lau"的文档替换为title为"Cloud Native分布式架构原理与实践"的新文档。由于替换操作针对的是单个文档，因此即便作者为"Way Lau"的图书可能有多种，也只会替换查询到的第一种。

通过下面命令来验证修改的内容：

```
nodejsBook> db.book.find( {} )
[
  {
    _id: ObjectId('66751acbcf8f02518c90defe'),
    title: 'Cloud Native分布式架构原理与实践',
    price: 79,
    press: '北京大学出版社',
    author: { age: 32, name: '柳伟卫' }
  },
  {
    _id: ObjectId('66751ceecf8f02518c90deff'),
    title: 'Spring Boot 企业级应用开发实战',
```

```
    price: 98,
    press: '北京大学出版社',
    author: { age: 32, name: 'Way Lau' }
  },
  {
    _id: ObjectId('66751ceecf8f02518c90df00'),
    title: 'Spring Cloud 微服务架构开发实战',
    price: 79,
    press: '北京大学出版社',
    author: { age: 32, name: 'Way Lau' }
  },
  {
    _id: ObjectId('66751ceecf8f02518c90df01'),
    title: 'Spring 5 案例大全',
    price: 119,
    press: '北京大学出版社',
    author: { age: 32, name: 'Way Lau' }
  },
  {
    _id: ObjectId('66751ceecf8f02518c90df02'),
    title: '分布式系统开发实战',
    price: 69.8,
    press: '人民邮电出版社',
    author: { age: 32, name: 'Way Lau' }
  },
  {
    _id: ObjectId('66751ceecf8f02518c90df03'),
    title: 'Java核心编程',
    price: 89,
    press: '清华大学出版社',
    author: { age: 32, name: 'Way Lau' }
  },
  {
    _id: ObjectId('66751ceecf8f02518c90df04'),
    title: '轻量级Java EE企业应用开发实战',
    price: 139,
    press: '清华大学出版社',
    author: { age: 32, name: 'Way Lau' }
  },
  {
    _id: ObjectId('66751ceecf8f02518c90df05'),
    title: '鸿蒙HarmonyOS应用开发入门',
    price: 89,
    press: '清华大学出版社',
    author: { age: 32, name: 'Way Lau' }
  }
]
```

18.2.6 删除文档

删除文档主要有以下两种方式：

```
db.collection.deleteOne()
db.collection.deleteMany()
```

下面演示这两种删除文档的方式。

1．删除单个文档

db.collection.deleteOne()可以用来删除单个文档。示例如下：

```
nodejsBook> db.book.deleteOne( {"author.name": "柳伟卫"} )
{ acknowledged: true, deletedCount: 1 }
```

上述命令会将作者为"柳伟卫"的文档删除。由于是删除单个文档，因此即便作者为"柳伟卫"的图书可能有多种，也只会删除查询到的第一种。

通过下面命令来验证删除的内容：

```
nodejsBook> db.book.find( {} )
[
  {
    _id: ObjectId('66751ceecf8f02518c90deff'),
    title: 'Spring Boot 企业级应用开发实战',
    price: 98,
    press: '北京大学出版社',
    author: { age: 32, name: 'Way Lau' }
  },
  {
    _id: ObjectId('66751ceecf8f02518c90df00'),
    title: 'Spring Cloud 微服务架构开发实战',
    price: 79,
    press: '北京大学出版社',
    author: { age: 32, name: 'Way Lau' }
  },
  {
    _id: ObjectId('66751ceecf8f02518c90df01'),
    title: 'Spring 5 案例大全',
    price: 119,
    press: '北京大学出版社',
    author: { age: 32, name: 'Way Lau' }
  },
  {
    _id: ObjectId('66751ceecf8f02518c90df02'),
    title: '分布式系统开发实战',
    price: 69.8,
    press: '人民邮电出版社',
    author: { age: 32, name: 'Way Lau' }
  },
```

```
  {
    _id: ObjectId('66751ceecf8f02518c90df03'),
    title: 'Java核心编程',
    price: 89,
    press: '清华大学出版社',
    author: { age: 32, name: 'Way Lau' }
  },
  {
    _id: ObjectId('66751ceecf8f02518c90df04'),
    title: '轻量级Java EE企业应用开发实战',
    price: 139,
    press: '清华大学出版社',
    author: { age: 32, name: 'Way Lau' }
  },
  {
    _id: ObjectId('66751ceecf8f02518c90df05'),
    title: '鸿蒙HarmonyOS应用开发入门',
    price: 89,
    press: '清华大学出版社',
    author: { age: 32, name: 'Way Lau' }
  }
]
```

2. 删除多个文档

db.collection.deleteMany()可以用来删除多个文档。示例如下：

```
nodejsBook> db.book.deleteMany( {"author.name": "Way Lau"} )
{ acknowledged: true, deletedCount: 7 }
```

上述命令会将所有作者为"Way Lau"的文档删除。

通过下面命令来验证删除的内容：

```
nodejsBook> db.book.find( {} )
```

上述命令执行后返回的是空文档。

18.3 实战：使用 Node.js 操作 MongoDB

操作MongoDB需要安装MongoDB的驱动。在Node.js领域，MongoDB官方提供了mongodb模块来操作MongoDB。本节专门介绍如何通过mongodb模块来操作MongoDB。

18.3.1 安装mongodb模块

首先，初始化一个名为"mongodb-demo"的应用，命令如下：

```
$ mkdir mongodb-demo
$ cd mongodb-demo
```

接着,通过"npm init"来初始化该应用:

```
$ npm init

This utility will walk you through creating a package.json file.
It only covers the most common items, and tries to guess sensible defaults.

See 'npm help init' for definitive documentation on these fields
and exactly what they do.

Use `npm install <pkg>` afterwards to install a package and
save it as a dependency in the package.json file.

Press ^C at any time to quit.
package name: (mongodb-demo) mongodb-demo
version: (1.0.0) 1.0.0
description: MongoDB demo.
entry point: (index.js) index.js
test command:
git repository:
keywords:
author: waylau.com
license: (ISC)
About to write to D:\workspace\gitee\progressive-nodejs-enterprise-level-
application-practice-book\samples\mongodb-demo\package.json:

{
  "name": "mongodb-demo",
  "version": "1.0.0",
  "description": "MongoDB demo.",
  "main": "index.js",
  "scripts": {
    "test": "echo \"Error: no test specified\" && exit 1"
  },
  "author": "waylau.com",
  "license": "ISC"
}


Is this OK? (yes) yes
```

mongodb模块是一个开源的、用JavaScript编写的MongoDB驱动,用来操作MongoDB。可以像安装其他模块一样来安装mongodb模块,命令如下:

```
$ npm install mongodb -save
added 12 packages in 3s
```

18.3.2 实现访问MongoDB

mongodb模块安装完成之后,就可以通它来访问MongoDB。

以下是一个简单的操作MongoDB的示例,用来访问nodejsBook数据库。

```
const MongoClient = require('mongodb').MongoClient;

// 连接URL
const url = 'mongodb://localhost:27017';

// 数据库名称
const dbName = 'nodejsBook';

// 创建MongoClient客户端
const client = new MongoClient(url);

async function main() {
  // 使用连接方法来连接服务器
  await client.connect();
  console.log("成功连接到服务器");
  const db = client.db(dbName);

  // 获取集合
  const book = db.collection('book');

  // 省略对集合的操作逻辑

  return 'done.';
}

main()
  .then(console.log)
  .catch(console.error)
  .finally(() => client.close());
```

其中,MongoClient是用于创建连接的客户端,client.connect()方法用于建立连接,client.db()方法用于获取数据库实例,client.close()方法用于关闭连接。

18.3.3 运行应用

执行下面的命令来运行应用(在运行应用之前,请确保已经将MongoDB服务器启动起来了):

```
$ node index.js
```

应用启动之后,可以在控制台看到如下信息:

```
$ node index.js
```

成功连接到服务器
done.

18.4 深入理解 mongodb 模块

本节主要介绍mongodb模块的常用操作。mongodb模块的操作语法与mongo.exe的操作语法非常类似。

18.4.1 建立连接

在18.3.2节，我们已经初步了解了创建MongoDB连接的方式，获取了MongoDB的数据库实例db，下面就可以使用db进行进一步的操作，比如增、删、改、查等。

18.4.2 插入文档

以下是插入多个文档的示例：

```
// 插入多个文档
const insertResult = await book.insertMany([
    { title: "Spring Boot 企业级应用开发实战", price: 98, press: "北京大学出版社", author: { age: 32, name: "柳伟卫" } },
    { title: "Spring Cloud 微服务架构开发实战", price: 79, press: "北京大学出版社", author: { age: 32, name: "柳伟卫" } },
    { title: "Spring 5 案例大全", price: 119, press: "北京大学出版社", author: { age: 32, name: "柳伟卫" } },
    { title: "分布式系统开发实战", price: 69.8, press: "人民邮电出版社", author: { age: 32, name: "柳伟卫" } },
    { title: "Java核心编程", price: 89, press: "清华大学出版社", author: { age: 32, name: "柳伟卫" } },
    { title: "轻量级Java EE企业应用开发实战", price: 139, press: "清华大学出版社", author: { age: 32, name: "柳伟卫" } },
    { title: "鸿蒙HarmonyOS应用开发入门", price: 89, press: "清华大学出版社", author: { age: 32, name: "柳伟卫" } }]
);
console.log("已经插入文档，响应结果是：", insertResult);
```

运行应用，可以在控制台看到如下输出内容：

```
已经插入文档，响应结果是：
{
  acknowledged: true,
  insertedCount: 7,
  insertedIds: {
```

```
    '0': new ObjectId('66752a7abc708d559a3f1bd7'),
    '1': new ObjectId('66752a7abc708d559a3f1bd8'),
    '2': new ObjectId('66752a7abc708d559a3f1bd9'),
    '3': new ObjectId('66752a7abc708d559a3f1bda'),
    '4': new ObjectId('66752a7abc708d559a3f1bdb'),
    '5': new ObjectId('66752a7abc708d559a3f1bdc'),
    '6': new ObjectId('66752a7abc708d559a3f1bdd')
  }
}
```

18.4.3 查找文档

以下是查找全部文档的示例：

```
// 查找全部文档
const findResult = await book.find({}).toArray();
console.log("查询所有文档，结果如下：", findResult);
```

运行应用，可以在控制台看到如下输出内容：

```
查找所有文档，结果如下：
[
  {
    _id: new ObjectId('66752a7abc708d559a3f1bd7'),
    title: 'Spring Boot 企业级应用开发实战',
    price: 98,
    press: '北京大学出版社',
    author: { age: 32, name: '柳伟卫' }
  },
  {
    _id: new ObjectId('66752a7abc708d559a3f1bd8'),
    title: 'Spring Cloud 微服务架构开发实战',
    price: 79,
    press: '北京大学出版社',
    author: { age: 32, name: '柳伟卫' }
  },
  {
    _id: new ObjectId('66752a7abc708d559a3f1bd9'),
    title: 'Spring 5 案例大全',
    price: 119,
    press: '北京大学出版社',
    author: { age: 32, name: '柳伟卫' }
  },
  {
    _id: new ObjectId('66752a7abc708d559a3f1bda'),
    title: '分布式系统开发实战',
    price: 69.8,
    press: '人民邮电出版社',
    author: { age: 32, name: '柳伟卫' }
  },
```

```
  {
    _id: new ObjectId('66752a7abc708d559a3f1bdb'),
    title: 'Java核心编程',
    price: 89,
    press: '清华大学出版社',
    author: { age: 32, name: '柳伟卫' }
  },
  {
    _id: new ObjectId('66752a7abc708d559a3f1bdc'),
    title: '轻量级Java EE企业应用开发实战',
    price: 139,
    press: '清华大学出版社',
    author: { age: 32, name: '柳伟卫' }
  },
  {
    _id: new ObjectId('66752a7abc708d559a3f1bdd'),
    title: '鸿蒙HarmonyOS应用开发入门',
    price: 89,
    press: '清华大学出版社',
    author: { age: 32, name: '柳伟卫' }
  }
]
```

在查找条件中也可以加入过滤条件。比如，下面的例子查找指定作者的文档：

```
// 根据作者查找文档
const filteredDocs = await book.find({ "author.name": '柳伟卫' }).toArray();
console.log("根据作者查找文档，结果如下：", filteredDocs);
```

运行应用，可以在控制台看到如下输出内容：

```
根据作者查找文档，结果如下：
[
  {
    _id: new ObjectId('66752a7abc708d559a3f1bd7'),
    title: 'Spring Boot 企业级应用开发实战',
    price: 98,
    press: '北京大学出版社',
    author: { age: 32, name: '柳伟卫' }
  },
  {
    _id: new ObjectId('66752a7abc708d559a3f1bd8'),
    title: 'Spring Cloud 微服务架构开发实战',
    price: 79,
    press: '北京大学出版社',
    author: { age: 32, name: '柳伟卫' }
  },
  {
    _id: new ObjectId('66752a7abc708d559a3f1bd9'),
    title: 'Spring 5 案例大全',
    price: 119,
    press: '北京大学出版社',
```

```
    author: { age: 32, name: '柳伟卫' }
  },
  {
    _id: new ObjectId('66752a7abc708d559a3f1bda'),
    title: '分布式系统开发实战',
    price: 69.8,
    press: '人民邮电出版社',
    author: { age: 32, name: '柳伟卫' }
  },
  {
    _id: new ObjectId('66752a7abc708d559a3f1bdb'),
    title: 'Java核心编程',
    price: 89,
    press: '清华大学出版社',
    author: { age: 32, name: '柳伟卫' }
  },
  {
    _id: new ObjectId('66752a7abc708d559a3f1bdc'),
    title: '轻量级Java EE企业应用开发实战',
    price: 139,
    press: '清华大学出版社',
    author: { age: 32, name: '柳伟卫' }
  },
  {
    _id: new ObjectId('66752a7abc708d559a3f1bdd'),
    title: '鸿蒙HarmonyOS应用开发入门',
    price: 89,
    press: '清华大学出版社',
    author: { age: 32, name: '柳伟卫' }
  }
]
```

18.4.4 修改文档

以下是修改单个文档的示例：

```
// 修改单个文档
const updateResult = await book.updateOne(
    { "author.name": "柳伟卫" },
    { $set: { "author.name": "Way Lau" } });
console.log("修改单个文档，结果如下：", updateResult);
```

运行应用，可以在控制台看到如下输出内容：

```
修改单个文档，结果如下：
{
  acknowledged: true,
  modifiedCount: 1,
  upsertedId: null,
  upsertedCount: 0,
```

```
    matchedCount: 1
}
```

当然，也可以修改多个文档，操作示例如下：

```
// 修改多个文档
const updateManyResult = await book.updateMany(
    { "author.name": "柳伟卫" },
    { $set: { "author.name": "Way Lau" } });
console.log("修改多个文档，结果如下：", updateManyResult);
```

运行应用，可以在控制台看到如下输出内容：

```
修改多个文档，结果如下：
{
  acknowledged: true,
  modifiedCount: 6,
  upsertedId: null,
  upsertedCount: 0,
  matchedCount: 6
}
```

18.4.5 删除文档

删除文档可以选择删除单个文档或者删除多个文档。

以下是删除单个文档的示例：

```
// 删除单个文档
const deleteResult = await book.deleteOne({ "author.name": "Way Lau" });
console.log("删除单个文档，结果如下：", deleteResult);
```

运行应用，可以在控制台看到如下输出内容：

删除单个文档，结果如下： { acknowledged: true, deletedCount: 1 }

以下是删除多个文档的示例：

```
// 删除多个文档
const deleteManyResult = await book.deleteMany({ "author.name": "Way Lau" });
console.log("删除多个文档，结果如下：", deleteManyResult);
```

运行应用，可以在控制台看到如下输出内容：

删除多个文档，结果如下： { acknowledged: true, deletedCount: 6 }

本节例子可以在本书配套资源中的"mongodb-demo"目录下找到。

18.5 上机演练

练习一：安装 MongoDB 并连接查看数据库

1）任务要求

（1）在本地系统中安装MongoDB。
（2）启动MongoDB服务。
（3）使用MongoDB客户端连接本地MongoDB服务并显示已存在的数据库。

2）参考操作步骤

（1）访问MongoDB官方网站下载页面。
（2）选择适合操作系统的安装包进行安装。
（3）安装完成后，打开命令行或终端窗口，输入命令启动MongoDB服务。
（4）打开另一个命令行或终端窗口，输入命令以连接MongoDB服务器。
（5）输入命令以显示已有的数据库。

3）参考示例代码

```
// 启动MongoDB服务
mongod

// 连接到MongoDB服务
mongo

// 显示所有数据库
show dbs
```

4）小结

这个练习展示了如何在本地系统中安装MongoDB、启动服务，并使用MongoDB客户端连接和查看现有数据库。这是一个入门级的任务，目的是让读者熟悉MongoDB的安装和基本使用方法。

练习二：在 Node.js 应用中操作 MongoDB

1）任务要求

（1）在Node.js中安装mongodb模块。
（2）创建一个Node.js应用来连接MongoDB，并执行增、删、改、查操作。

2）参考操作步骤

（1）创建一个新的Node.js项目。
（2）安装mongodb模块。

（3）编写一个JavaScript文件来执行增、删、改、查操作。

3）参考示例代码

```
// 引入mongodb模块
const MongoClient = require('mongodb').MongoClient;
// 连接URL
const url = 'mongodb://localhost:27017';
// 数据库名称
const dbName = 'myproject';
// 创建客户端
const client = new MongoClient(url, { useUnifiedTopology: true });
// 使用connect方法连接服务器
client.connect(function(err) {
  if (err) throw err;
  console.log("Connected successfully to server");
  const db = client.db(dbName);
  // 插入文档
  db.collection('documents').insertMany([{a: 1}, {a: 2}], function(err, result) {
    console.log("Inserted documents into the collection");
    client.close();
  });
});
```

4）小结

这个练习展示了如何在Node.js应用中使用mongodb模块来操作MongoDB。

练习三：深入理解 Node.js 中的 mongodb 模块操作

1）任务要求

在Node.js应用中执行更复杂的增、删、改、查操作。

2）参考操作步骤

（1）扩展练习二中创建的Node.js应用。
（2）添加更多的操作，如查询、更新和删除文档。

3）参考示例代码

```
// 查询文档
db.collection('documents').find({}).toArray(function(err, result) {
  if (err) throw err;
  console.log(result);
});
// 更新文档
db.collection('documents').updateOne({a: 1}, {$set: {b: 1}}, function(err, result) {
  console.log("Updated a document");
```

```
});
// 删除文档
db.collection('documents').deleteOne({a: 1}, function(err, result) {
  console.log("Deleted a document");
  client.close();
});
```

4）小结

此练习能让读者更深入地理解如何在Node.js中进行复杂的MongoDB操作，包括查找、更新和删除文档。

18.6 本章小结

MongoDB是强大的非关系数据库。本章讲解了如何通过Node.js来操作MongoDB，首先介绍了如何下载和安装MongoDB，并启动MongoDB服务；然后讲解了如何在MongoDB中进行基本的操作，如显示已有的数据库，创建和使用数据库，插入、查询、修改和删除文档；最后介绍了如何使用Node.js的mongodb模块来操作MongoDB数据库，包括建立连接，插入、查找、修改和删除文档。

通过本章的学习，读者应该能够使用Node.js来操作MongoDB数据库，进行数据的增、删、改、查等操作。

第 19 章

操作Redis

有时，为了提升整个网站的性能，我们会将经常需要访问的数据缓存起来，这样在下次查询的时候就能快速找到这些数据。Redis是一个开源的、内存中的数据结构存储系统，可以用作数据库、缓存和消息代理。通过使用Redis，我们可以提高应用程序的性能，因为它提供了高速的读写操作。本章将介绍如何下载和安装Redis，讲解其数据类型及基本操作，并通过实战项目来演示如何在Node.js中使用Redis模块进行操作。

19.1 下载和安装 Redis

缓存的使用与系统的时效性有着非常大的关系。当系统对时效性要求不高时，使用缓存是极好的选择。当系统对时效性的要求比较高时，则并不适合使用缓存。

Redis是非常流行的缓存系统，在互联网公司广为使用。

19.1.1 Redis简介

Redis是一个高性能的key-value数据库。Redis的出现，在很大程度上弥补了Memcached这类key-value存储的不足，在部分场合可以对关系数据库起到很好的补充作用。它提供了包括C、C#、C++、Go、Node.js、Python、R、Rust等众多客户端，使用方便。有关各种客户端实现库的支持情况，可以参考https://redis.io/docs/latest/develop/connect/clients/。

Redis支持主从同步，可以从主服务器向任意数量的从服务器同步数据，从服务器可以是关联其他从服务器的主服务器。这使得Redis可执行单层树复制，存盘可以有意无意地对数据进行写操作。由于Redis完全实现了发布/订阅机制，因此从数据库在任何地方进行数据同步时，可以订阅一个频道并接收主服务器完整的消息发布记录。同步对读取操作的可扩展性和消除数据冗余很有帮助。

用户可以在Redis数据类型上执行原子操作，比如，追加字符串，增加哈希表中的某个值，在列表中增加一个元素，计算集合的交集、并集或差集，获取一个有序集合中最大排名的元素，等等。

为了获取其卓越的性能，Redis在内存数据集合上工作。是否工作在内存取决于用户，如果用户想持久化其数据，可以通过偶尔转储内存数据集到磁盘上或在一个日志文件中写入每条操作命令来实现。如果用户仅需要一个内存数据库，那么持久化操作可以被选择性禁用。

Redis是用ANSI C编写的，在大多数POSIX系统中正常工作，如Linux、macOS等。Linux和macOS系统是Redis的开发和测试最常用的两个操作系统，所以建议使用Linux来部署Redis。Redis可以工作在像SmartOS那样的Solaris派生的系统上，但支持有限。官方没有对Windows构建的支持，如果想要在Windows上体验Redis，则建议通过Docker方式来安装Redis。

Redis具有以下特点：

- 事务。
- 发布/订阅。
- Lua脚本。
- key有生命时间限制。
- 按照LRU机制来清除旧数据。
- 自动故障转移。

19.1.2 在Linux平台上安装Redis

在Linux平台上安装Redis比较简单。以Ubuntu/Debian为例，可以从官方packages.redis.io APT存储库安装Redis的最新稳定版本。

```
sudo apt install lsb-release curl gpg
```

将存储库添加到APT索引，更新并安装：

```
curl -fsSL https://packages.redis.io/gpg | sudo gpg --dearmor -o /usr/share/keyrings/redis-archive-keyring.gpg

echo "deb [signed-by=/usr/share/keyrings/redis-archive-keyring.gpg] https://packages.redis.io/deb $(lsb_release -cs) main" | sudo tee /etc/apt/sources.list.d/redis.list

sudo apt-get update
sudo apt-get install redis
```

之后，就能运行Redis服务器了：

```
$ redis-server
```

可以使用内置的命令行工具来和Redis交互：

```
$ redis-cli
redis> set foo bar
OK
redis> get foo
```

19.1.3 在Windows平台上安装Redis

Redis在Windows上不受官方直接支持，但是，可以按照以下两种方式在Windows上间接安装Redis进行开发。

- 启用WSL2（Windows Subsystem for Linux）。WSL2允许我们在Windows上以本机方式运行Linux二进制文件。要使用此方法，需要运行Windows 10 2004版及更高版本，或Windows 11。
- 使用Docker安装Redis。

推荐在Windows平台上采用Docker来安装Redis。以下是安装Redis的Docker Compose文件的示例：

```
services:
  redis-server:
    env_file:
      - redis-server.env
    image: docker.io/library/redis:7.2.3
    container_name: redis-server
    deploy:
      resources:
        limits:
          memory: 20G
    volumes:
      - /data/redis/container-redis-cluster/node-6387/conf/redis.conf:/etc/redis/redis.conf
      - /data/redis/container-redis-cluster/node-6387/data:/data
      - /data/mysql/container-mysql-cluster/node-6387/log:/var/log/redis
    ports:
      - "6387:6387"
      - "16387:16387"
    command: ["redis-server","/etc/redis/redis.conf"]
    restart: on-failure
```

安装后，Redis默认运行在地址端口，如图19-1所示。

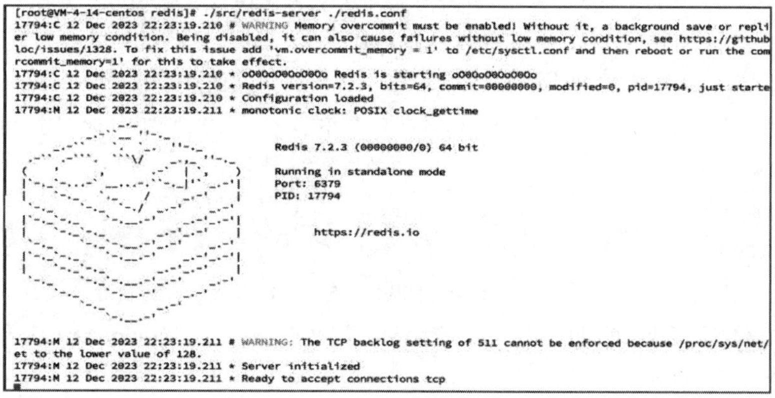

图 19-1　Redis 服务器启动界面

19.2　Redis 的数据类型及基本操作

Redis不仅仅是简单的key-value存储，实际上它还是一个data structures server（数据结构服务器），用来支持不同的数值类型。在key-value中，value不局限于string类型，还可以是更复杂的数据结构：

- 二进制安全的string。
- List：一个链表，链表中的元素按照插入顺序排列。
- Set：string集合，集合中的元素是唯一的，没有排序。
- Sorted set：和Set类似，但是每一个string元素关联一个浮点数值。这个数值被称为Score。元素总是通过它们的Score进行排序，所以不像Set，它可以获取一段范围的元素（例如，获取前10个或者后10个）。
- Hash：Hash就是由关联值的字段构成的Map。字段和值都是string。这个与Ruby或Python的hash类似。
- Bit array（或者简单称为Bitmap）：像位数值一样通过特别的命令处理字符串，例如，设置和清除单独的bit，统计所有bit集合中为1的数量，查找第一个设置或者没有设置的bit，等等。
- HyperLogLogs：这是一个概率统计用的数据结构，可以用来估计一个集合的基数。

本章所有的例子都使用redis-cli工具来演示。这是一个简单但是非常有用的命令行工具，可以用来给Redis Server发送命令。

19.2.1　Redis key

Redis key是二进制安全的。这意味着我们可以使用任何二进制序列作为key，如从一个像"foo"的字符串到一个JPEG文件的内容。空字符串也是一个有效的key。关于key的一些其他的使用规则如下：

- 不建议使用非常长的key。这不仅仅是考虑内存方面的问题，还因为在数据集中查找key可能需要和多个key进行比较。如果当前的任务需要使用一个很大的值，将它进行hash是一个不错的方案（例如，使用SHA1），尤其是从内存和带宽的角度考虑。
- 使用非常短的key往往也不是一个好主意。如果可以将key写成"user:1000:followers"，就不要使用"u1000flw"。首先，前者更加具有可读性；其次，增加的空间相比key对象本身和值对象占用的空间是很小的。当然，短的key显然会消耗更少的内存，我们需要找到一个适当的平衡点。
- 提倡使用模式。例如，像使用"user:1000"这样的"object-type:id"模式是一个好主意。点和连接线通常用在多个单词的字段中，例如"comment:1234:reply.to"或者"comment:1234:reply-to"。
- 允许key的最大值是512MB。

19.2.2　Redis String

Redis String类型是关联到Redis key的最简单的值类型。它是Memcached中唯一的数据类型，所以对于Redis新手来说，使用它也是非常自然的。

因为Redis key是String，所以当我们使用String类型作为value时，其实就是将一个String映射到另一个String。String数据类型对于大量的用例是非常有用的，如缓存HTML片段或者页面。

使用redis-cli来操作String类型的示例如下：

```
> set mykey somevalue
OK
> get mykey
"somevalue"
```

使用SET和GET命令可以设置和获取String值。注意，SET会替换已经存入key中的任何值，即使这个key存在的不是String值。因此，SET执行一次分配。

value可以是任何类型的String（包括二进制数据），例如可以保存一幅JPEG图片到一个key中，但值的大小不能超过512MB。

SET命令有一些有趣的选项，这些选项可以通过额外的参数来设置。例如：

- NX：只在key不存在的情况下执行。
- XX：只在key存在的情况下执行。

操作示例如下：

```
> set mykey somevalue
OK
> get mykey
"somevalue"
```

String是Redis的基础值，可以对它们进行一些有意思的操作。例如，进行原子递增：

```
> set counter 100
OK
> incr counter
(integer) 101
> incr counter
(integer) 102
> incrby counter 50
(integer) 152
```

INCR命令将String值解析为Integer，然后将它递增1，最后将新值作为返回值。这里也有一些类似的命令，如INCRBY、DECR和DCRBY。在内部它们是相同的命令，并且执行方式的差别非常小。

INCR命令是原子操作，意味着即使多个客户端对同一个key发送INCR命令，也不会导致竞争条件问题。例如，当client1和client2同时给值加1时（旧值为10），它们不会同时读到10，最终值一定是12，因为read-increment-set起作用了。

操作String有很多其他命令，例如：

- GETSET命令将一个key设置为新值，并返回旧值。例如，当网站接收到新的访问者时，可以使用INCR命令递增一个Redis key，也可以使用GETSET命令来实现；如果希望每隔一个小时收集一次信息，并且不丢失每次的递增值，可以使用GETSET命令将该key的值设置为新值0，并将旧值读回。
- MSET和MGET命令用于在一条命令中设置或者获取多个key的值，这对于减少网络延时非常有用，操作示例如下：

```
> mset a 10 b 20 c 30
OK
> mget a b c
1) "10"
2) "20"
3) "30"
```

当使用MGET时，Redis返回的是一个值数组。

19.2.3　修改和查询key空间

还有一些命令没有定义在具体的类型上，但在与key空间交互时非常有用。这些命令可以用于任何类型的key。

例如，EXISTS命令返回1或者0来标志一个给定的key是否在数据库中存在；DEL命令用来删除一个key及其关联的值，而不管这个值是什么。

操作示例如下：

```
> set mykey hello
OK
> exists mykey
(integer) 1
> del mykey
(integer) 1
> exists mykey
(integer) 0
```

通过这个例子，也可以看到DEL命令根据key是否被删除返回了1或者0。

另外，TYPE命令返回指定key中存放的值的类型。操作示例如下：

```
> set mykey x
OK
> type mykey
string
> del mykey
(integer) 1
> type mykey
none
```

19.2.4 Redis超时

Redis超时是Redis的一个特性。这个特性可以用在任何一种值类型中。可以给一个key设置一个超时时间，这个超时时间就是有限的生存时间。当这个生存时间过去，这个key会自动被销毁。

下面是一些关于Redis超时的描述：

- 在设置超时时间时，精度可以使用秒或者毫秒。
- 超时时间一般是1ms。
- 超时信息会被复制，并持久化到磁盘中。当Redis服务器停止时（这意味着Redis将保存key的超时时间），这个时间在无形中度过。

设置超时时间是很简单的：

```
> set key some-value
OK
> expire key 5
(integer) 1
> get key (immediately)
"some-value"
> get key (after some time)
(nil)
```

这个key在两次GET调用之间消失了，因为第二次调用延时超过了5s。

在上面的例子中，使用了EXPIRE命令来设置超时时间（它也可以用来给一个已经设置了超时时间的key设置一个不同的值。PERSIST可以用来删除超时时间，并将key永远持久化）。当然，我们也可以使用其他Redis命令来创建带超时时间的key。例如，使用SET选项：

```
> set key 100 ex 10
OK
> ttl key
(integer) 9
```

上面例子中设置key的值为100，并带有10s的超时时间。之后，使用TTL命令检测这个key的剩余生存时间。

如果想知道如何以毫秒级设置和检测超时时间，查看PEXPIRE和PTTL命令以及SET选项列表，可以参见https://redis.io/docs/latest/commands/。

19.2.5 Redis List

Redis List是通过Linked List实现的。这意味着即使一个列表中有成千上万个元素，在列表的头和尾增加一个元素的操作都是在一个常量时间内完成的。使用LPUSH命令增加一个新元素到一个具有10个元素的列表头的速度和增加一个元素到有上万个元素的列表头的速度是一样的。

这样做的负面影响是什么呢？在使用数组实现的列表中，使用index访问一个元素是非常快的（index访问是常量时间），而在使用Linked List实现的List中不是那么快的（这个操作需要的工作量和被访问元素的index成正比）。

Redis List之所以使用Linked List实现，是因为对于数据库系统而言，能够快速增加一个元素到一个非常长的列表中是非常关键的。

Redis List的另一个重要优势是可以在常量时间内获取一个固定长度的子List。

如何实现快速访问一个庞大元素集合的中间值？可以使用另一个数据结构，它称为Sorted Set。它结合了Set和Ordered Set的特性，是一个不包含重复成员的集合，且成员都关联一个浮点数分数。成员按分数排序，并且允许重复分数。

19.2.6　使用Redis List的第一步

LPUSH命令将一个新元素从左边加入列表中，而RPUSH命令将一个新元素从右边加入列表中。最后，使用LRANGE命令获取列表范围内的元素：

```
> rpush mylist A
(integer) 1
> rpush mylist B
(integer) 2
> lpush mylist first
(integer) 3
> lrange mylist 0 -1
1) "first"
2) "A"
3) "B"
```

注意，LRANGE带有两个index，分别是返回范围的开始和结束。这两个index都可以是负数，告诉Redis从后边开始计数：-1表示最后一个元素，-2表示倒数第二个元素，以此类推。

LPUSH和RPUSH命令都是variadic commands（可变参数的命令），这意味着可以在一次调用中将多个元素插入列表中。操作示例如下：

```
> rpush mylist 1 2 3 4 5 "foo bar"
(integer) 9
> lrange mylist 0 -1
1) "first"
2) "A"
3) "B"
4) "1"
5) "2"
6) "3"
7) "4"
8) "5"
9) "foo bar"
```

Redis List的一个重要操作是弹出（pop）元素。弹出元素是指从列表中取出元素的同时将其删除。可以从左侧或右侧弹出元素，这与从列表两侧推入（push）元素的操作类似。操作示例如下：

```
> rpush mylist a b c
(integer) 3
> rpop mylist
"c"
> rpop mylist
"b"
> rpop mylist
"a"
```

我们加入了3个元素，并弹出了3个元素，所以在这些命令执行完后，这个列表是空的，没有更多的元素可以弹出。如果尝试再弹出一个元素，结果如下：

```
> rpop mylist
(nil)
```

Redis返回NULL值来表示已经没有元素在列表中了。

19.2.7　List常见的用例

List对于某些特定的场景是非常有用的。两个非常典型的用例如下：

- 记录用户发布到社区网络的最新更新。
- 使用消费者—生产者模式进行进程间通信。生产者推送数据到List中，消费者消费这些数据并执行操作。Redis有专门的List命令使这个用例更加可靠和高效。

例如，热门的Ruby库resque和sidekiq在底层就是使用Redis List实现后台任务的。

又如，热门的Twitter社交网络将用户最新发布的tweet放入Redis List中。为了描述这个常见的用例，设想在主页上展示社交网站上发布的最新图片，并且想提高访问速度。每次一个用户发布一张新的图片，我们就使用LPUSH将它的ID加入一个List中。当用户访问这个主页时，我们使用LRANGE 0 9来获得最近上传的10个数据。

19.2.8　限制列表

在很多的用例中，我们仅需要使用List保存最近的元素，比如，社交网络的更新、日志，或者其他任何事。

Redis允许我们使用List作为capped集合，使用LTRIM命令来仅记住最近N个元素，并丢失所有旧的数据。

LTRIM命令和LRANGE类似，但它设置这一个范围作为新的List值，而不是展示指定范围的元素。所有在给定范围之外的元素都会被删除。

对此，通过下面的例子，我们可以更加容易理解：

```
> rpush mylist 1 2 3 4 5
(integer) 5
> ltrim mylist 0 2
OK
```

```
> lrange mylist 0 -1
1) "1"
2) "2"
3) "3"
```

上面的LTRIM命令告诉Redis仅取从index 0到2的列表元素，其他的会被丢弃。这允许一个非常简单但又很有用的模式：执行一个List推送操作和一个List截断操作，来增加一个新元素，并丢弃超过限制的元素。用法如下：

```
LPUSH mylist <some element>
LTRIM mylist 0 999
```

上面的组合增加了一个新元素，并取1000个最新的元素放入这个List中。通LRANGE命令，可以访问最前面的数据，而不需要记住非常旧的数据。

> **注意** LRANGE是一个O(n)的命令，访问列表头或尾的小范围元素是一个常量时间操作。

受限于篇幅，没法将Redis的所有类型都进行介绍。读者如果对Redis的应用感兴趣，可以参阅笔者所著的《分布式系统常用技术及案例分析》一书。

19.3　实战：使用 Node.js 操作 Redis

操作Redis需要安装Redis的驱动。在Node.js领域，有众多的Redis客户端可以使用。本节专注于介绍如何通过redis模块来操作Redis。

redis模块项目网址为https://github.com/redis/node-redis。

19.3.1　安装redis模块

首先，初始化一个名为"redis-demo"的应用，命令如下：

```
$ mkdir redis-demo
$ cd redis-demo
```

接着，通过npm init来初始化该应用：

```
$ npm init
This utility will walk you through creating a package.json file.
It only covers the most common items, and tries to guess sensible defaults.

See `npm help init` for definitive documentation on these fields
and exactly what they do.

Use `npm install <pkg>` afterwards to install a package and
save it as a dependency in the package.json file.

Press ^C at any time to quit.
```

```
package name: (redis-demo) redis-demo
version: (1.0.0) 1.0.0
description:
entry point: (index.js) index.js
test command:
git repository:
keywords:
author: waylau.com
license: (ISC)
About to write to D:\workspace\gitee\progressive-nodejs-enterprise-level-
application-practice-book\samples\redis-demo\package.json:

{
  "name": "redis-demo",
  "version": "1.0.0",
  "main": "index.js",
  "scripts": {
    "test": "echo \"Error: no test specified\" && exit 1"
  },
  "author": "waylau.com",
  "license": "ISC",
  "description": ""
}

Is this OK? (yes) yes
```

redis模块是一个开源的、JavaScript编写的Redis驱动，用来操作Redis。可以像安装其他模块一样来安装redis模块，命令如下：

```
$ npm install redis --save

added 10 packages in 2s
```

19.3.2　实现访问Redis

redis模块安装完成之后，就可以通过它来访问Redis。

以下是一个简单的操作Redis的示例：

```
const redis = require("redis");

// 创建客户端
const client = redis.createClient({
    // 连接配置，提供Redis密码、IP地址、端口
    url: 'redis://:password@192.168.1.77:6387'
});

// 错误处理
client.on('error', err => console.log('Redis Client Error', err));

async function main() {
    await client.connect();

    // 设值
```

```
    await client.set("书名", "《Node.js企业级应用开发实践》");

    // 获取key所对应的值
    const bookName = await client.get("书名");
    console.log(bookName);

    // 同个key不同的字段
    await client.hSet("柳伟卫的Spring三剑客", "第一剑", "《Spring Boot 企业级应用开发实战》");
    await client.hSet("柳伟卫的Spring三剑客", "第二剑", "《Spring Cloud 微服务架构开发实战》");
    await client.hSet("柳伟卫的Spring三剑客", "第三剑", "《Spring 5 开发大全》");

    // 返回所有的字段
    const replies = await client.hKeys("柳伟卫的Spring三剑客");
    console.log("柳伟卫的Spring三剑客共" + replies.length + "本:");
    // 遍历所有的字段
    replies.forEach(function (reply, i) {
        console.log("    " + i + ": " + reply);
    });
    // 获取key所对应的值
    let allBooks = await client.hGetAll("柳伟卫的Spring三剑客");
    console.log("柳伟卫的Spring三剑客", JSON.stringify(allBooks));

    return 'done.';
}
main()
    .then(console.log)
    .catch(console.error)
    .finally(() => client.disconnect());
```

其中：

- redis.createClient()方法用于创建客户端。URL的配置规则为redis[s]://[[username][:password]@][host][:port][/db-number]。
- client.set()方法用于设置单个值。
- client.hSet()方法用于设置多个字段。
- client.hKeys()方法用于返回所有的字段。
- client.get()和client.hGetAll()方法都用于获取key所对应的值。
- client.disconnect()方法用于关闭连接。

19.3.3 运行应用

执行下面的命令来运行应用（在运行应用之前，请确保已经将Redis服务器启动起来了）：

```
$ node index.js
```

应用启动之后，可以在控制台看到如下信息：

```
$ node index.js
```
《Node.js企业级应用开发实践》
柳伟卫的Spring三剑客共3本:
    0: 第一剑
    1: 第二剑
    2: 第三剑
柳伟卫的Spring三剑客 {"第一剑":"《Spring Boot 企业级应用开发实战》","第二剑":"《Spring Cloud 微服务架构开发实战》","第三剑":"《Spring 5 开发大全》"}
done.

本节例子可以在本书配套资源中的"redis-demo"目录下找到。

19.4 上机演练

练习一：安装 Redis 并测试连接

1）任务要求

（1）在Linux或Windows平台上安装Redis。
（2）使用命令行工具测试与Redis服务器的连接。

2）参考操作步骤

（1）在操作系统上安装Redis。
（2）打开终端或命令提示符，运行redis-cli ping来测试与Redis服务器的连接。如果返回PONG，则表示连接成功。

3）参考示例代码

```
# 启动Redis服务器（如果尚未启动）
redis-server

# 测试连接
redis-cli ping
```

4）小结

这个练习展示了如何安装Redis并在本地环境中进行基本的配置。

练习二：使用 Redis 存储和检索数据

1）任务要求

（1）使用Node.js和Redis模块设置一个键值对。
（2）从Redis中检索该键的值。

2）参考操作步骤

（1）安装redis模块。

（2）创建一个JavaScript文件，例如redis_example.js。

（3）编写代码以连接到Redis服务器，设置一个键值对，然后检索它。

3）参考示例代码

```javascript
// 引入redis模块
const redis = require('redis');

// 创建一个新的客户端实例
const client = redis.createClient();

// 监听错误事件
client.on('error', (err) => {
  console.log('Error:', err);
});

// 设置键值对
client.set('myKey', 'Hello, Redis!', (err, reply) => {
  if (err) {
    console.log(err);
  } else {
    console.log('Set successful:', reply);
  }
});

// 获取键的值
client.get('myKey', (err, value) => {
  if (err) {
    console.log(err);
  } else {
    console.log('Value of myKey:', value);
  }
  // 关闭客户端连接
  client.quit();
});
```

4）小结

这个练习展示了如何在Node.js中使用redis模块来存储和检索数据。

练习三：使用 Redis List 实现消息队列

1）任务要求

（1）使用Node.js和redis模块创建一个消息队列。

（2）向队列中添加消息。

（3）从队列中取出消息。

2）参考操作步骤

（1）继续使用练习二中的redis_example.js文件。

（2）使用LPUSH命令将消息添加到列表中。
（3）使用RPOP命令从列表中取出消息。

3）参考示例代码

```
// 向列表中添加消息
client.lpush('messageQueue', 'Message 1', (err, reply) => {
  if (err) {
    console.log(err);
  } else {
    console.log('Pushed message to queue:', reply);
  }
});

// 从列表中取出消息
client.rpop('messageQueue', (err, message) => {
  if (err) {
    console.log(err);
  } else {
    console.log('Popped message from queue:', message);
  }
  // 关闭客户端连接
  client.quit();
});
```

4）小结

这个练习展示了如何使用Redis的List数据结构来实现一个简单的消息队列。

19.5 本章小结

Redis是流行的缓存系统。本章讲解如果通过Node.js来操作Redis。首先，介绍了Redis的基本概念和在不同平台上的安装方法；然后，介绍了Redis的数据类型，包括String、List等，并介绍了如何修改和查询key空间以及设置超时时间；最后，通过实战项目展示了如何在Node.js中安装和使用redis模块来操作Redis数据库。

通过本章的学习，读者将能够在Node.js环境中使用Redis进行数据存储和管理，从而提升应用程序的性能和可扩展性。

第 20 章

综合实战：
基于WebSocket的即时聊天应用

本章是Node.js实战应用部分，将之前介绍的关于Node.js的知识综合运用起来，开发一个即时聊天应用。通过本章的学习，读者将了解如何使用WebSocket协议实现实时通信，构建后台服务器和前台客户端，并最终实现一个功能完整的即时聊天应用程序。同时，读者还将学会处理WebSocket事件，以及设计HTML页面和实现客户端的业务逻辑。

20.1 应用概述

本章所要开发的是一款基于WebSocket的即时聊天应用，所实现的功能与市面上的即时聊天应用类似，主要提供用户之间实时聊天的功能。

即时聊天应用分为前台客户端和后台服务器。前台主要技术是HTML5、JavaScript、WebSocket等原生浏览器技术；后台服务器则采用Node.js全栈开发架构，包括Express、Socket.IO等技术。

即时聊天应用主要包含的功能有登录、好友列表的展示、聊天详情的展示、实时分析等。

- 登录：登录时，用户可以自定义头像和用户名。
- 好友列表的展示：每个用户上线后，都会在好友列表里面展示上线的好友。
- 实时通信和聊天：可以跟好友发起聊天。聊天内容支持任何形式的二进制文件传输，如文字、图片、头像等。
- 实时分析：将数据推送到客户端，客户端会统计未读消息数。

20.2 实现后台服务器

本节介绍如何从零开始初始化即时聊天应用的后台服务器。

20.2.1 初始化websocket-chat

首先，初始化一个名为"websocket-chat"的应用：

```
$ mkdir websocket-chat
$ cd websocket-chat
```

接着，通过npm init来初始化该应用：

```
$ npm init
This utility will walk you through creating a package.json file.
It only covers the most common items, and tries to guess sensible defaults.

See `npm help init` for definitive documentation on these fields
and exactly what they do.

Use `npm install <pkg>` afterwards to install a package and
save it as a dependency in the package.json file.

Press ^C at any time to quit.
package name: (websocket-chat) websocket-chat
version: (1.0.0) 1.0.0
description:
entry point: (index.js) index.js
test command:
git repository:
keywords:
author: waylau.com
license: (ISC)
About to write to D:\workspace\gitee\progressive-nodejs-enterprise-level-application-practice-book\samples\websocket-chat\package.json:

{
  "name": "websocket-chat",
  "version": "1.0.0",
  "main": "index.js",
  "scripts": {
    "test": "echo \"Error: no test specified\" && exit 1"
  },
  "author": "waylau.com",
  "license": "ISC",
  "description": ""
}
```

```
Is this OK? (yes) yes
```

最后,通过npm install命令来安装Express和Socket.IO:

```
$ npm install express --save
$ npm install socket.io --save
```

上述命令初始化完成了一个名为"websocket-chat"的应用。

20.2.2 访问静态文件资源

后台服务器index.js的代码如下:

```
const fs = require('node:fs');
var express = require('express');
var app = express();
var http = require('node:http').Server(app);
var io = require("socket.io")(http);
// 路由为/,默认为www静态文件夹
app.use('/', express.static(__dirname + '/src'));

// 后台接口,读取本地图片资源
let portrait = fs.readdirSync('./src/static/portrait');
let emoji = fs.readdirSync('./src/static/emoticon/emoji');
```

上述代码通过node:fs模块,实现了读取静态文件资源的功能。静态文件资源主要分为两大类:一类是用户头像,如图20-1所示;另一类是表情,如图20-2所示。

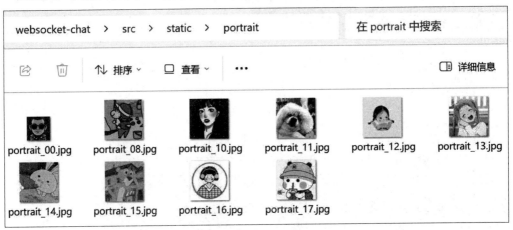

图 20-1 用户头像

当客户端发起请求访问"loadImg"接口时,就会将上述静态文件资源返回给客户端,代码如下:

第 20 章　综合实战：基于WebSocket的即时聊天应用　299

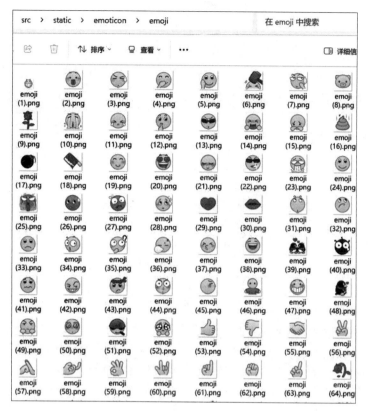

图 20-2　表情

```
app.get('*', (req, res) => {
    const assetsType = req.url.split('/')[1];

    // 加载图片资源
    if (assetsType === 'loadImg') {
        res.send({
            code: 0,
            data: {
                portrait,
                emoji
            },
            msg: '操作成功'
        })
    }
})
```

20.2.3　事件处理

事件处理主要是处理客户端与服务器之间的消息通信，代码如下：

```
let userList = [];
io.on('connection', (socket) => {
    // 前端调用发送消息接口，后端接收到并广播
    socket.on('login', (userInfo) => {
```

```
        userList.push(userInfo);
        // 给所有客户端广播消息
        io.emit('userList', userList);
    })
    socket.on('sendMsg', (data) => {
        // 接收到的消息广播
        socket.to(data.id).emit('receiveMsg', data)
    })
    // 退出
    socket.on('disconnect', () => {
        userList = userList.filter(item => item.id != socket.id)
        io.emit('quit', socket.id)
    })
})
```

在上述代码中：

- login事件主要处理用户登录。当用户登录时，会将用户信息放入userList列表，并通过userList事件广播给所有在线用户。
- sendMsg事件用于处理接收到的消息。当接收到用户发送的消息后，会将消息通过receiveMsg事件发送给特定的用户（data.id作为特定接收用户的标识）。
- disconnect事件主要处理用户的退出。当用户退出后，通过quit事件广播给所有客户端。

20.3 实现前台客户端

前台客户端主要涉及两方面的内容：

- 页面HTML及样式设计。
- 业务逻辑。

20.3.1 页面HTML及样式设计

页面HTML设计如下：

```
<!doctype html>
<html>
<head>
    <meta charset="utf-8">
    <meta name="viewport" content="width=device-width, initial-scale=1">
    <title>基于WebSocket的即时聊天应用</title>
    <script src="/socket.io/socket.io.js"></script>
    <style>
        // 省略非核心代码
    </style>
```

```html
    </head>
    <body>
        <div class="container">
            <!--用户信息区-->
            <div class="user-panel">
                <!--用户登录-->
                <div id="login-wrap">
                    <input class="user-name contenteditable" placeholder="请输入用户名">
                    <div class="user-portrait">
                        <span class="tips">请选择一幅图片作为头像</span>
                        <img class="my-por" style="width: 60px;height: 60px;">
                    </div>
                    <div class="select" id="portrait">
                    </div>
                    <button class="chat-btn">开始聊天</button>
                </div>
                <!--好友列表-->
                <div class="user-list-wrap">
                    <div class="my-info"></div>

                    <div class="friend-tab-box tab-box">
                        <div class="friend-tab tab-item" style="color: #308e56;">我的好友</div>
                        <div class="circle me-friend-tab" style="display: none;">0</div>
                    </div>

                    <div class="friends-info info-wrapper">暂无好友</div>
                </div>
            </div>
            <!--聊天区-->
            <div class="chat-panel hidden">
                <div class="message-wrap">
                    <div class="default-bg message-default">
                        <span>点击好友开始聊天吧！</span>
                    </div>
                    <div class="message-wrapper wrap-box hidden">
                        <div class="friend name-info"></div>
                        <div class="message-box box"></div>
                        <div class="input-box">
                            <div class="send-img-box">
                                <img class="emoji-icon" src="static/emoji.png" onclick="showEmojiBox()">
                            </div>
                            <div class="inp inp-box" contenteditable="true" placeholder="在此输入消息..."></div>
                            <div class="btn">
                                <span>按下Enter发送消息</span>
                                <button class="send-message">发　送</button>
                            </div>
                        </div>
```

```
            </div>
          </div>
          <div class="emoji"></div>
          <div class="mask" onclick="hiddenBox()"></div>
      </div>
   </div>
</body>
<script src="./script/tool.js"></script>
<script src="./main.js"></script>
</html>
```

在上述HTML文件中，主要涉及两方面的内容：

- 用户信息区：主要展示用户的登录界面及好友列表。
- 聊天区：主要展示聊天输入框和聊天记录。

20.3.2 业务逻辑

业务逻辑主要分为两部分：

- tool.js：工具类。
- main.js：应用核心逻辑类。

1. tool.js

tool.js主要用于实现浏览器的兼容性校验和Ajax请求处理，代码如下：

```javascript
// 浏览器的兼容性校验
window.$ = (tag, all) => {
  if (!tag) {
    console.warn('请检查传入的css选择器是否正确')
    return null
  }
  if (!document.querySelector) {
    console.warn('浏览器不支持querySelector')
    return null
  }
  if (all) {
    return document.querySelectorAll(tag)
  } else {
    return document.querySelector(tag)
  }
}

// Ajax请求处理
$.ajax = function (json) {
  if (!json) return;
  let type = json.type.toUpperCase();
  let url = json.url;
```

```
    let data = json.data;
    let success = json.success;
    let error = json.error;

    // IE6、IE5浏览器兼容执行代码
    let xmlHttp = window.XMLHttpRequest ? new XMLHttpRequest() : new
ActiveXObject("Microsoft.XMLHTTP");
    /*
     * open：规定请求的类型、URL以及是否异步处理请求
     * method：请求的类型；GET或POST
     * rl：文件在服务器上的位置
     * async: true（异步）(默认)或false（同步）
     */
    if (type === "GET") {
      if (data) {
        let res = Object.keys(data).map((key) => '${key}=${data[key]}').join('&');
        url += ('?' + res);
      }
      xmlHttp.open(type, url, true);
      xmlHttp.send();
    }
    /*
     * send：将请求发送到服务器
     * string：仅用于 POST 请求
     */
    if (type === 'POST') {
      xmlHttp.open(type, url, true);
      xmlHttp.setRequestHeader('Content-type', "application/x-www-form-urlencoded");
      xmlHttp.send(data);
    }

    /*
     * onreadystatechange: 当readyState属性改变时，就会调用该函数
     * readyState: 存有 XMLHttpRequest 的状态，从 0 到 4 发生变化
     * 0：请求未初始化
     * 1：服务器连接已建立
     * 2：请求已接收
     * 3：请求处理中
     * 4：请求已完成，且响应已就绪
     * status:
     * 200: "OK"
     * 404: 未找到页面
     */
    xmlHttp.onload = function () {
      // 304 客户端已经执行了GET，但文件未变化
      // 206 资源下载未完成时，一般用于媒体资源的下载
      if (xmlHttp.status === 200 || xmlHttp.status === 304 || xmlHttp.status === 206) {
        // responseText：获得字符串形式的响应数据
        // responseXML：获得 XML 形式的响应数据
```

```
        const res = JSON.parse(xmlHttp.responseText)
        if (xmlHttp.responseText && res && res.code === 0) {
          success && success(res.data);
        } else {
          alert('网络请求故障,请重试!')
        }
      } else {
        error && error(xmlHttp.responseText)
      }
    }
}
```

2. main.js

main.js是整个即时聊天应用的业务核心,代码如下:

```
function Chat() {
    this.userName                // 当前登录用户名
    this.userImg;                // 用户头像
    this.id;                     // 用户socketId
    this.userList = [];          // 好友列表
    this.sendFriend = '';        // 当前聊天好友的用户socketId
    this.messageJson = {};       // 好友消息列表
}
Chat.prototype = {
    init() {
        this.handleClick();
        this.setAllPorarait();

        // 处理登录
        if (this.userName && this.userImg) {
            $("#login-wrap").style.display = 'none';
            this.login(this.userName, this.userImg);
        } else {
            $('.chat-btn').onclick = () => {
                let userName = $('.user-name').value;
                let userImg = $('.my-por').getAttribute('src');
                this.login(userName, userImg);
            }
        }
    },
    // 加载头像和表情
    setAllPorarait() {
        $.ajax({
            type: 'get',
            url: '/loadImg',
            success: function (data) {
                let emoji = data.emoji;
                let portrait = data.portrait;

                let str = '';
                portrait.forEach(item => {
```

```js
                str += '<img style="width: 60px;height: 60px;" src="static/portrait/${item}" />'
            });
            document.getElementById('portrait').innerHTML = str;
            str = '';
            emoji.forEach(item => {
                str += '<img style="width: 30px;height: 30px;" src="static/emoticon/emoji/${item}" />'
            });
            $('.emoji').innerHTML = str;
        }
    })
},
// 处理点击事件
handleClick() {
    // 头像选择事件
    $('.select').onclick = function (e) {
        $('.my-por').setAttribute('src', e.target.getAttribute('src'))
    }
    // 回车事件
    $('.inp').onkeydown = (e) => {
        if (e.code === 'Enter') {
            e.preventDefault ? e.preventDefault() : e.returnValue = false
            this.sendMessage();
        }
    }
    // 消息发送事件
    $('.send-message').onclick = () => {
        this.sendMessage();
    }
    // 选择表情事件
    $('.emoji').onclick = (e) => {
        this.chooseEmoji(e);
    }
},
// 登录
login(userName, userImg) {
    if (userName && userImg) {
        // 发送login事件
        this.initSocket(userName, userImg);
    }
},
initSocket(userName, userImg) {
    window.socket = io();

    // 建立连接
    window.socket.on('connect', () => {
        $("#login-wrap").style.display = 'none';
```

```javascript
            $('.chat-panel').style.display = 'block';
            this.userName = userName;
            this.userImg = userImg;
            this.id = window.socket.id;
            let userInfo = {
                id: window.socket.id,
                userName: userName,
                userImg: userImg
            }
            window.socket.emit('login', userInfo);
            this.setMyInfo();
        })

        // 获取用户列表
        window.socket.on('userList', (userList) => {
            this.userList = userList;
            this.drawUserList();
        })

        // 退出
        window.socket.on('quit', (id) => {
            this.userList = this.userList.filter(item => item.id != id)
            this.drawUserList();
        })

        // 接收消息
        window.socket.on('receiveMsg', data => {
            this.setMessageJson(data);

            if (data.sendId === this.sendFriend) {
                this.drawMessageList();
            } else {
                $('.me_' + data.sendId).innerHTML = parseInt($('.me_' + data.sendId).innerHTML) + 1;
                $('.me_' + data.sendId).style.display = 'block';
            }

        })
    },
    setMessageJson(data) {
        if (this.messageJson[data.sendId]) {
            this.messageJson[data.sendId].push(data)
        } else {
            this.messageJson[data.sendId] = [data];
        }
    },
    setMyInfo() {
        $('.my-info').innerHTML = '<div class="user-item" style="border-bottom: 1px solid #eee;margin-bottom: 30px;">
                        <img src="${this.userImg}" style="width: 60px;height: 60px;">
```

```js
                    <span>${this.userName}</span>
                </div>';
        },
        drawUserList() {
            let str = '';
            this.userList.forEach(item => {
                if (item.id !== this.id) {
                    str += '<div class="user-item friend-item" onclick="changeChat(this)">
                                <img src="${item.userImg}" style="width: 60px;height: 60px;">
                                <span>${item.userName}${item.id}</span>
                                <input type="hidden" value="${item.id}">
                                <div class="circle me_${item.id}" style="display: none;">0</div>
                            </div>';
                }
            })
            $('.friends-info').innerHTML = str;
        },
        // 渲染消息列表界面
        drawMessageList() {
            let msg = '';
            if (!this.messageJson[this.sendFriend]) return;
            this.messageJson[this.sendFriend].forEach(item => {
                if (item.sendId === this.id) {
                    msg += '<div class="msg-box right">
                                <div class="msg">${item.msg}</div>
                                <img src="${item.img}" style="width: 60px;height: 60px;">
                            </div>'
                } else {
                    msg += '<div class="msg-box left">
                                <img src="${item.img}" style="width: 60px;height: 60px;">
                                <div class="msg">${item.msg}</div>
                            </div>'
                }
            })
            $('.message-box').innerHTML = msg;
            $('.message-box').scrollTop = $('.message-box').scrollHeight;
            $('.inp').innerHTML = '';
            $('.inp').focus();
        },
        // 发送消息
        sendMessage() {
            if (!this.sendFriend) {
                alert('请选择好友!');
            } else {
                let info = {
```

```javascript
                sendId: this.id,              // 发送者id
                id: this.sendFriend,          // 接收者id
                userName: this.userName,
                img: this.userImg,            // 发送者头像
                msg: $('.inp').innerHTML      // 发送内容
            }
            window.socket.emit('sendMsg', info)
            // 设置聊天消息列表数据
            if (this.messageJson[this.sendFriend]) {
                this.messageJson[this.sendFriend].push(info)
            } else {
                this.messageJson[this.sendFriend] = [info];
            }
            // 页面绘制聊天消息
            this.drawMessageList();
        }
    },
    // 切换好友对话框
    changeChat(e) {
        $('.message-default').style.display = 'none';
        $('.message-wrapper').style.display = 'block';
        $('.friend').innerHTML = e.children[1].innerHTML;
        $('.inp').focus()

        if (e.children[2].value !== this.sendFriend) {
            $('.message-box').innerHTML = '';
            $('.message-box').scrollTop = 0;
            this.sendFriend = e.children[2].value;

            this.drawMessageList();
            $('.me_' + this.sendFriend).innerHTML = 0;
            $('.me_' + this.sendFriend).style.display = 'none';
        }
    },
    chooseEmoji(e) {
        hiddenBox();
        let path = e.target.getAttribute('src');

        $('.inp').innerHTML += '<img style="width: 24px;height: 24px;" src="${path}" />';
    }
}
function changeChat(e) {
    chat.changeChat(e)
}

// 显示表情
function showEmojiBox() {
    $('.emoji').style.display = 'block';
    $('.mask').style.display = 'block';
}

// 隐藏表情
```

```
function hiddenBox() {
    $('.emoji').style.display = 'none';
    $('.mask').style.display = 'none';
}
// 初始化应用
let chat = new Chat();
chat.init()
```

上述代码大致的处理流程如下：

（1）处理点击事件，包括头像选择事件、回车事件、消息发送事件、选择表情事件。
（2）用户头像和表情的静态资源的加载。
（3）处理用户登录。
（4）针对WebSocket的事件处理，包括建立连接、获取用户列表、退出、接收消息等。

20.4 运 行 效 果

HTTP服务器使用的端口是3001，代码如下：

```
http.listen(3001, () => {
    console.log('http://localhost:3001/index.html')
});
```

在服务器、客户端程序写好之后，就可以执行以下命令来启动服务器：

```
$ node index.js
http://localhost:3001/index.html
```

通过在浏览器中访问http://localhost:3001/index.html这个网址来访问客户端。登录界面如图20-3所示。

图20-3　登录界面

输入用户名,并选择一幅图片作为头像。这里,模拟用户"老卫"登录,如图20-4所示。

图 20-4　模拟用户"老卫"登录

单击"开始聊天"按钮实现登录,并进入聊天界面,如图20-5所示。

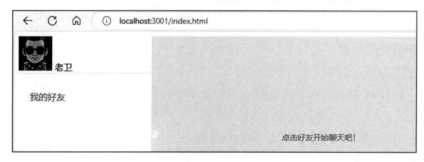

图 20-5　聊天界面

因为只有一名用户在线,无法发起聊天。此时,可以再打开另外一个浏览器,来模拟多用户的场景。这里,模拟用户"阿黛"登录,如图20-6所示。

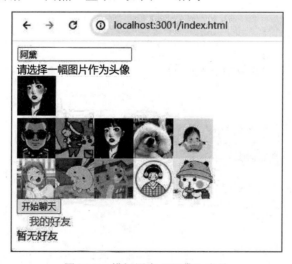

图 20-6　模拟用户"阿黛"登录

当其他用户上线之后，就能好友列表里面看到其他用户的信息，如图20-7所示。

图20-7　好友列表

单击该好友的头像，就可以与该用户进行聊天，如图20-8所示。

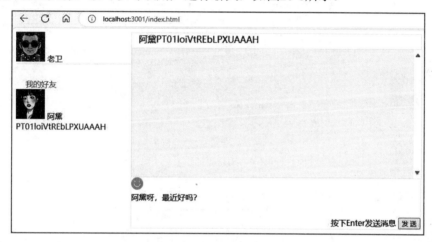

图20-8　与用户进行聊天

按Enter键或者单击"发送"按钮，就能够发送消息，如图20-9所示。

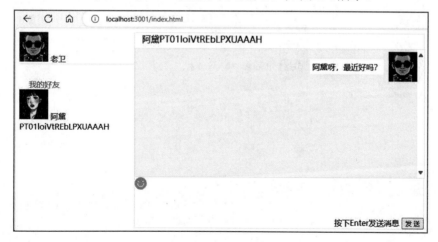

图20-9　发送消息

聊天时也支持发送表情，如图20-10所示。

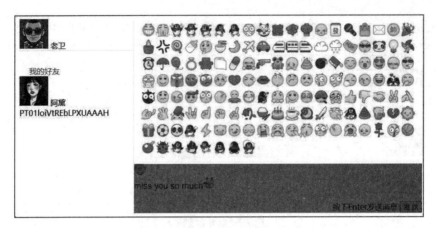

图20-10 发送表情

在用户"阿黛"的界面上,可以看到有两条来自好友"老卫"的未读消息的提醒,如图20-11所示。

图20-11 未读消息的提醒

单击好友"老卫"的头像,"阿黛"可以看到好友"老卫"所发送的消息,如图20-12所示。

图20-12 看到好友所发送的消息

"阿黛"也可以给好友"老卫"发送消息,如图20-13所示。

不同用户界面的对比,如图20-14所示。

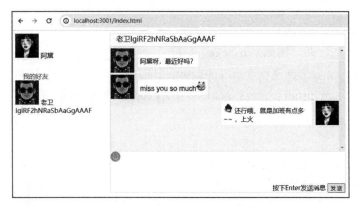

图 20-13　好友之间相互发送消息

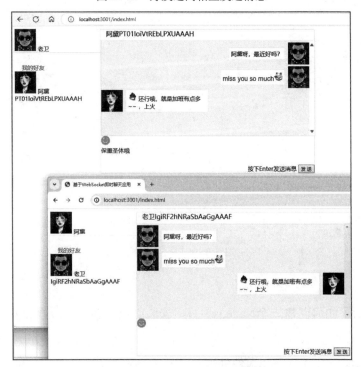

图 20-14　不同用户界面的对比

20.5　上机演练

练习一：初始化 WebSocket 聊天应用

1）任务要求

（1）创建一个Node.js项目。

（2）安装必要的包，包括express和socket.io。

2）参考操作步骤

（1）创建一个文件夹，例如websocket-chat，并进入该文件夹。
（2）运行npm init -y来创建一个package.json文件。
（3）使用命令npm install express socket.io安装express和socket.io。

3）参考示例代码

```
// 引入依赖
const express = require('express');
const http = require('http');
const socketIO = require('socket.io');

// 创建Express应用
const app = express();

// 创建HTTP服务器
const server = http.createServer(app);

// 创建Socket.IO服务器
const io = socketIO(server);

// 静态文件服务配置
// ...（见下一任务）

// 监听事件
// ...（见下一任务）

// 启动服务器
const PORT = process.env.PORT || 3000;
server.listen(PORT, () => {
  console.log('Server is running on port ${PORT}');
});
```

4）小结

这个练习展示了如何创建一个Node.js项目，安装必要的包，并设置基本的WebSocket服务器框架。

练习二：配置静态文件服务和事件处理

1）任务要求

（1）配置Express应用以提供静态文件服务。
（2）实现基本的消息接收和广播功能。

2）参考操作步骤

（1）在项目根目录下创建一个public文件夹，用于存放静态文件。
（2）在public文件夹中创建一个index.html文件，作为聊天应用的前端页面。
（3）在index.html中编写HTML和JavaScript代码，实现基本的聊天界面和功能。
（4）在服务器代码中配置静态文件服务。
（5）为WebSocket添加事件处理，包括连接、消息接收和断开连接。

3）参考示例代码

```
// 静态文件服务配置
app.use(express.static('public'));
// 监听连接事件
io.on('connection', (socket) => {
  console.log('A user connected');

  // 监听消息事件
  socket.on('message', (data) => {
    // 广播消息给所有连接的客户端
    io.emit('message', data);
  });

  // 监听断开连接事件
  socket.on('disconnect', () => {
    console.log('A user disconnected');
  });
});
```

4）小结

这个练习展示了如何配置Express应用以提供静态文件服务，并实现WebSocket的基本事件处理，包括接收和广播消息。

练习三：完善前台客户端

1）任务要求

（1）设计一个简单的HTML页面，用于聊天应用的前端。
（2）使用JavaScript实现聊天逻辑，包括发送和接收消息。

2）参考操作步骤

（1）在public文件夹的index.html文件中编写HTML代码，设计一个包含消息显示区域和输入区域的简单聊天界面。
（2）使用JavaScript监听表单提交事件，发送消息到服务器。
（3）使用JavaScript监听来自服务器的消息，并将其显示在消息显示区域。

3）参考示例代码

```html
<!-- index.html -->
<!DOCTYPE html>
<html>
<head>
  <title>WebSocket Chat</title>
</head>
<body>
  <div id="messages"></div>
  <form id="message-form">
    <input type="text" id="message-input" autocomplete="off" />
    <button>Send</button>
```

```html
    </form>
    <script>
      // 获取DOM元素
      const messages = document.getElementById('messages');
      const form = document.getElementById('message-form');
      const input = document.getElementById('message-input');

      // 连接到WebSocket服务器
      const socket = io();

      // 监听服务器发送的消息
      socket.on('message', (data) => {
        const p = document.createElement('p');
        p.textContent = data;
        messages.appendChild(p);
      });

      // 发送消息
      form.addEventListener('submit', (e) => {
        e.preventDefault();
        const message = input.value;
        if (message) {
          socket.emit('message', message);
          input.value = '';
        }
      });
    </script>
  </body>
</html>
```

4）小结

这个展示了如何设计和实现一个简单的HTML页面，并使用JavaScript实现WebSocket客户端的聊天逻辑，包括发送和接收消息。

20.6 本章小结

本章首先对即时聊天应用进行了概述，明确了应用的功能和结构。然后深入介绍了如何实现后台服务器，包括初始化项目、配置静态文件资源访问以及处理WebSocket事件。接着，探讨了前台客户端的实现，从页面的HTML和样式设计到业务逻辑的编写。最后，展示了应用的运行效果，看到了一个完整的即时聊天应用的运作。

通过本章的学习，读者能够将Node.js的知识应用于实际的项目开发中，并理解WebSocket在实时通信中的应用。

参 考 文 献

[1] 柳伟卫. Spring Cloud 微服务架构开发实战[M]. 北京：北京大学出版社，2018.

[2] Gergely Nemeth. History of Node.js on a Timeline[EB/OL]. https://blog.risingstack.com/history-of-node-js/，2023-05-08.

[3] 柳伟卫. 分布式系统常用技术及案例分析[M]. 北京：电子工业出版社，2017.

[4] 柳伟卫. Cloud Native 分布式架构原理与实践[M]. 北京：电子工业出版社，2019.

[5] Node.js v22.3.0 Documentation[EB/OL]. https://nodejs.org/docs/v22.3.0/api/，2024-06-15.

[6] 朴灵. 深入浅出Node.js[M]. 北京：人民邮电出版社，2013.

[7] Socket.IO 1.0 Protocol specification[EB/OL]. https://github.com/socketio/socket.io-protocol，2024-05-23.

[8] 柳伟卫. MongoDB＋Express＋Angular＋Node.js全栈开发实战派[M]. 北京：电子工业出版社，2020.

[9] 柳伟卫. Netty原理解析与开发实战[M]. 北京：北京大学出版社，2020.

[10] 柳伟卫. Node.js企业级应用开发实战[M]. 北京：北京大学出版社，2020.

[11] 柳伟卫. Node.js＋Express＋MongoDB＋Vue.js全栈开发实战[M]. 北京：清华大学出版社，2023.

[12] 柳伟卫. Angular企业级应用开发实战[M]. 北京：电子工业出版社，2019.

[13] 柳伟卫. Vue.js 3企业级应用开发实战[M]. 北京：电子工业出版社，2022.

[14] MySQL 8.4 Reference Manual[EB/OL]. https://dev.mysql.com/doc/refman/8.4/en/，2024-05-23.